コンピューターの基礎知識

IC3 GS5
コンピューティング
ファンダメンタルズ対応

滝口 直樹

Odyssey communications

はじめに

パソコンの登場以来、世界は大きな変化を遂げてきました。

まったく考えられなかった簡便さで世界はつながり、新しいビジネスの誕生とともに新しい富が作り出され、新しい勝者が世界に誕生しています。

世界規模で起こりつつあるこの大きな変化をもたらしてきたのは、パソコンであり、インターネットです。

デジタルリテラシーの基礎知識を問う認定資格 IC3（アイシースリー）は、世界の14言語で実施されている、当分野で最も優れた資格試験のひとつです。

ハードウェア、ソフトウェア、インターネットの機能・概念・操作方法の基本を程よく網羅しており、IC3を取得することで、デジタルリテラシーの基礎を身につけ、現在進行中のデジタル革命に自信を持って対応することができます。

本書は、IC3 GS5の試験科目「コンピューティング ファンダメンタルズ」の出題範囲に対応したコースウェアとして、試験対策のための利用はもちろんのこと、コンピューターハードウェア、オペレーティングシステム（OS）の操作、ネットワークの基本、コンピューター利用時のトラブル対応などの基本的な知識を体系的に学べる内容になっています。

本書をご活用いただき、デジタルリテラシーの習得やIC3の受験にお役立てください。

株式会社オデッセイ コミュニケーションズ

目次

本書について

本書の目的

本書は、コンピューターハードウェア、オペレーティングシステム（OS）、コンピューター利用時のトラブル対応などの基本的な知識を体系的に学習することを目的にした書籍です。

また、本書は国際資格『IC3 グローバルスタンダード5』（以下「IC3 GS5」）の『コンピューティング ファンダメンタルズ』の出題範囲を網羅しており、試験対策テキストとしてもご利用いただけます。

対象読者

本書は、コンピューターハードウェアの知識、OSの知識と操作方法、ネットワークのしくみやサービス、モバイルコミュニケーション、セキュリティ対策やトラブルシューティングといったコンピューター利用時の基本的な知識について、これから学習しようという方、および『IC3 GS5 コンピューティング ファンダメンタルズ』の合格を目指す方を対象としています。

本書の表記

本書では、以下の略称を使用しています。

名称	略称
Windows 10 Pro	Windows、Windows10
Microsoft Office Word 2016	Word
Microsoft Office Excel 2016	Excel
Microsoft Office PowerPoint 2016	PowerPoint
Microsoft Edge	Edge

※上記以外のその他の製品についても略称を使用しています。

学習環境

本書の学習には以下のPC環境が必要です。

- Windows 10
- Microsoft Office 2016

本書は以下の環境での画面および操作方法で記載しています。（2019年2月現在）

- Windows 10 Pro（64ビット版）
- Microsoft Office Professional Plus 2016

基本的にWindows 10やOffice Professional Plus 2016は初期設定の状態です。

Windows 10のアップデート（Windows Update）により、Windows 10の設定画面、メニュー、ウィンドウ内の項目名や設定内容などが異なる場合があります。

IC3 GS5の『コンピューティング ファンダメンタルズ』の試験は、選択問題と操作問題が出題されます。操作問題は、Windows 10とOffice Professional 2016を疑似的に再現した環境（シミュレーション）で実施します。このため、試験画面に表示されるメニューや項目名などと本書の解説に違いがある可能性があります。

学習の進め方

第1章（chapter01）から第7章（chapter07）を順番に学習されることをお勧めしますが、必ずしも章の順番通りに学習することはありません。

第3章（chapter03）では、提供する学習用データを使用して、ファイルやフォルダーの操作方法を学習します。

本書の巻末には、学習した内容の理解度を図る「練習問題」を70問掲載しています。解答と解説と合わせてご利用ください。

学習用データのダウンロード

学習用データは以下の手順でダウンロードしてご利用ください。

1. ユーザー情報登録ページを開き、認証画面にユーザー名とパスワードを入力します。

> デジタルリテラシーの基礎①
> **コンピューターの基礎知識**
> IC3 GS5コンピューティングファンダメンタルズ対応
>
> **▼学習用データダウンロードページ**
>
> **ユーザー情報登録ページ**：https://ic3.odyssey-com.co.jp/book/gs5cf/
> **ユーザー名**：ic3Gs5cF（GとFは大文字）
> **パスワード**：g5MaS8Ji（ジー・5・エム・エー・エス・8・ジェイ・アイ）
> ※パスワードは大文字小文字を区別します。

2. ユーザー情報登録フォームが表示されたら、メールアドレスなどのお客様情報を入力して登録します。
3. 登録されたメールアドレス宛に、学習用データダウンロードページのURLを記載したメールが届きます。
4. 受信したメールに記載されたURLをブラウザーで開き、学習用データをダウンロードします。
5. ダウンロードするデータはZIP形式で圧縮されています。ダウンロード後、任意のフォルダーにファイルを展開してください。

IC3（アイシースリー）試験概要

IC3（アイシースリー）とは

IC3（アイシースリー）は、コンピューターやインターネット、アプリケーションソフトといったデジタルリテラシーの知識とスキルを総合的に証明する国際資格です。ITリテラシーの国際基準として、CompTIAやISTE（国際教育技術協会）をはじめ、国際的な教育・IT団体・政府機関から広く推奨・公認されています。これまで78か国で300万試験以上が実施されており、世界中の学生や社会人のデジタルリテラシーの証明に活用されています。

IC3 GS5は、IT社会の最新動向に対応する知識やスキルが反映されたIC3の最新版の試験です。学校や職場に限らず、日々の生活などあらゆる場面で通用するデジタルリテラシーを学習できます。

試験科目

試験は、「コンピューティング ファンダメンタルズ」、「キー アプリケーションズ」「リビング オンライン」の3科目で構成されており、3科目すべてに合格するとIC3の認定を受けられます。

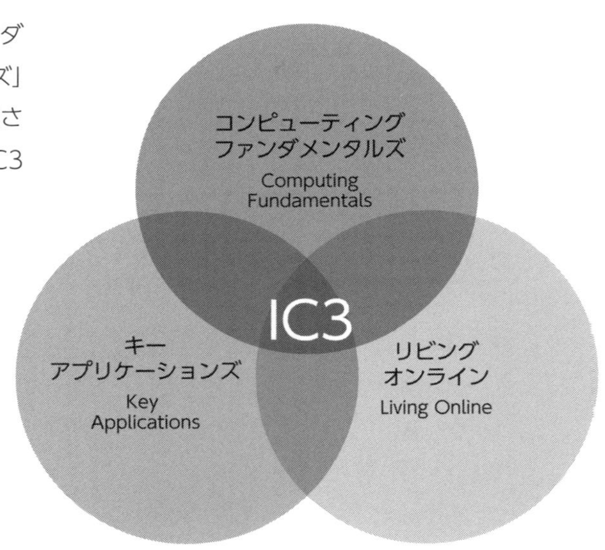

コンピューティング ファンダメンタルズ	モバイル・コンピューターハードウェア、OSの知識や操作方法、ソフトウェアに関する基礎知識、基本的なトラブルシューティング、コンピューター利用時のセキュリティなど幅広い知識が問われます。
リビング オンライン	インターネットの利用、電子メールやスケジュール管理、SNSなどのオンラインコミュニケーション、デジタル社会のルール・モラル・スキルなどが問われます。
キー アプリケーションズ	アプリケーションソフトに共通する一般的な機能、ワープロソフト、表計算ソフト、プレゼンテーションソフトといった代表的なアプリケーションの基本的な操作、アプリに関する基本的な知識などが問われます。

試験の形式と受験料

試験の方式や出題形式、受験料は次のとおりです。

試験方式	コンピューター上で実施するCBT（Computer Based Testing）方式
出題形式	選択式問題（択一、複数選択）、並べ替え問題、操作問題* * 操作問題は、アプリケーションを擬似的に再現した環境（シミュレーション）を使用して解答を行います。
問題数	45～50問前後
試験時間	50分
受験料（一般）	1科目　5,500円（税込） 3科目一括　14,850円（税込）※1
受験料（学生）※2	1科目　4,400円（税込） 3科目一括　13,200円（税込）

※1　一括の金額は、3科目一括同日受験でお申込みの場合のみ適用されます。
※2　学生の方は試験申込み時に、試験会場に学生である旨を必ずご自身で申告してください。試験申込み時に申告漏れがあった場合、試験終了後の学生価格への変更は一切対応できません。あらかじめご了承ください。

その他、詳しい内容については、IC3公式サイトを参照してください。

URL：https://ic3.odyssey-com.co.jp/

試験の出題範囲と本書の対応表

『IC3 GS5 コンピューティング ファンダメンタルズ』の出題範囲と本書で解説している章の対応表です。学習の参考にしてください。

大分類	小分類	対応する章
モバイル機器	• 携帯電話の概念 • セルラーモデルのタブレットの概念 • スマートフォンの概念 • 固定電話、電話一般の概念 • インスタントメッセージの概念 • 通知の設定	5章
ハードウェア	• サーバー、デスクトップコンピューター、ノートパソコンの目的 • メモリやストレージの概念 • 周辺機器の概念 • イーサネットポートの目的 • ワイヤレスネットワークへのデバイスの接続 • 電源管理の概念 • デバイスドライバーの概念 • プラットフォームの違い • プラットフォームによる制約 • ネットワーク接続の概念 • インターネット接続の概念 • ハードウェアの構成要素 • タッチスクリーンの概念	1章 2章 4章
ソフトウェアアーキテクチャ	• オペレーティングシステムのアップデートについての理解 • 設定変更の及ぼす影響 • デスクトップ設定およびウィンドウの管理 • アプリケーションのオプション設定 • ユーザーアカウントの作成・管理 • ファイルやフォルダーの管理 • スキャン文書の管理 • Windowsのメニュー • ファイルの検索 • 管理者権限 • IPアドレスの概念 • ソフトウェアのインストール管理 • コンピューターの基本的なトラブルシューティング	2章 3章 4章 6章
バックアップと復元	• ファイルのバックアップの概念 • ファイルのバックアップ • システムのバックアップ、復元、再フォーマット	6章
ファイルの共有	• ファイル転送の管理 • ファイルの圧縮と解凍	3章
クラウド コンピューティング	• クラウドの概念の理解 • クラウドストレージの概念 • クラウドでのファイル保存管理 • オンラインアプリとローカルアプリの比較 • オンラインアプリの種類の判別	4章
セキュリティ	• 認証情報の管理方法 • コンピューターのセキュリティに対する基本的な脅威 • 監視プログラムの概念 • ネットワーク、ブラウザーのセキュリティ • ウイルス対策ソフトの概念 • ファイアウォールの概念 • e-コマース（電子商取引）のセキュリティリスク • バーチャルプライベートネットワーク（VPN）への接続	4章 7章

ITを活用するうえで、PC（パーソナルコンピューター）をはじめとするハードウェアについての理解は欠かせません。

ここでは、一般的なコンピューター機器の種類とコンピューターを構成する部品（パーツ）について学習します。

1-1 コンピューターの種類

PC（パーソナルコンピューター）は、移動が可能なノートブック型と据え置きのデスクトップ型の２つに分類されます。

1-1-1 ノートブック型コンピューター

ノートブック型のコンピューターは、コンピューターの処理を実現するさまざまな部品で構成されています。ディスプレイとキーボード、マウス代わりのタッチパッドが本体と一体化したもので、ノートのように二つ折りの形状で持ち運ぶことができます。

デスクトップ型パソコンに比べて拡張性はあまりなく、処理性能は低めで記憶領域も少なめのものが多いですが、その反面、外出先でもバッテリーで利用できる利便性があります。

ノートブック型コンピューターは、薄くて軽い「モバイルノート」（または「ミニノート」）と呼ばれるものと、大型大画面で重量があり移動には適さない「デスクノート」（または「ワイドノート」）と呼ばれるものに分けられます。

同じノートブック型ですが、やや大きいデスクノートのほうが高性能・安価であるものが多く、一方でモバイルノートは、バッテリーを長時間利用できるように設計されているものが多いという特徴があります。モバイルノートの中でも、非常に薄く長時間のバッテリー駆動が可能で無線LAN機能が搭載されており、タブレットの機能をあわせ持つものを「ウルトラブック（Ultrabook）」と呼びます。ウルトラブックはIntel（インテル）社が提唱している規格であり、プロセッサ（CPU）、厚みの上限、バッテリー駆動時間、タッチディスプレイなどの要件を満たしたものを指します。

ワイドノート

モバイルノート

ウルトラブック

ノートブック型コンピューターはサイズや性能により細かく分類される

ノートブック型コンピューターの多様化

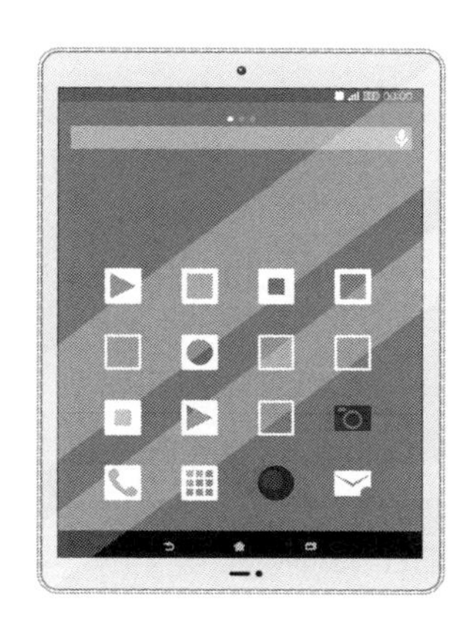

タブレット

タッチディスプレイと呼ばれる画面に、直接、指やタッチペンで触れて操作を行う板状のコンピューターを「タブレット(タブレットPC)」と呼びます。スマートフォンと同様に「アプリ」を追加して利用するタブレットだけではなく、一般的なPCとほぼ同じ機能を有しているものも存在します。

ディスプレイの表面をタッチしてすぐに離す操作を「タップ」、タッチしていずれかの方向にすばやくスライドする操作を「フリック」といいます。

また、これまでのノートブック型と比べて携帯性に優れており、電子書籍を読むためのブックリーダーや音楽や動画を視聴するためのメディアプレイヤーとしても利用されています。

2in1 PC

タブレットにはキーボードが搭載されていないため、文字の入力はタッチパネル上に表示されるソフトウェアキーボードを利用しますが、より快適なタイピングを実現させるためにキーボードを接続して利用する方法もあります。なかでもキーボードとタブレットを物理的に接続して、ノートブック型コンピューターのように使用できるものを「2in1 PC」と呼びます。

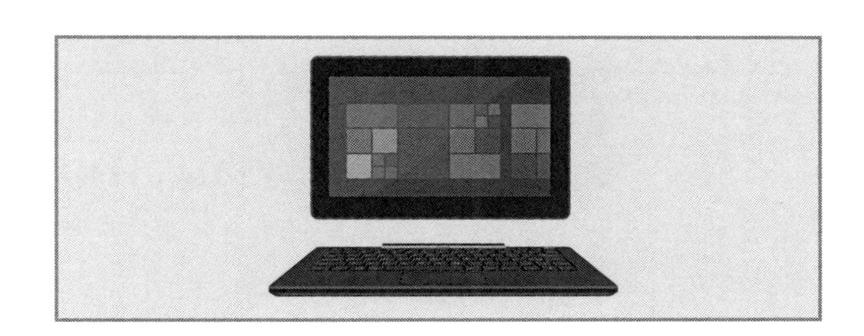

2in1PCは画面を取り外してタブレットとしても利用できる

このほか、ノートブック型コンピューターの中には、ディスプレイ部が360°回転することで、本体とキーボード部分を切り離さずにタブレットとして利用できるものも存在します。また、従来の形状でも、ディスプレイにタッチパネルを搭載し、操作やプレゼンテーションの機能性を高めたものも数多く提供されています。このように、ノートブック型コンピューターは、画面の大きさや処理速度などの性能以外でも多様化が進んでいます。

1-1-2　デスクトップ型コンピューター

机の上に置いて使用することを前提としたコンピューター機器で、コストパフォーマンスや拡張性に優れているのが特徴です。主に、家庭やオフィスなどで「デスクトップパソコン」として利用されます。

デスクトップ型コンピューターの形状は多様で、本体が薄く場所をとらない「省スペース型」、拡張性が高い「タワー型」、本体とモニターが一体になった「一体型」などがあります。

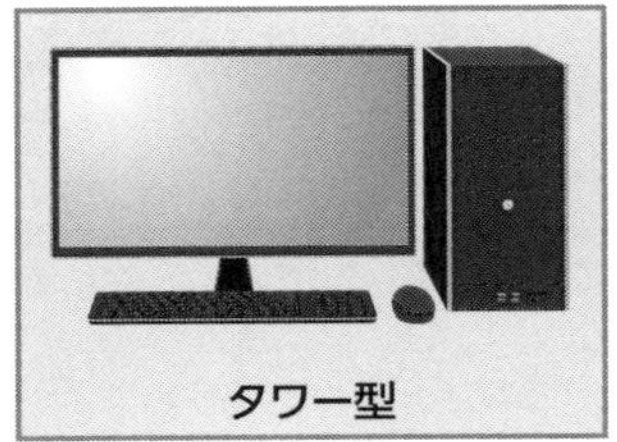

1-1-3　サーバー

ネットワーク上で、さまざまなサービスを提供する側のコンピューターを「サーバー」と呼びます。ファイルを共有する「ファイルサーバー」や、プリンターを共有する「プリントサーバー」、Webサイトを公開する「Webサーバー」など、用途によってさまざまなサーバーがあります。

ネットワークの規模やサービスの内容により、サーバーに求められる性能は異なります。一般的に、サーバーにはサービスを要求するコンピューターである「クライアント」が、ネットワークを通じて多数接続されており、これらのクライアントからの要求にも応えられる処理能力、連続運用に耐えうる安定性などが求められます。そのため、高い性能と大きな容量を持つハードウェアと、安定性の高いサーバー専用のOSで構成されたコンピューターで運用される場合が多いようです。

金融機関のオンライン業務や、交通機関の座席予約システムなどの大規模なシステム運用では、「メインフレームコンピューター（汎用コンピューター）」と呼ばれる大型コンピューターがサーバーとして使用されます。

サーバーの例

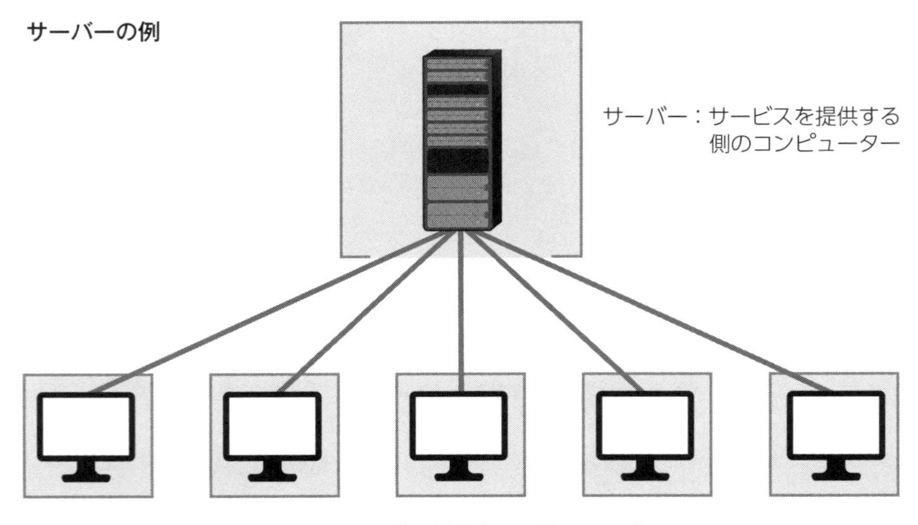

1-2 ハードウェアの構成

ここでは、コンピューターを構成する部品（パーツ）とそれぞれの役割や特徴を確認していきます。

1-2-1 ハードウェアの構成

コンピューターで使用される機器や装置などを総称して「ハードウェア」または「デバイス」といいます。

ハードウェアは、データの処理を行う「演算装置」、データを記憶する「記憶装置」（主記憶装置と外部記憶装置に分かれる）、データの入力を行う「入力装置」、そしてデータの出力を行う「出力装置」、これらのハードウェアをコントロールする「制御装置」の5つに分類されます。これら

コンピューターのハードウェア構成例

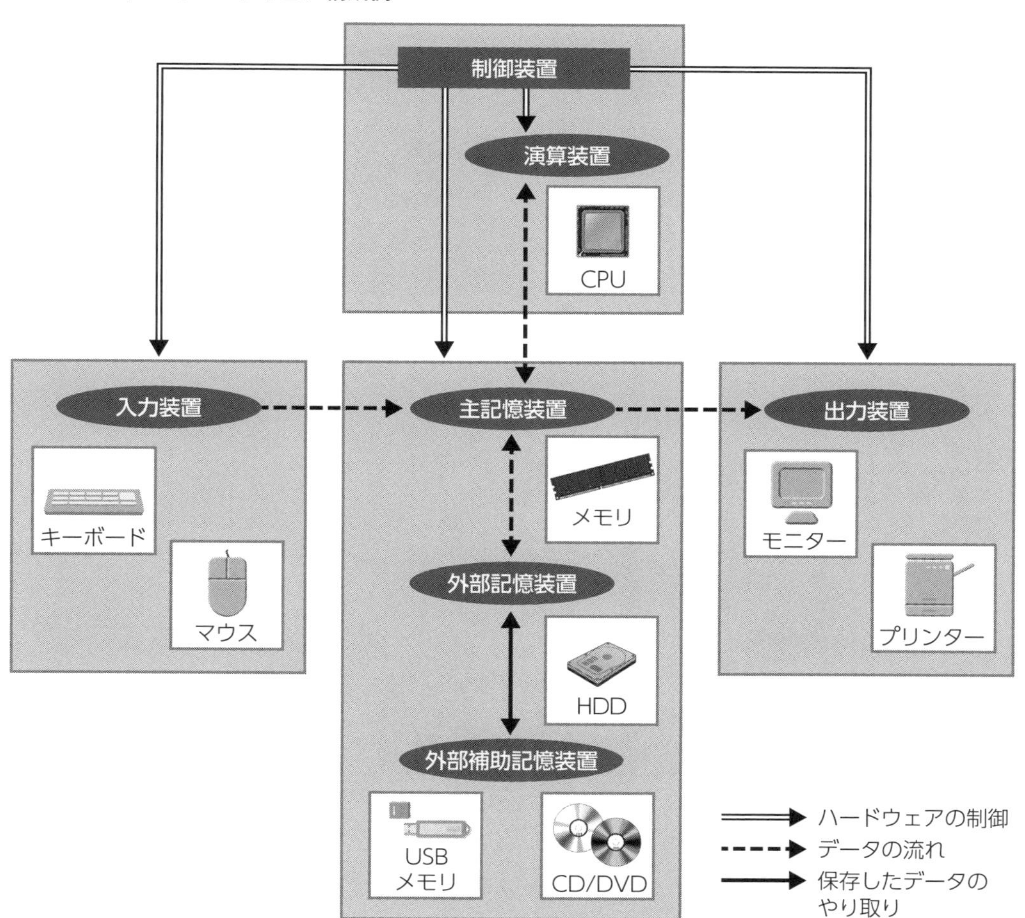

の装置はコンピューター本体の中にある「マザーボード」と呼ばれる基盤と接続されており、お互いにデータのやり取りをすることでコンピューターシステム全体を動かしています。

なお、コンピューターに接続して使用する装置のことを総称して「周辺機器」といいます。命令や文字を入力するキーボードやマウスなどの入力装置、コンピューターの処理結果を表示するためのモニター、処理結果を印刷するためのプリンターなどの出力装置、コンピューター外部にデータを保存したい時に利用するUSBメモリなどの一部の記憶装置が周辺機器にあたり、それぞれコンピューターの機能を拡張するために利用されます。

コンピューターの基本情報を表示する

コンピューターの性能は、さまざまなハードウェアが相互に関係しています。使用中のコンピューターの基本情報は、システムの「バージョン情報」で確認できます。「バージョン情報」には、OS（オペレーティングシステム）のエディション、同じエディション内の版にあたるバージョン、CPUの種類や処理速度、コンピューターに搭載しているメモリ（RAM）の容量など、基本的な情報が表示されます。

【実習】コンピューターの基本情報を表示します。

①［スタート］ボタンを右クリックして、［システム］をクリックします。

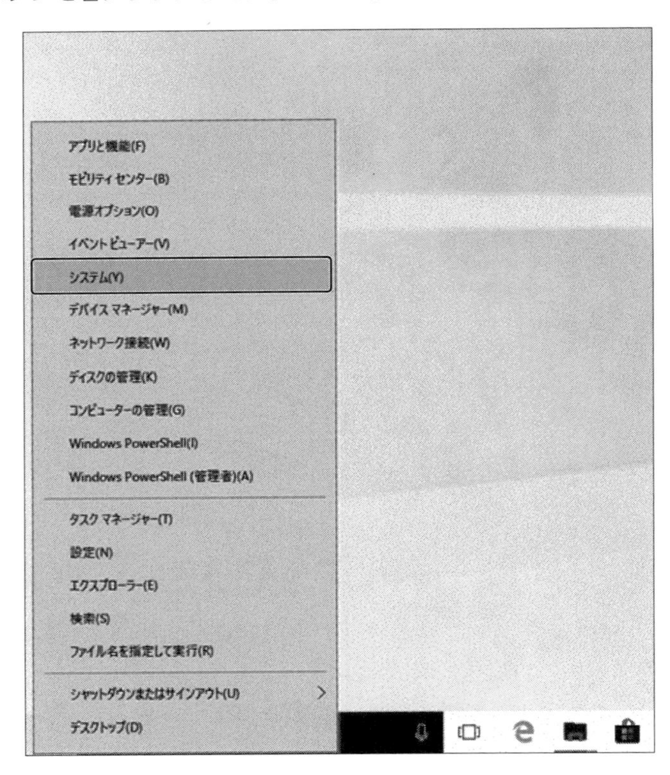

②システムの［バージョン情報］が表示され、コンピューターの基本情報を確認できます。

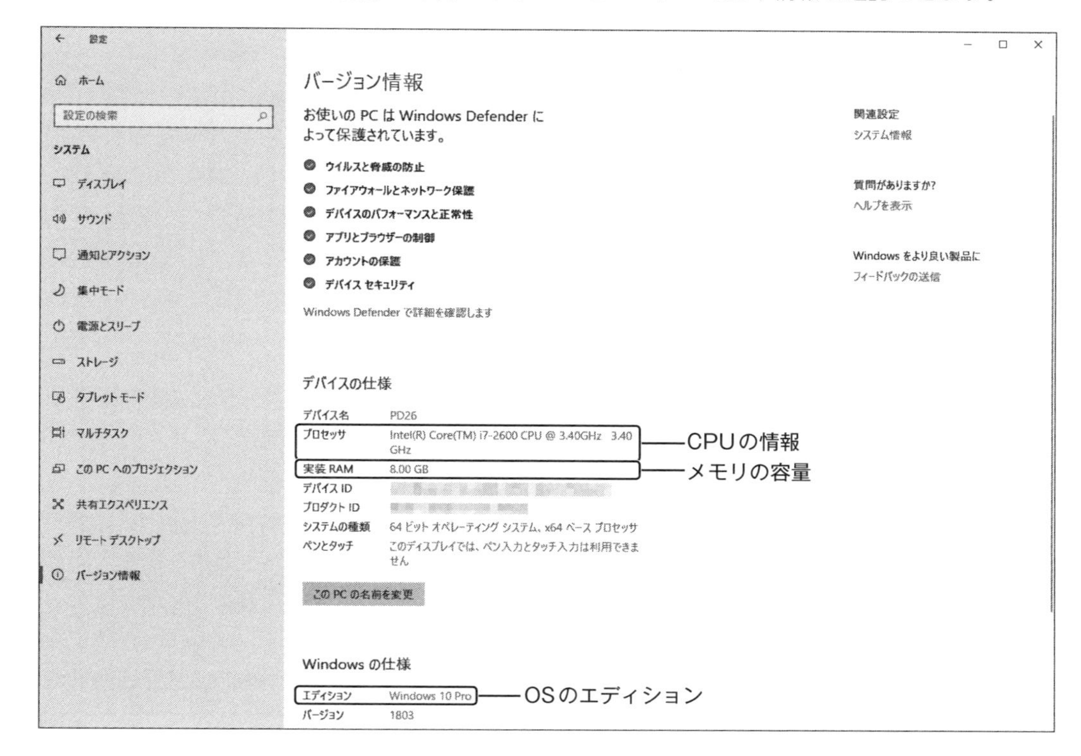

データの表し方と単位

コンピューターでは、データを「2進法」で表しています。また、データ量を表す単位には「ビット」や「バイト」が使われます。2進法やデータ単位について確認しましょう。

2進法

2進法は、「0」と「1」の2つの数字を使ってすべての数を表す方法です。コンピューターでは2進法が使われていて、「電圧が低いか？高いか？」を区別して2つの数字に対応させています。

次の表は、10進法と2進法の対応表です。これを見ると、数が大きくなればなるほど、数を表現するために必要な桁数も増えていくのがわかります。

10進法と2 進法の対応表

10進法での表現	2進法での表現	2進法で必要な桁数
0	0	1
1	1	1
2	10	2
3	11	2
4	100	3
5	101	3
6	110	3
7	111	3
8	1000	4
9	1001	4
10	1010	4
…	…	
15	1111	4
16	10000	5
17	10001	5
…	…	
254	11111110	8
255	11111111	8
256	100000000	9
…	…	

10進法は、一般に使用される数の表現方法です。0から9までの数字を使ってすべての数を表します。

ビット

対応表で示したように、2進法で多くの数を表現するには多くの桁数が必要です。たとえば、2桁あれば4 種類の数（0 ～ 3）を、4桁あれば16 種類の数（0 ～ 15）を、8桁あれば256 種類の数（0 ～ 255）を表現できます。

この1 桁のデータ量を「ビット」（bit）といい、コンピューターで扱うことのできる最小の単位となります。ビット数が増えれば、表現できるデータの量が増えることになり、n ビットで表現できる情報量は「2 のn 乗」となります。

ビット：コンピュータで扱うことのできる最小の単位

1ビットのデータ　0 or 1　2^1種類 = 2種類の情報量を持つ

2ビットのデータ　0 or 1 | 0 or 1　2^2種類 = 4種類の情報量を持つ

4ビットのデータ　0 or 1 | 0 or 1 | 0 or 1 | 0 or 1　2^4種類 = 16種類の情報量を持つ

8ビットのデータ　0 or 1 | 0 or 1 | 0 or 1 | 0 or 1 | 0 or 1 | 0 or 1 | 0 or 1 | 0 or 1　2^8種類 = 256種類の情報量を持つ

バイト

データ量の最小単位はビットですが、これでは細かすぎるので、「バイト」（byte）という単位がデータ量を表す基本単位として利用されています。8ビット＝1バイトとなります。

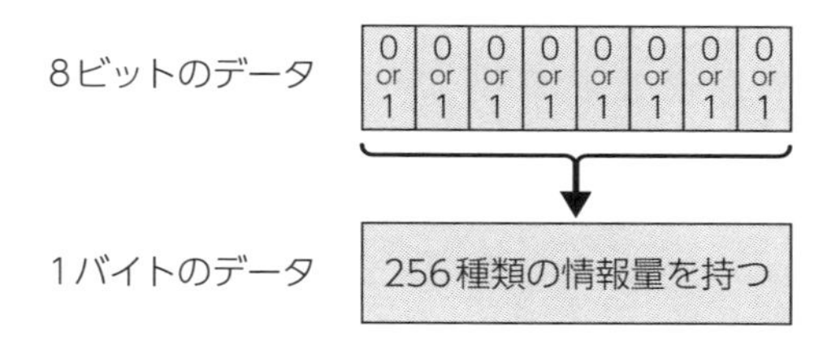

ビット（bit）とバイト（Byte）はいずれもBからはじまることから、ビットは「b」、バイトは「B」と大文字と小文字で区別して略されることもあります。1バイト＝1Bです。

なお、コンピューターで扱うデータ量は大きくなることが多いため、接頭語と呼ばれる単位を表すアルファベットを加えて表現する場面がよくあります。

バイトは1,024倍ごとにキロバイト（KB）、メガバイト（MB）、ギガバイト（GB）、テラバイト（TB）、ペタバイト（PB）という単位で表されます。

データ量の単位

単位（読み方）	単位の換算
B（バイト）	1B ＝ 8ビット
KB（キロバイト）	1KB ＝ 1,024B
MB（メガバイト）	1MB ＝ 1,024KB ＝ 約100万バイト
GB（ギガバイト）	1GB ＝ 1,024MB＝ 約10億バイト
TB（テラバイト）	1TB ＝ 1,024GB ＝ 約1兆バイト
PB（ペタバイト）	1PB ＝ 1,024TB ＝ 約1,000兆バイト

文字とファイルのデータ量

1バイト文字

1バイトのデータ量で表現できる文字で、最大256文字（2^8）を表現できます。半角数字、半角アルファベット、半角カタカナ、基本的な半角記号などを含みます。

2バイト文字

2バイトのデータ量で表現できる文字で、最大65536文字（2^{16}）を表現できます。ひらがな、漢字、全角数字、全角アルファベット、全角カタカナ、全角記号などを含みます。文字コードによっては、半角文字（アルファベット、数字、記号など）も2バイトで扱う場合があります。

文字コードは、コンピューターで扱う文字や記号に割り当てられた番号です。コード体系には、Unicode、JIS、Shift-JIS などがあります。

ファイルサイズ

ファイルサイズは、文書であれば文字数や書式情報など、画像であれば大きさや色数などのように、そのファイルが持つ情報量で決まります。たとえば、2バイト文字を100文字使ったテキストファイルは、200バイトのファイルサイズになります。

1-2-2 CPU（中央演算装置）

「CPU（中央演算装置・中央演算処理装置）」は、コンピューターにおけるすべての処理の中核をなしている処理装置です。人間でいえば頭脳に相当する装置で、ほかの装置の動作を制御する制御機能と、プログラムの命令を受けてデータを処理する演算機能の両方を担っています。

CPUは「マザーボード（M/B）」と呼ばれるコンピューター内部の各装置を装着するための基盤に接続されます。マザーボードはCPUやRAMをはじめ、さまざまな装置を装着するためのスロットを持っており、ほかの装置や周辺機器と物理的に接続されています。なお、マザーボードの規格によって、使用できるCPUやメモリが異なります。

CPUの性能

コンピューターのすべての処理はCPUが中心となって実行するので、CPUの性能はコンピューターの処理能力全体に大きな影響を与えます。CPUの性能を表す基準として「ビット数」や「クロック周波数」があります。

ビット数

CPUが一度に処理できる情報量を表し、ビット数が多いほど処理能力は高くなりますが、消費電力やコストが増します。16ビットCPU、32 ビットCPU、64 ビットCPUなどがあり、現在は、スマートフォン、パーソナルコンピューター、サーバーのいずれも64 ビットCPUの搭載が主流になっています。

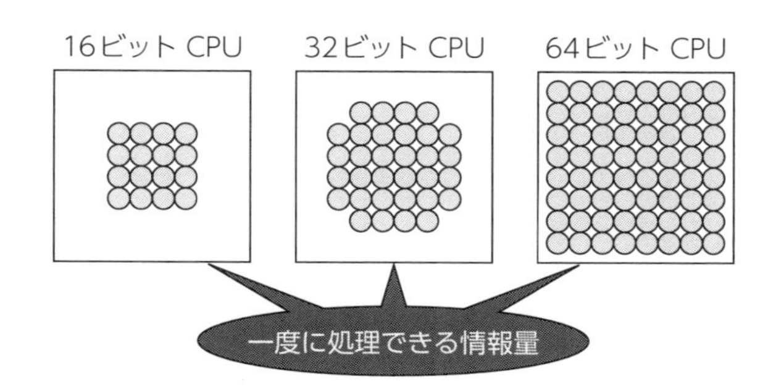

クロック周波数

CPUを含むコンピューター内部の各装置は、データを処理するタイミングをそれぞれ合わせること（同期）で、スムーズな処理を行っています。同期の際に使われる周期的な信号を「クロック」と呼び、1秒間に繰り返されるクロックの回数を「クロック周波数」と呼んでいます。

クロック周波数の単位にはHz（ヘルツ）が使われ、1秒間に1クロックで動作する場合1Hzとなります。クロック周波数が高いほど1秒間に処理できる回数は多くなるので処理速度は速くなり、現在は1GHz以上のCPUが主流となっています。

クロック周波数の単位

単位（読み方）	単位の換算
KHz（キロヘルツ）	1KHz＝ 1000Hz
MHz（メガヘルツ）	1MHz＝1000KHz ＝100万Hz
GHz（ギガヘルツ）	1GHz ＝1000MHz ＝10億Hz

1-2-3　メモリとストレージ

記憶装置は「主記憶装置」と「外部記憶装置」に分類され、それぞれの特徴に応じた役割を果たします。

厳密には、記憶装置全体を「メモリ」、主記憶装置を「メインメモリ」、外部記憶装置を「ストレージ」や「リムーバブルメディア」などと呼びますが、主記憶装置をメモリと表記している性能表なども多く見かけます。

メモリの種類

メモリは、半導体を使った記憶装置で「半導体メモリ」とも呼ばれます。電気的に記憶させるため、高速にデータを読み書きすることができます。

半導体メモリは記憶特性の違いから「ROM」（ロム）と「RAM」（ラム）に分類されます。

ROM

読み出し専用のメモリを「ROM」（Read Only Memory）といいます。コンピューターの電源を切ってもROMのデータは消えません。ハードウェアの制御に必要な基本的なプログラムであるBIOS（バイオス）の保存やCDやDVDの記録面などに広く利用されています。

ROMのように電源を切っても記憶が残るメモリを「不揮発性メモリ」といいます。

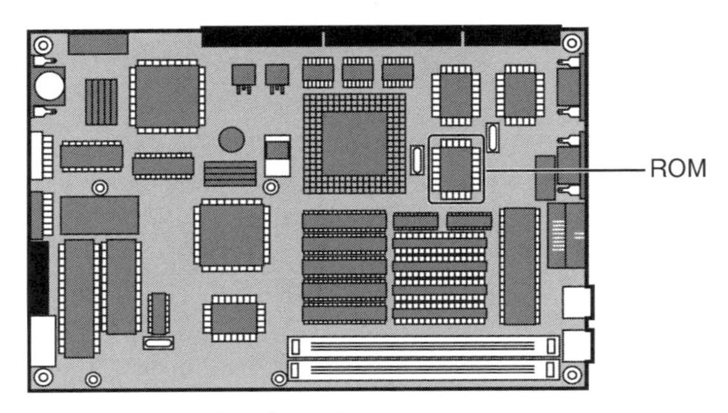

マザーボード上のROM

BIOS（バイオス）は「Basic Input／Output System」の略で、コンピューターを起動する際に、ディスクドライブやキーボードなど、最低限のハードウェアを制御するためのプログラムのことです。マザーボード上のROMに記録されており、電源投入時に最初に読み出されコンピューターの起動を行います。

RAM

データの読み書きを自由に行い、高速にデータを読み書きできるメモリを「RAM」（Random Access Memory）といいます。ただし、コンピューターの電源を切るとRAMのデータはすべて消えてしまいます。

RAMは「メモリモジュール」という単位で記憶域をまとめ、コンピューターの主記憶装置として利用されています。

RAMのように電源を切ると記憶が失われるメモリを「揮発性メモリ」といいます。

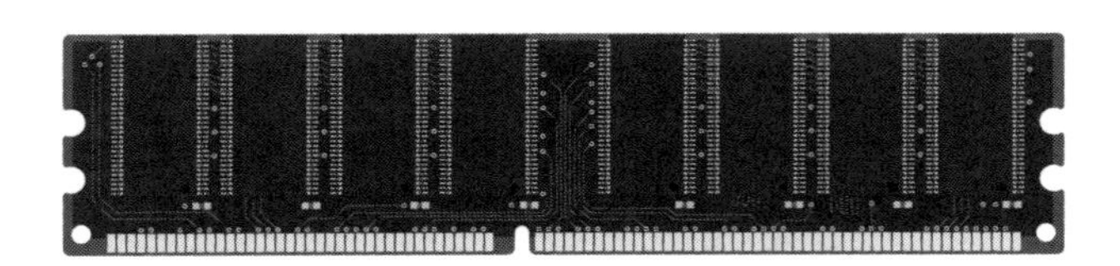

主記憶装置と外部記憶装置

主記憶装置（メインメモリ）は、各装置と直接データの受け渡しを行う記憶装置です。RAMを用いるため高速にデータを読み書きできますが、記憶できる容量は小さめなのが特徴で、入力されたデータや処理されたデータは一時的にメインメモリに記憶されます。

ただし、メインメモリのデータは電源を切ると消えてしまうので、作成した文書ファイルや画像ファイルはROMである「外部記憶装置」に保存します。通常は、コンピューターに内蔵されているストレージ（ハードディスクやSSD）に保存しますが、必要に応じてリムーバブルメディア（外付けHDDやUSBメモリ、DVDなど）に保存することもできます。これらの外部記憶装置に保存したデータは、電源を切っても消えません。なお、外部記憶装置はデータの受け渡しを直接CPUと行わず、いったんメインメモリに読み込んで利用します。

各装置間のデータの主な流れは次のとおりです。

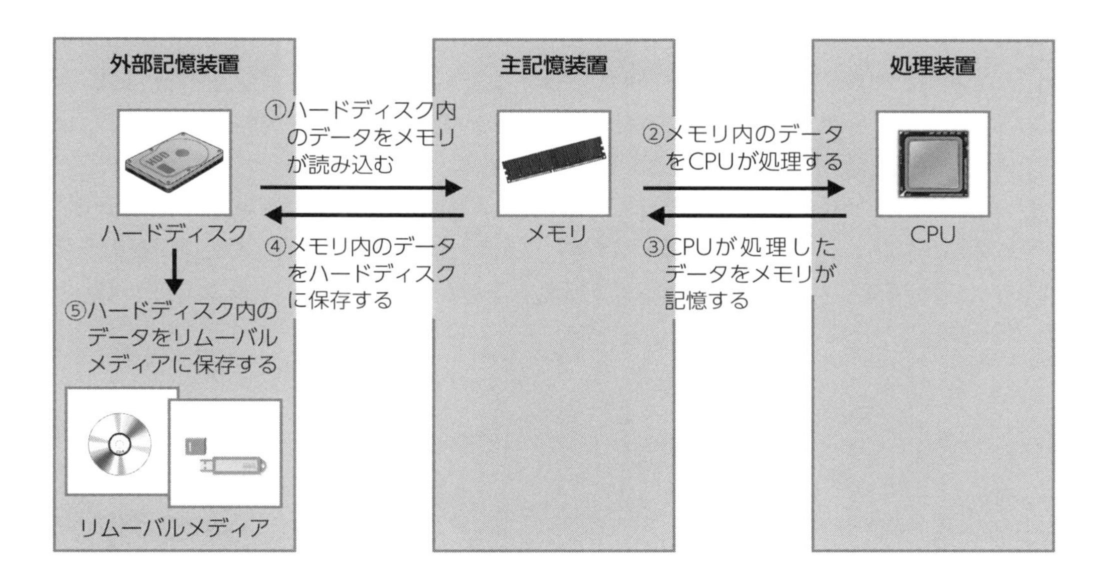

ストレージ

ハードディスク

「ハードディスク（HDD）」は、プログラムや文書、画像などのデータを保存しておく外部記憶装置です。半導体メモリと異なり、内部にデータを保存するための磁気ディスクを持ち、これを高速に回転させて磁気的にデータを読み書きします。ファイルを保存したり新しいプログラムを追加したりすると、内部のディスク上の領域にデータが書き込まれることになり保存領域が減ります。逆にファイルやプログラムを削除すると保存領域に空きができるため、不要なファイルやプログラムは削除したほうがハードディスクの容量が満杯にならず、より長く利用できます。

なお、HDDは、ほかの外部記憶装置に比べ、記憶容量が大きくアクセス速度も比較的高速なので、メインの外部記憶装置として活躍します。ただし、衝撃には弱いので取り扱いには注意が必要です。また、多くの場合は固定されているので携帯には不向きです。

ハードディスクには内蔵型と外付け型の2種類があります。通常、コンピューター本体にはハードディスクが1つ内蔵されています。

ハードディスクの内部構造

内蔵型ハードディスク

外付けハードディスク

SSD

「SSD」はソリッドステートドライブ（Solid State Drive）の略で、主にハードディスクの代替として利用される外部記憶装置です。記憶媒体に「フラッシュメモリ」を使用しています。

フラッシュメモリは、電源を切っても記憶が残るROMの特性と、データの読み書きが自由に行えるRAMの特性をあわせ持つ半導体メモリの一種です。

ハードディスクと比べると、可動部分を持たないため高速で騒音が無く衝撃に強い、消費電力が低く発熱が少ないなどのメリットがあります。一方で、データの書き込み回数に上限がある点、HDDと比較して記憶容量あたりの単価がまだまだ高いなどのデメリットもあります。近年は、徐々に記憶容量や価格がHDDに近づいてきており、HDDとの置き換えが進んでいます。

リムーバブルメディア

「リムーバブルメディア」は取り外し可能なメディアのことで、外部記憶装置に分類されます。その種類には、1990年代を中心に広く使われていたフロッピーディスク（FD）をはじめ、現在も広く利用されているCD、DVD、メモリカード、USBメモリなどがあり、それぞれ記憶方式が異なります。また、各リムーバブルメディアの読み書きには、ドライブと呼ばれる専用の読み書き装置が必要です。

ディスクが固定されたハードディスクと違い、簡単にメディアだけを取り外すことができるので携帯性に優れ、容量を追加する場合もメディアを買い足すだけで済みます。このような利点から、リムーバブルメディアはデータの持ち運びや配布、ハードディスクの故障に備えてデータをコピーしておくバックアップなどによく利用されます。

名称：FD
記憶方式：磁気

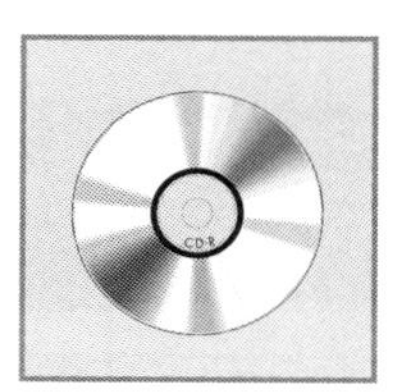
名称：CD
記憶方式：光

名称：DVD
記憶方式：光

名称：メモリカード
記憶方式：電気

USB メモリ

「USBメモリ」は、USBポートに差し込んで使用する取り外し可能なリムーバブルメディアで、記憶媒体に「フラッシュメモリ」を使用しています。特徴としては、専用の読み書き装置が必要ない、小型で携帯性に優れる、可動部分がなく衝撃に強いなどが挙げられます。なお、コンピューターに接続した時はコンピューターの画面上ではUSBメモリではなく「USBドライブ」という名称で認識されます。

1-2-4　入出力インタフェース

コンピューターとディスプレイやキーボードなどの機器を接続するために利用するケーブルの差込口を「ポート」といいます。昨今普及しているポートを必要としない無線接続の規格を含めて「入出力インタフェース」と総称します。周辺機器を接続する際に、コンピューター側と周辺機器側でポートの形状が異なる場合もあるので間違えないようにしましょう。

コンピューターで利用できるポートの数は「マザーボード」に依存しますが、各種ポート用の「拡張カード」をマザーボードに差し込むことでポートを増設できます。また、USBなど一部の規格はハブと呼ばれる分岐のための装置を接続することで、1つのポートに複数の機器を接続することも可能です。

ポートは必ずしもケーブルの規格と1対1の関係にはなっていません。たとえば、USBにはtype-Aの形状にも標準サイズ以外にmini、Microといったポートの異なるケーブルが多く存在します。Thunderboltはもともと独自のポート形状をしていましたが、最新バージョンからはUSB type-Cと同じポートを採用することで利便性を高めています。ただし接続時の伝送速度などはUSBとは異なります。

ポートの種類と特徴

一般的な名称	規格	特徴	形状
キーボードポート マウスポート	PS / 2	キーボードやマウスの接続に利用される。キーボードポートとマウスポートの形状は同じだが、入れ替えて使うことはできない。	6ピン
電話回線用ポート	RJ-11	電話回線やモデムの接続に利用される。6つのピンを持つが、実際に芯が入っているのは2つ。	6ピン（2芯）
Ethernet ポート （イーサネット）	RJ-45	LANなどのネットワークの有線（イーサネット）接続に利用される。 RJ-11より一回り大きい。	8ピン
モニター （ディスプレイ） ポート	ミニD-Sub	モニターやプロジェクターの接続に利用される。 アナログ信号で映像を送る。	15ピン
	D-Sub	Macintosh などで、モニターの接続に利用される。アナログ信号で映像を送る。 「D-Subminiature」の略。	15ピン
	DVI	液晶モニターなどの接続に利用される。デジタル信号専用のDVI-D、アナログ信号とデジタル信号に対応したDVI-Iなどがある。 「Digital Visual Interface」の略。	24ピン（デジタル用）＋ 5ピン（アナログ用）
	HDMI	D-SubやDVIは映像信号のみを送信するものであるのに対し、映像と音声を1本のケーブルで送信できる。著作権管理機能もあり、PCでデジタル放送を視聴する際にHDMIを必須とする場合もある。 「High-Definition Multimedia Interface」の略。	19ピン（標準タイプ）
	DisplayPort	デジタルディスプレイ専用に設計されたDVIの後継といわれる規格。 HDMIと比較しデータの伝送量が多く、より高い解像度に対応できる。	20ピン
汎用ポート	USB	キーボードやマウス、スピーカー、マイク、外付けHDD、DVDドライブなどを汎用的に利用できるポート。 USBハブを利用することで最大127台まで接続可能。 USBの伝送規格はバージョンアップを繰り返し、現在はUSB3.0やUSB3.1が利用されている。 同時にポートの形状（type）も多数存在し、利用には注意が必要。 「Universal Serial Bus」の略。	USBtype-A USBtype-C
	Thunderbolt	Apple社のPCなどで主に利用されている汎用ポートで、USB同様にさまざまな機器を接続できる。 最新のThunderbolt 3ではUSB type-Cを採用している。	USBtype-C

1-2-5 入力装置

入力装置とは、コンピューターにさまざまな情報を入力するための装置です。入力装置にはいろいろな種類があり、目的によって使い分けます。

なお、コンピューターで入力装置を使用するためには「デバイスドライバー（ドライバー）」（1-3-1参照）が必要です。

マウス

「マウス」は、コンピューターへ命令を与える入力装置です。マウスを動かせば、画面上のマウスポインターが連動し、ファイルの選択やプログラムの起動などの指示を与えることができます。

現在の主流である光学式マウスは、底面から赤い光を出してその反射を読み取ることで、移動の量、方向、速度などを検出します。従来は赤外線を利用していましたが、近年はレーザーや青色LEDなどの光を利用するものも普及しています。図のようなホイール付きマウス（3ボタン〜5ボタン）が主流で、中央のホイールを使って画面をスクロールできます。

ボール式マウスは、マウスの中にボールとローラーがあり、そのボールの回転方向や回転数をローラーが読み取ります。PCが普及期によく利用された型式のマウスでしたが、ローラー部にホコリが絡まりマウスの動作が悪くなるため、定期的な掃除が必要なこともあり、現在は光学式が主流となっています。

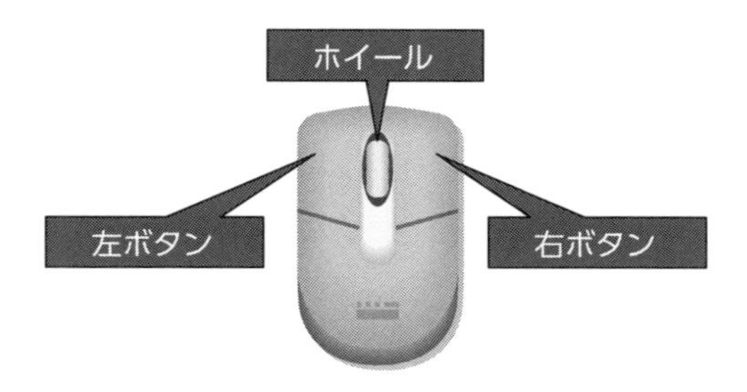

画面上のマウスポインターを移動させたり、ボタンをクリックしたりすることで、コンピューターに情報や命令を与える装置を「ポインティングデバイス」といいます。代表的なデバイスには、マウス、スタイラスペン、タッチパッドなどがあります。

キーボード

「キーボード」は、文字を入力する入力装置です。キーボード上のキーを押すと、対応する文字や数字がコンピューターに送られます。キーの組み合わせによっては、コンピューターに命令を与えることもできます。配置されたキーの数により「106キーボード」や「109キーボード」（106キーボードに［Windows］キー2つとアプリケーションキー1つを加えたもの）などの種類があります。

また、体の不自由な人が使いやすいように作られた特殊キーボードや、持ち運ぶことを前提とした折りたためるキーボードなどもあります。

キーボードの右側に配置されている、数字専用のキーボードを「テンキー」と呼びます。ノートパソコンなどでは省略されることが多いですが、外付け型のテンキーを利用できます。表計算ソフトなどで、たくさんの数字を入力する場合に便利です。

マイク

「マイク」は、コンピューターに音声を取り込む入力装置です。取り込んだ音声はデジタルデータとして保存されます。また、音声を使ってパソコンに指示を出したり、音声をそのまま文字として入力したりすることもできます。

机に置いて使うマイク　頭にかけて使うマイク

カメラ（Webカメラ）

主にコンピューターでビデオチャットなど、動画を配信するために利用する入力装置です。カメラの前の映像を動画のままコンピューターに取り込み、録画や配信ができます。一般に用いられるビデオカメラに比べ、映像の質はやや劣りますが、コンピューターへの取り込み作業を別途行わなくて済むため、リアルタイムでの動画配信に向いています。

タッチパネル

コンピューターの画面を指やスタイラスペンで触れて命令を与える入力装置で、「タッチスクリーン」ともいいます。マウスを持たないタブレット端末や銀行のATM、スマートフォンなどで使われています。画面のボタンやアイコンを直接タッチする、2本の指を使って画面を拡大縮小する、画面をなぞってスクロールさせるなど、直感的な操作ができるのが特徴です。

1-2-6 出力装置

出力装置とは、コンピューターで処理した結果や、作成したデータを出力するための装置です。出力装置にもいろいろな種類があり、目的によって使い分けます。

出力装置を使用するにも「デバイスドライバー（ドライバー）」（1-3-1 参照）が必要です。

モニター

「モニター」は、コンピューターで処理した文字や画像を表示する出力装置です。「ディスプレイ」ともいいます。モニターは、大きく分けると液晶を使った「液晶モニター」や、ブラウン管を使った「CRTモニター」がありますが、CRTモニターが新規で出荷されることはなくなっています。

現在の主流は液晶モニターで、そのサイズや種類も豊富で用途に合わせて選ぶことができます。たとえば、映画などを見るのであれば色が鮮やかに見えるグレア（光沢）液晶が、長時間の事務処理などに利用するのであれば映り込みの少ないノングレア（非光沢）液晶がよいでしょう。また、液晶は数多くの画素（ドット）で構成されていますが、正しく表示されない画素が稀にありそれを「ドット抜け」と呼びます。

プリンター

「プリンター」は、コンピューターで作成した文書や画像を紙に印刷する出力装置です。プリンターの種類には、レーザー光を利用した「レーザープリンター」やインクを吹き付けて印刷する「インクジェットプリンター」などがあります。

レーザープリンター

印刷は高速で、主に業務用として使用される

インクジェットプリンター

写真印刷に優れ、主に家庭用として使用される

その他のプリンターとして、ピンを並べた印字ヘッドをインクリボンの上から叩きつけて印刷する「ドットインパクトプリンター」や、熱した印字ヘッドをインクリボンに押し付けてインクを溶かして印刷する「熱転写プリンター」などがあります。

プロジェクター

「プロジェクター」は、コンピューターで処理した結果をスクリーンに投影する出力装置です。主にプレゼンテーションや講習会などで利用されます。

プロジェクター

プレゼンテーションスライドや映像を投影する

スピーカー

「スピーカー」は、コンピューターの音声を出力する出力装置です。デスクトップパソコンではスピーカーと本体が別々になっているものもありますが、一体型のパソコンやノートパソコンでは本体にスピーカーが内蔵されている場合がほとんどです。液晶モニターに内蔵されているものもあります。

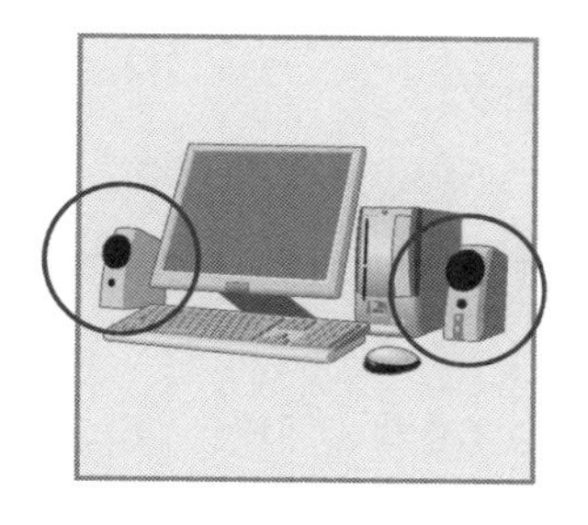

いろいろなスピーカー

1-2-7　タッチスクリーン対応機器の長所と短所

近年は、タブレットやスマートフォンなどタッチスクリーンに対応した機器が普及しています。タッチスクリーンは、出力装置であるモニターの表面を専用ペンや指で直接触れることで入力操作を行う機器です。タブレットやスマートフォンのように本体の一部として組み込まれているもののほかに、独立したモニター形状で利用できるものもあります。

タッチスクリーンの長所・短所

タッチスクリーンの長所は、より直感的な操作が可能なことと、マウスを設置する場所を必要とせずに指で操作ができることです。特に直感的な操作はスマートフォンの普及に大きな影響を与え、タッチスクリーンならではのスワイプ（指を上下にスライドさせる動作）やピンチイン・ピンチアウト（2本の指で画面を拡大縮小する動作）など操作の幅も広がりました。

一方でタッチスクリーンの操作では、マウスカーソルでの操作に比べて細かな操作がしづらい点や、画面上にキーボードを表示するソフトウェアキーボードを使って入力する際に、画面の視認範囲が狭くなってしまうという短所もあります。

ピンチイン

ピンチアウト

1-3 ドライバーの概念

PC（パーソナルコンピューター）に接続するハードウェアを利用するには、「デバイスドライバー（ドライバー）」と呼ばれる制御・管理用のソフトウェアが必要です。ここでは、デバイスドライバー（ドライバー）の役割や取り扱いについて確認していきます。

1-3-1 ドライバーの役割

新しい周辺機器を使用するには、ハードウェアを制御し、操作するための「ドライバー」または「デバイスドライバー」と「ファームウェア」と呼ばれるソフトウェアのインストールが必要です。

「ドライバー」と「ファームウェア」は、いずれもコンピューターに接続した機器を制御するために用いられるプログラムです。「ドライバー」はコンピューターごとにインターネットやハードウェアに付属のCD-ROMからインストールする必要があります。一方「ファームウェア」は、ハードウェア内にあらかじめ用意されているプログラムなのでインストール作業は不要ですが、最新のファームウェアが公開された際やトラブル発生時には更新する必要があります。

ドライバーのインストール

一般的には、ドライバーは周辺機器と一緒にCD-ROMに同梱されているものか、メーカーのWebサイト等からダウンロードしてインストールします。

なお、USBメモリなどは、OSの持つ標準ドライバーで対応できるため、新たなドライバーのインストールは必要ありません。差し込むだけで自動的に認識して使用できるようになる「プラグアンドプレイ」に対応しています。ただし、プラグアンドプレイで適用されるドライバーは、OSに標準で搭載されている汎用的なドライバーであるため、接続機器独自の機能が利用できないこともあります。その場合は別途、接続する機器のメーカーが提供しているドライバーをインストールする必要があります。

【実習】接続しているデバイスの一覧を確認します。

①［スタート］ボタンをクリックして、スタートメニューにある［設定］ボタンを選択します。

②[Windowsの設定] 画面で [デバイス] を選択します。

③[Bluetoothとその他のデバイス] 画面が表示され、接続しているデバイスの一覧が表示されます。

ドライバー更新時の注意点

ドライバーは、接続するPCやスマートフォンのOSによって異なります。デバイスが同じであっても、PCやスマートフォンのOSが異なる場合は、ドライバーや設定もOSごとに変わるので、注意が必要です。

また、ドライバーは最新のものが公開されている場合があるので、必要に応じてアップデートを行ってください。特にデバイスを初めて接続する際は、デバイスに同梱されているドライバーよりも新しいものが提供されている場合があるので、必ず確認しましょう。OSをアップデートした際にドライバーも最新の状態に更新しないと正常に動作しなかったり、セキュリティ上のリスクにさらされたりする危険があります。

なお、Windowsの場合、OSを32bit版から64bit版に変更した際は、利用するドライバーも異なるため、必ず適したドライバーを再インストールするようにします。

1-3-2 Bluetoothの利用とペアリング

外部機器を接続するのはPCだけに限りません。マウスやキーボードなどはタブレットやスマートフォンでも利用できます。

多くのタブレットやスマートフォンにはポートが1〜2つしかないため、マウスやキーボードなどは無線接続で利用することが一般的です。無線接続には「Bluetooth（ブルートゥース）」と呼ばれる電波を用いた接続方式を利用します。

Bluetooth

Bluetoothは、PCでも広く利用される規格で、本体側に1つの受信機があれば、複数の対応機器を登録し接続できます。よって、タブレットやスマートフォンでも、キーボードやマウスに加えて、イヤフォンやスピーカーなど複数の機器を同時に利用することが可能です。

一方でBluetooth対応の機器も、1台で複数のPCやスマートフォンに登録して接続できます。自宅ではデスクトップPCで、外出先ではタブレットでと同じマウスやイヤフォンを利用できるので便利です。

このように、PCやスマートフォン本体とBluetooth対応機器を登録して使用可能な状態にすることを「ペアリング」といい、すでに登録した外部機器であっても一時的にペアリングを解除することで、さまざまなPCやタブレットで利用できます。なお、利用時には、コンピューターやスマートフォン側で機器の検出を有効にしなければなりません。また、初回利用時には外部機器のドライバーのインストールが必要です。

コンピューターを動かすためのプログラムをソフトウェアと呼びます。たとえば、ハードウェアを動かすための処理手順（アルゴリズム）を指示するプログラムや、文書やイラストを作成するプログラムなどがあり、これらはすべてソフトウェアに分類されます。

ここでは、PCの基本ソフトウェアであるオペレーティングシステム（OS）と、そのOS上で特定の機能を提供するアプリケーションソフトウェアについて学習します。

2-1 プラットフォーム

コンピューターは、基本的にPC本体やモニターなどの物理的な装置である「ハードウェア」とOS（オペレーティングシステム）やアプリケーションといったハードウェアを動かすためのプログラム（ソフトウェア）で構成されています。「OS」や「ハードウェア」といったコンピューターを構成する基礎部分を「プラットフォーム」と呼びます。

2-1-1 プラットフォームの構成

ハードウェアとソフトウェアの関係

コンピューターが正常に動作するためには、「ハードウェア」と「ソフトウェア（OS、アプリケーション）」が正しく連携することが必要です。コンピューター全体のデータの流れは次のとおりです。

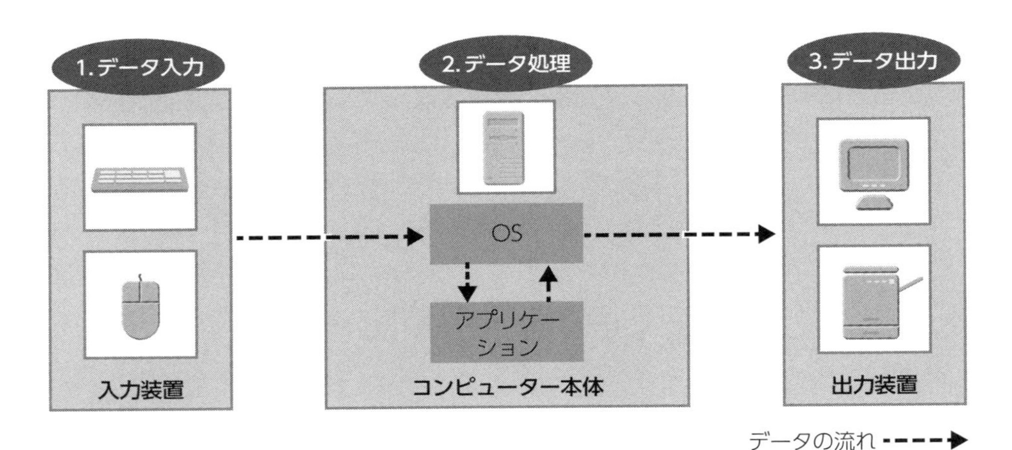

コンピューター全体のデータの流れ

1. データ入力：入力装置と呼ばれるハードウェアでさまざまなデータを入力します。データはOSを介してアプリケーションに渡されます。
2. データ処理：ユーザーからの命令や指示によりコマンドが実行されると、アプリケーションはデータ処理を行います。
3. データ出力：アプリケーションにより処理されたデータは、OSを介して出力装置と呼ばれるハードウェアで表示、印刷されます。

ソフトウェアの分類

ソフトウェアを大きく分けると「OS」と「アプリケーション」の2つに分類されます。

OS(オペレーティングシステム)

「OS」は、コンピューター機器のシステム全体を管理するためのソフトウェアです。コンピューターを制御するためには欠かせないソフトウェアで、「基本ソフトウェア」とも呼ばれます。

OSに関する詳しい内容は、2-1-2以降で解説します。

アプリケーション(アプリ)

コンピューター機器の発展とともにその使用目的も多様化が進んできました。資料の作成、情報の検索、写真の加工、電子メールの送信、音楽の再生など多岐にわたります。こうした目的を達成するためには、そのための機能を持ったソフトウェアが必要です。たとえば、コンピューターで文書や表を作成するには、ワープロソフトや表計算ソフトなどのソフトウェアを使用します。

こうした特定の目的のために使用するソフトウェアを「アプリケーション」、「アプリ」と総称します。OSが「基本ソフトウェア」と呼ばれるのに対して、アプリケーションは「応用ソフトウェア」とも呼ばれます。

アプリケーションは、OSが提供する機能を利用することを前提として開発されています。そのため、アプリケーションが正常に動作するためには、それに対応したOS が必要です。OSの種類やバージョンが異なると動作しないアプリケーションもあるので注意しましょう。

コマンドの実行とデータ処理

「コマンド」とは、アプリケーションに与える命令や指示のことです。ユーザーは、アプリケーションの持つ機能をコマンドとして実行して、さまざまな処理を行います。たとえば、文書を印刷したいときには印刷コマンドを、画像を保存したいときには保存コマンドを実行します。

コマンドを実行するには、マウスでコマンドボタンをクリックしたり、キーボードでコマンドを直接入力したりします。これらの実行命令はOS を介してアプリケーションに伝えられます。ユーザーによってコマンドが実行されると、アプリケーションにあらかじめ組み込まれているルールに従ってデータを処理します。このような、特定の目的を達成するために決められたルールのことを「アルゴリズム」といいます。

たとえば、表計算ソフトの場合、あるセルに対してSUM関数を入力すると、指定したセル範囲の合計が表示されます。これは、表計算ソフトにあらかじめ組み込まれている加算ルールに従ってデータ処理が行われるからです。

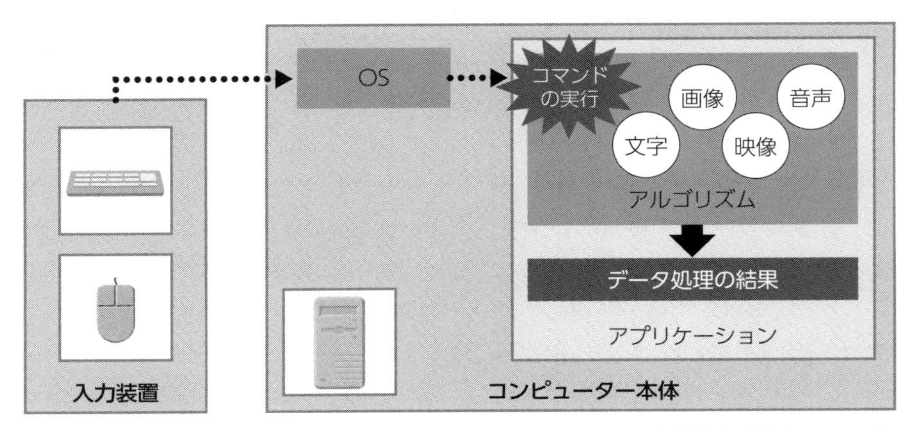

コマンドの実行

データの出力

アプリケーションで処理されたデータは、OS を介して出力装置と呼ばれるハードウェアで表示されます。このように、コンピューター内で処理された結果を、出力装置を使って表示する処理を「出力」といいます。出力装置には、処理結果を表示するモニター、文書や画像を用紙に印刷するプリンター、音声や音楽を伝えるスピーカーなどがあります。

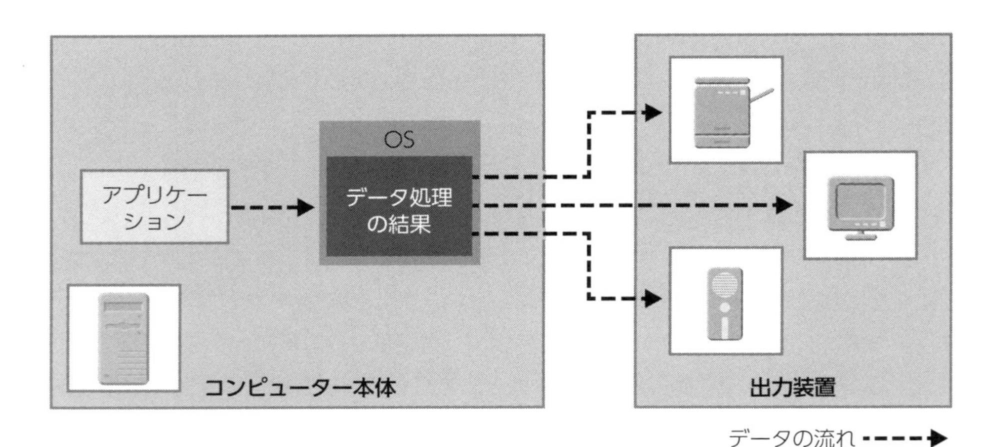

データ出力の流れ

プラットフォームの適合性や影響

コンピューターは、プラットフォームによって利用できるデバイスやファイルが異なる場合があります。

たとえば、一部のキーボードや光学ドライブなどの入出力装置には、Windows用やMac用といったものが存在し、OSが異なる場合に正常に動作しない場合があります。

また、メディアプレーヤーと呼ばれる動画や音声ファイルを再生するためのアプリケーションによっては、再生できるメディアとそうでないものが存在します。視聴したいメディアのファイル形式やコーデック（データ圧縮の方式）に合わせて再生環境を整える必要があります。なお、Windows10にはDVDを再生するための機能やアプリケーションが標準で搭載されなくなりました。そのため、DVDを視聴するためには、別途DVD再生用のアプリケーションを用意する必要があります。

また、OSによっては「文字コード」（画面に表示される文字をコンピューター内で扱うためのデータに当てはめた対応表）が一部異なるので、異なるOS間で文書やメールのやりとりをした際に、文字が判読できない「文字化け」と呼ばれる現象が発生することがあります。

文字化けは、異なるOS間で発生するほかに、同じOSであっても日本語環境と異なる言語環境の間でも発生します。その際は「PDF」などの形式に文書を変換して保存し、フォント情報を同梱することでトラブルを解消できます。文字コード以外にも、携帯電話などで利用されている絵文字も、PCやスマートフォンでは正しく表示されないことがありますので注意が必要です。

2-1-2　OS（オペレーティングシステム）

OSの役割

プラットフォームの中核となるのがOS（オペレーティングシステム）です。OSの主な役割としては、ハードウェアの管理、ソフトウェアの管理、ファイルの管理、ユーザー管理などがあります。

OSの主な役割

役割	説明
ハードウェアの管理	さまざまな種類のハードウェアが競合しないよう管理したり、ハードウェアとソフトウェアのデータのやり取りを制御したりする。 また、新しいハードウェアが接続されたときには、自動的に認識して使用できるようにする。
ソフトウェアの管理	複数のソフトウェアを並行して実行できるよう管理したり、ソフトウェアにユーザーインターフェース（2-1-4参照）を提供したりする。
ファイルの管理	ファイルを外部記憶装置に書き込んだり、外部記憶装置から読み込んだりする。
ユーザー管理	コンピューターを利用するユーザーごとにアカウントを作成し、ファイルやソフトウェアの利用権限や設定などを管理する。

OSの種類

OS にはさまざまな種類があり、コンピューターの種類や使用目的に合わせて利用されています。

ソフトウェアの操作画面には「CUI」と「GUI」の2種類があります。
CUIは「Character-based User Interface」（キャラクターベースユーザーインターフェース）の略で、文字で情報を表示し、キーボードから文字列（コマンド）を入力して操作を行う方式です。
GUIは「Graphical User Interface」（グラフィカルユーザーインターフェース）の略で、情報を画像やアイコンなどグラフィックで表示し、マウスなどのポインティングデバイスから操作が実行できる方式です。

OSの種類

OSの名称	特徴
MS-DOS（エムエスドス）	Microsoft（マイクロソフト）社が開発したCUIのOS。アイビーエム社のパソコン「PC/AT」に採用されたことで全世界に普及し、Windows が登場するまでPC/AT互換機用のOSとして利用されていた。
Windows（ウインドウズ）	Microsoft社が開発したOS。GUIを採用した「Windows 3.1」が、PC/AT互換機用の標準OS として一気に普及した。 その後、バージョンアップを繰り返して、パソコン用のOS としては現在最も多く利用されている。
macOS（マックオーエス）	Apple（アップル）社が開発したOS。同社のパソコン「Macintosh（Mac）」専用のOS で、洗練されたGUI が特徴。主に画像や動画などグラフィックデザインを行う業界などで使われることが多い。バージョンアップを繰り返し、現在は「OS X（オーエステン）」が利用されている。
UNIX（ユニックス）	AT&T 社のベル研究所が開発したOS。高い信頼性を持つOSで、学術機関や研究所などのコンピューターで利用されている。UNIX から派生したOS が多数あり、「Linux」（リナックス）や「FreeBSD」（フリービーエスディ）などは基本的に無償で入手できる。 ※図はLinux（debian）

OSの名称	特徴
iOS（アイオーエス）	Apple社が「Mac OS X（現macOS）」をベースとして開発した携帯情報端末用のOS。同社のスマートフォン「iPhone」やタブレット「iPad」などに搭載されている。
Android（アンドロイド）	Google（グーグル）社などが中心となり設立した団体「Open Handset Alliance（OHA）」が「Linux」をベースとして開発した携帯情報端末用のOS。基本的に無償で提供されており、スマートフォンやタブレットなどの携帯情報端末に搭載されている。

一般的なOSの機能

ここでは、Windows10を例にOSの一般的な機能について学習します。

電源オンとログオン

コンピューターを起動するには電源をオンにします。コンピューターの電源ボタンを押すことで電源がオンになり、Windows10が自動的に起動します。起動が完了すると「ログオン画面」が表示されます。

コンピューターを実際に使用するには「ログオン」の操作が必要です。「ログオン」とは、ユーザー名とパスワードを入力してコンピューターやネットワークの使用を開始することで「ログイン」ともいいます。Windows10の場合、「ログオン画面」にすべてのユーザーのアカウントが表示されるので、その中から使用するユーザーをクリックするだけでログオンできます。ただし、パスワードが設定されている場合には、正しいパスワードを入力しないとログオンできません。

また、OSの種類や設定によっては、電源をオンにするだけで自動的にログオンする、ユーザー名とパスワードの両方を入力してログオンする、[Ctrl] ＋ [Alt] ＋ [Del] キーを同時に押してからログオンする、などのログオン方法があります。

ログオンに成功すると、ユーザーごとに設定されたデスクトップが表示されます。

【実習】コンピューターの電源をオンにしログオンします。

①コンピューターの電源ボタン⏻を押します。

②Windows10が起動して「ログオン画面」が表示されます
③ログオンするユーザーのアカウントをクリックします。
※パスワードが設定されていない場合、この操作だけでログオンできます。

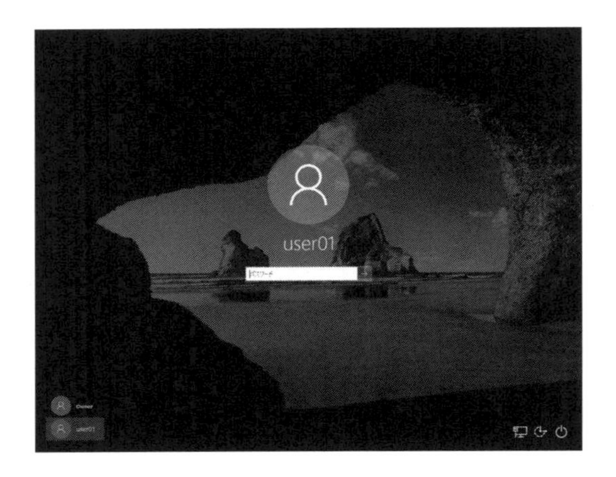

電源オフ（シャットダウン）

コンピューターを終了するには電源をオフにします。ただし、突然コンピューターの電源をオフにすると、処理中のデータが消えたり、ハードディスクに問題が生じたりすることがあります。

コンピューターを安全に終了するためには、「シャットダウン」の操作でシステムを停止する必要があります。Windows10をシャットダウンするとシステムが停止して、その後コンピューターの電源が自動的にオフになります。［スタート］ボタンから⏻をクリックして、表示されたメニューから［シャットダウン］をクリックすると、安全にPCの電源を落とすことができます。

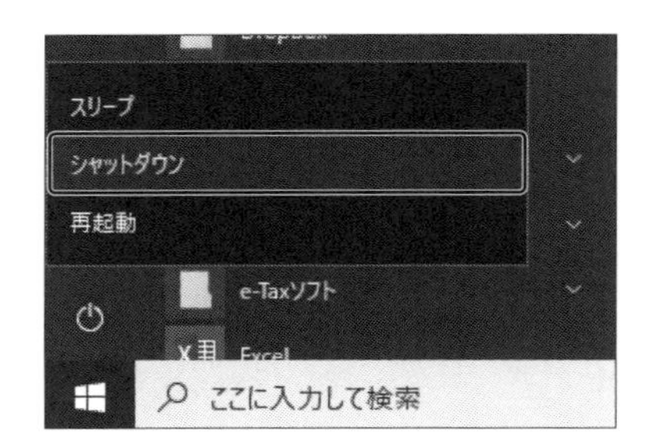

再起動

システムをいったん終了して再び起動することを「再起動」といいます。コンピューターの動作が不安定になったときや、新しいアプリケーションをインストールしたときなどにコンピューターを再起動します。再起動の方法は、上記の「シャットダウン」の手順と同じで、⏻ボタンをクリックして表示されたメニューの［再起動］をクリックします。PCが再起動されるとログオン画面が表示されます。

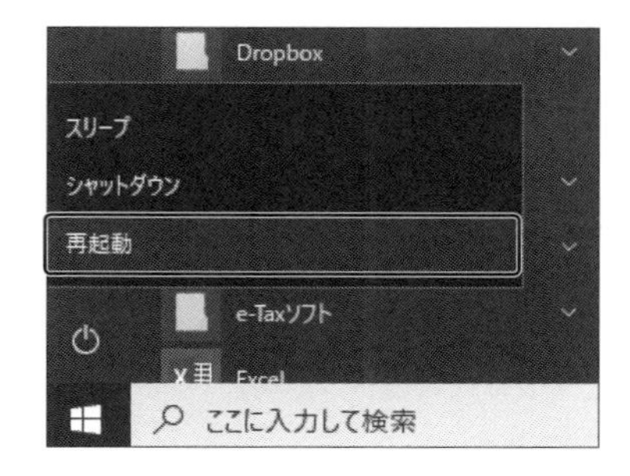

ユーザーの切り替え

コンピューターの作業状態を保ったまま、別のユーザーでログオンするには「ユーザーの切り替え」を行います。ログオフせずにコンピューターの使用権を別のユーザーに移すことができるため、各ユーザーがすばやく作業を再開できるというメリットがあります。ただし、1人のユーザーがコンピューターをシャットダウンすると、別のユーザーのログオン状態は強制的に解除され、コンピューターの電源がオフになってしまうので注意が必要です。

【実習】ユーザーの切り替えを行います。

！ユーザーの切り替えには複数のユーザーのアカウントが必要です。

①［スタート］ボタンをクリックします。

②ユーザーアイコン（アイコンを登録している場合はその画像が表示されます）をクリックします。

③切り替えたいユーザー名をクリックします。

ログオフ（サインアウト）

コンピューターのログオン状態を解除するには「ログオフ」を行います。「ログオフ」とはコンピューターやネットワークへの接続を切断することで「ログアウト」や「サインアウト」ともいいます。ログオフすると作業中のアプリケーションはすべて閉じられ、ログオン前の状態に戻ります。

複数のユーザーが同じコンピューターを使用する環境では、いったんログオフすることで別のユーザーからの干渉や情報の消失を防ぐことができます。

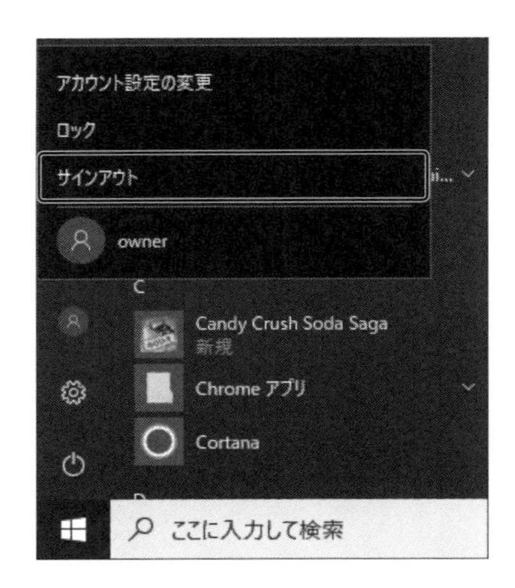

ロック

作業中に席を外すときにコンピューターをそのままの状態にしておくと、情報の流出などの原因になります。コンピューターを「ロック」することで、こうしたトラブルを未然に防げます。

Windows10では、コンピューターをロックするとログオン状態を保ったまま「ログオン画面」に切り替わります。すぐに作業を再開できるので、一時的に作業を中断するときにも便利です。ロックを解除するにはユーザーのアカウントのパスワードを入力します。アカウントにパスワードを設定していないと、クリックしただけでロックが解除されるので注意しましょう。

コンピューターをロックするには、次の2つの方法があります。

- [スタート] メニュー >ユーザーアイコンをクリック >メニュー [ロック] をクリックする方法
- [Ctrl] + [Alt] + [Del] キーを同時に押して、表示された画面のメニューで [ロック] をクリックする方法

2-1-3　ユーザーと権限

OSでは、利用しているコンピューターやソフトウェア、ネットワーク接続されたシステムをすべてのユーザーに開放するのではなく、ユーザーごとに権限を分けて、利用範囲を制御する機能があります。

ユーザーアカウント

1台のコンピューターを複数の利用者で共有する場合、OSでは利用者ごとにユーザーアカウントを作成できます。

ユーザーアカウントを用意すれば、ファイルを保存する領域やデスクトップの環境、スタートメニューを利用者ごとに割り当てることができます。

また、それぞれのユーザーアカウントに利用権限を設定することで、一部の操作を制限できます。たとえば、会社で利用するPCや家族で利用するPCは「管理者」権限を持つユーザーのみがシステムの設定を変更でき、ほかのユーザーは用意された環境内での利用に限定するといった使い方が可能になります。代表的なOSであるWindows10のユーザー権限の種類は次のとおりです。

ユーザー権限の種類（Windows10）

管理者	PCのすべての設定を変更できる。 すべてのファイルやプログラムをインストール・操作できる。
標準ユーザー	セキュリティやユーザーアカウントの設定などに制限がある。ソフトウェアのインストールや設定変更には管理者のパスワードが別途求められる。プログラムはほとんどが利用できるが、一部利用できないものもある。

システムの利用権限

企業などでは、OSだけでなくネットワークに接続された業務システムや共有ファイルの保存場所に当たるファイルサーバーに対する「アクセス権」も管理する必要があります。企業のシステム管理者は、ファイルサーバーのアクセスを制限することで、セキュリティを高めて情報流出や誤操作によるトラブルを防止します。

一般には、ユーザーが業務システムやサーバーを利用する際にIDとパスワードを要求し、IDごとに利用してよい機能や保存場所（フォルダー）が制限されます。

アクセス権

ファイルやデータのアクセス権は主に3つの権限で制御されます。

アクセス権の種類

Read（読み取り）	ファイルやデータを閲覧する。
Write（書き込み）	ファイルやデータの追加・書き換えができる。
Delete（削除）	ファイルやデータを削除できる。

たとえば、Read（読み取り）のみを許可したユーザーは、ファイルを見ることはできますが、データの追加や削除ができなくなります。なお、これらの権限は「読み取り／書き込み」と複数許可することもでき、ファイルの所有者は3つすべてのアクセス権を有します。

システムやサーバーごとにIDとパスワードを入力する手間を軽減するために、一度システムにログインしたあとは関連するほかのシステムにもIDを引き継いでそのままアクセスできるようにする技術を「シングルサインオン」と呼びます。Windowsのユーザーアカウントを利用して実現することもできます。

Windows10でユーザーアカウントにパスワードを設定する方法

1台のコンピューターを複数人で利用するときなど、それぞれのアカウントにパスワードを設定しておくことで、ユーザーが誤って他者のアカウントでログインすることを防ぎます。

Windows10では、「管理者」権限を持つユーザーは、新しいアカウントを作成したり、別のユーザーアカウントのパスワードを変更したりできます。

【実習】ユーザーアカウントにパスワードを設定します。

! この実習にはOS管理者権限が必要です。管理者権限がない場合は操作の手順を覚えましょう。

①デスクトップ（またはエクスプローラーを開く）のPCアイコンを右クリックして、メニューから［管理］を選択します。

※管理者権限がない場合はパスワードの入力を求められます。

②［コンピューターの管理］画面が表示されたら、システムツールの配下にある［ローカルユーザーとグループ］をクリックします。

③「ユーザー」フォルダーをダブルクリックして、ユーザーの一覧を表示します。

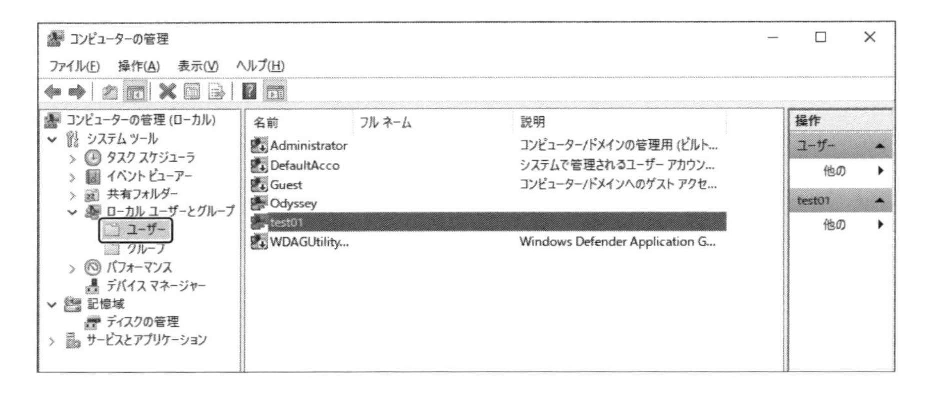

④パスワードを変更するアカウントを右クリックして、メニューから［パスワードの設定］をクリックします。

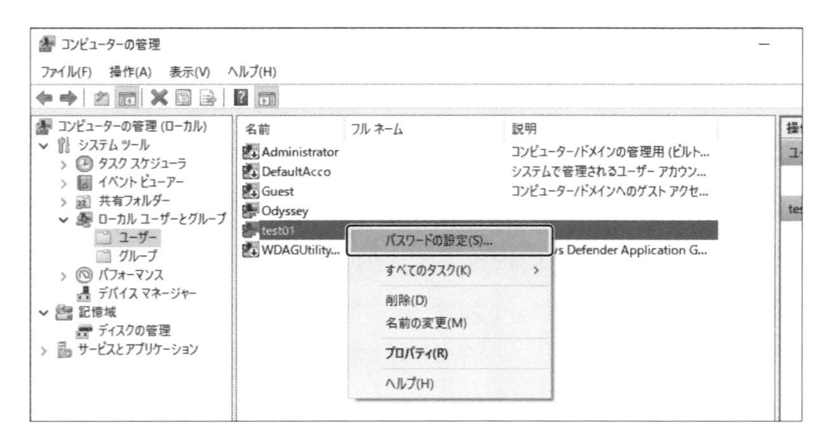

⑤警告メッセージが表示されたら［続行］クリックします。

⑥「（ユーザー名）のパスワードの設定」画面が表示されたら、「新しいパスワード」と「パスワードの確認入力」に同じパスワードを入力して、［OK］をクリックします。

※パスワードの変更は実際に行わないでください。

test01 のパスワードの設定　?　×

新しいパスワード(N):

パスワードの確認入力(C):

[OK] をクリックすると、次のことが行われます:

このユーザー アカウントは直ちに、暗号化されたファイル、格納されたパスワードおよび個人セキュリティ証明書へのアクセスをすべて失います。

[キャンセル] をクリックすると、パスワードは変更されません。データの損失もありません。

OK　キャンセル

2-1-4 ユーザーインターフェース

ユーザーインターフェースとは、ユーザーがデータを入力する際の表示形態や、処理の結果をユーザーに提供する際の表示様式など、コンピューターの操作環境のことです。

GUIの要素

GUIは直感的な操作を実現するために、さまざまな要素（部品）を用意しています。

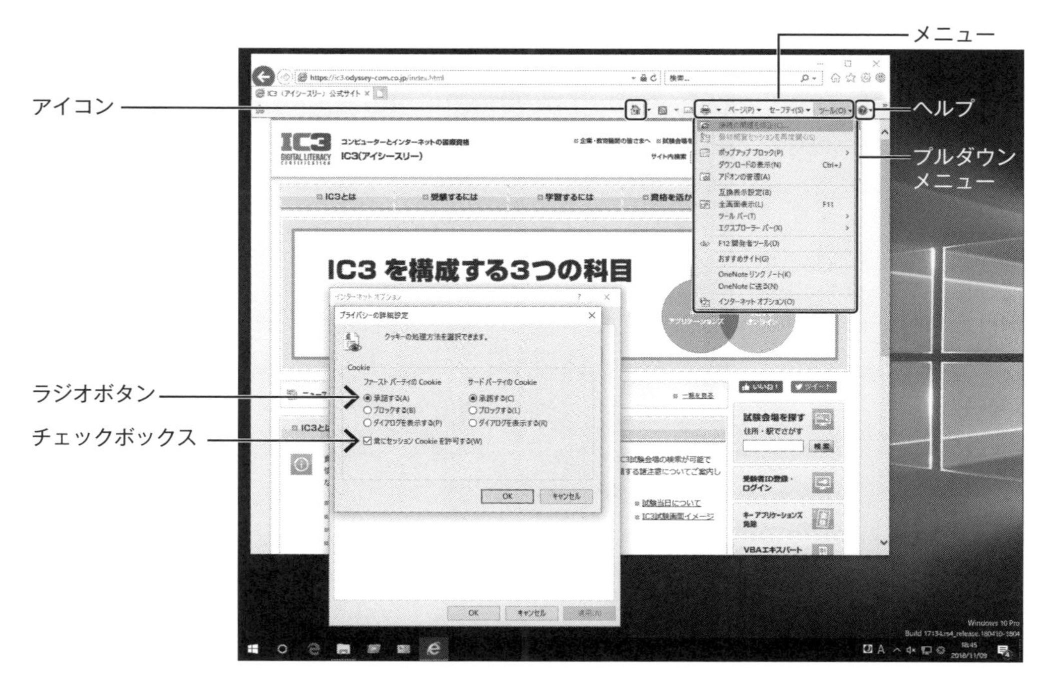

GUIの例

GUIの要素	特徴
ウィンドウ	アプリケーションや設定などの操作画面を表示する領域。 ウィンドウを並べることで、複数の画面を同時に表示できる。
アイコン	クリックまたはダブルクリックすることで、アプリケーションを起動する、フォルダーを開く、印刷をするなど、アイコンに登録された命令を実行する。
ラジオボタン リストボックス	いずれも択一式の選択肢で利用する。
チェックボックス	複数選択やON/OFFの選択で利用する。
テキストボックス	キーボードから文字を入力する領域。
プルダウンメニュー	選択項目を垂れ下がる形で一覧表示する。
ポップアップメニュー	情報や選択肢を別ウィンドウに表示する。

Windowsアクションセンター

Windowsに搭載されているアクションセンターは、タスクバーと呼ばれる画面最下部に表示される通知機能です。通常は右下の時計の隣に□アイコンがあり、クリックすることで通知を確認できますが、ソフトウェアの設定により、通知がある場合は自動的に画面の右側に大きく表示させることができます。通知の内容はソフトウェアごとにON・OFFを設定することができ、メールやメッセージのほか、Windowsの更新に関する通知なども表示することができます。

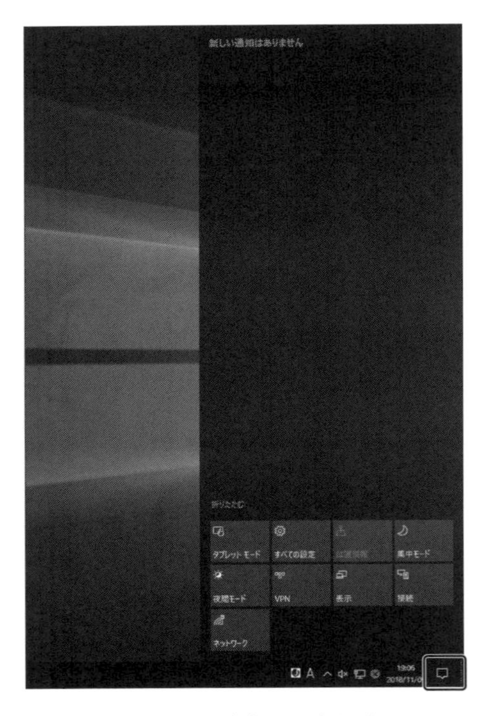

Windowsアクションセンター

2-2 ソフトウェアの導入・管理

PCで利用するOS（オペレーティングシステム）やアプリケーション、ドライバーは、導入作業を行わなければ利用することができません。また、導入後も機能強化やセキュリティ強化を目的とした更新や不要になった場合の削除なども必要になります。ここでは、ソフトウェアの導入と管理について確認していきます。

2-2-1 OSの導入・管理

OS は「システムファイル」「設定ファイル」などの基本ファイルで構成されています。これらのファイルが最新の状態で正常に利用できることが、PCを安定して利用するための前提になります。ここでは、OSを最新状態にする「アップデート（更新）」とエラー発生時の「リカバリー」について確認します。

OSのアップデート（更新）

OSのメーカーは、定期的にアップデートファイルを配信しユーザーにアップデート作業を促します。アップデートをすることにより、新機能を追加するだけでなく、不具合の修正や「セキュリティホール」と呼ばれるOSのセキュリティ上の弱点が発見された際の対策を行うことができます。

Windows10 のアップデート作業にあたる「Windows Update」は、原則として操作は必要なく、自動的に修正ファイルをダウンロードして更新作業が行われます。ただし、アップデート内容によってはPCの操作中でも再起動を求められる場合があるので、できるだけ早いタイミングでPCを再起動します。なお、再起動が必要ない場合でも、アップデートが行われる際には画面上に通知が表示されます。

主に業務用で用いられるWindows10 Proでは、アップデート作業を自動で行わずに手動で更新処理のタイミングを選ぶことができます。業務で利用しているほかのシステムやソフトウェアへの影響を確認したうえでOSのアップデートを実施したいというニーズに合わせたものです。ただし、セキュリティを考慮して、なるべく早いタイミングでアップデートを実施する必要があります。

OSのリカバリー（回復）

OSを構成するファイルが何らかの原因で壊れてしまうと、エラーメッセージが頻繁に表示されたり、アプリケーションやOSが頻繁にフリーズしたり、最悪の場合OSが起動しなくなることがあります。

このような場合、OSを修復するか、再インストールしてコンピューターを初期の状態に戻します。OSの修復や復元方法は、「6-2-2 バックアップと復元の方法」の「OSの復元と回復」をご確認ください。

2-2-2　アプリケーションとドライバーの導入・管理

アプリケーションやドライバーなどのソフトウェアは、同じソフトウェアであっても、OSが異なる場合はそれぞれのOSに対応したソフトウェアを用意する必要があります。OSが異なると動作しないので注意が必要です。

たとえば、WordやExcelなどのMicrosoft Officeアプリケーションには、Windows用のアプリケーションとMac用のアプリケーションが存在します。Windows OSがインストールされたコンピューターに、Mac用として作られたアプリケーションはインストールできません。

またモバイル機器においては、同じアプリであっても、Android OSとiOSでは操作性に違いが出るため、使用する機器に合ったアプリをインストールしなければなりません。使用するPCやモバイル機器のOSの種類やバージョンと、導入するアプリケーションが合致しているかどうかを確認するようにしましょう。

インストール

コンピューターに、アプリケーションやドライバーなどのソフトウェアを導入する作業を「インストール」と呼びます。ソフトウェアをコンピューターに組み込んで使える状態にすることから、「セットアップ」ともいいます。

インストールは、ソフトウェアを構成するファイルをハードディスクにコピーし、ハードウェアやOSの動作に必要な情報を登録・変更します。

いずれもこの一連の作業は、ほとんどのソフトウェアで自動的に行われるため、特別な知識ま必要ありませんが、ソフトウェアの種類やコンピューターの形態によってインストール方法はさまざまです。

ソフトウェアをインストールするには、CD／DVD-ROMなどのローカルメディアから行う方法と、インターネット上からダウンロードして利用する方法があります。仮に、ローカルメディアからインストールした場合でも、最新のソフトウェアや修正ファイルはインターネット上から配布されることがほとんどであるため、最新の状態でソフトウェアを利用するには、現在ではインターネット環境は必要であるといえます。

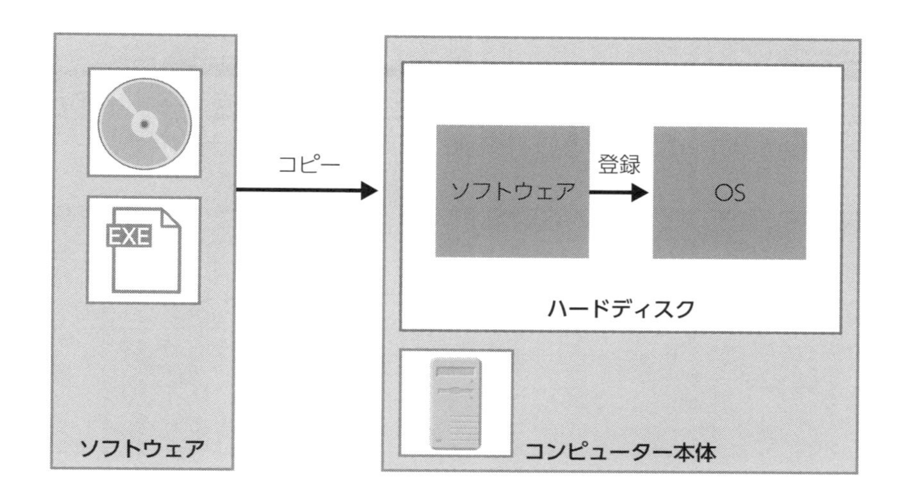

ローカルメディア（CD-ROM／DVD-ROM／USBメモリ）からのインストール

比較的サイズが大きい市販のソフトウェアには、ローカルメディア（CD／DVD-ROM）からインストールするものがあります。メディア内には、ソフトウェアを構成するファイルと、「セットアップファイル」と呼ばれるインストール用のプログラムが収められています。一般にセットアップファイルは、「Setup.exe」「Setup.msi」や「Install.exe」という名前になっています。これらのセットアップファイルを実行するとインストールが始まります。

インターネットからのインストール

ソフトウェア本体はもちろん、ソフトウェアを更新するための「アップデートプログラム」、ソフトウェアの一部を修正するための「パッチファイル」（修正ファイル）、ソフトウェアに新しい機能を追加するための「プラグイン」などはインターネットからインストールします。

特にインターネット環境が整った近年では、Microsoft Officeなどファイルサイズの大きいソフトウェアでもインターネットからダウンロードしてインストールする方法が普及しています。インストール作業にインターネットを利用するため、通信速度が遅くデータ容量に制限があるモバイル通信環境での作業には注意が必要です。

基本的な流れはCD／DVD-ROMからのインストールと同じで、インターネット上からインストーラーをダウンロードして実行します。

インストール前には、ソフトウェアのダウンロードサイトでインストール手順や使用許諾契約書などを必ず読んでおきましょう。

インストールの流れ

ソフトウェアをインストールする手順は、ローカルメディア、インターネットともに、大きな違いはありません。ソフトウェアをインストールする流れは次のとおりです。

PCのドライブにCD／DVD-ROMをセット

自動的にセットアップファイルが実行されます。実行されない場合は[自動再生]ダイアログボックスから[自動再生]または[フォルダーを開いてファイルを表示]を選択して、表示されたフォルダーからインストール用のプログラムファイルをダブルクリックして実行します。

インターネットからダウンロード

ダウンロードしたソフトウェアのセットアップファイルをダブルクリックして、インストールを開始します。Web サイトで、「ダウンロード」をクリックすると同時にインストールされるものもあります。

インストールウィザードの画面に従ってインストールを実行

プロダクトキーの入力、使用許諾契約書への同意、インストールするソフトウェアの選択、インストール先の指定を行います。

インストールを完了

ソフトウェアによっては、インストール完了後にPCの再起動を求められる場合があります。インストール後は、デスクトップやスタートメニューにショートカットアイコンが作成されます。

「プロダクトキー」は、不正利用・コピーを防止するために、ソフトウェアのパッケージごとに付属している固有の番号で、「ライセンスキー」、「シリアルナンバー」ともいいます。一般に、ソフトウェアをインストールする手順の中で入力が求められます。

アンインストール

不要になったアプリケーションやドライバーなどのソフトウェアをPCから削除することを「アンインストール」と呼びます。正しい手順でアンインストールすると、ソフトウェアを構成するファイル群やOS に登録されたソフトウェア情報などを完全に削除して、インストール前の状態に戻すことができます。ただし、アンインストール後にソフトウェア情報が残っていると、システムが不安定になることがあるので注意が必要です。アンインストールは、OS標準のアンインストール方法とソフトウェアごとに用意された削除ツールを使う方法があります。削除ツールが存在する場合は、そちらを優先してソフトウェアを削除します。

ソフトウェアのアンインストール

【実習】Windows10の標準機能でアプリケーションをアンインストールします。

！この操作は実際に行う必要はありません。アンインストールの手順をしっかり学習しましょう。

①[スタート］ボタンをクリックして、［設定］を選択します。

②表示された［Windowsの設定］画面から［アプリ］を選択します。

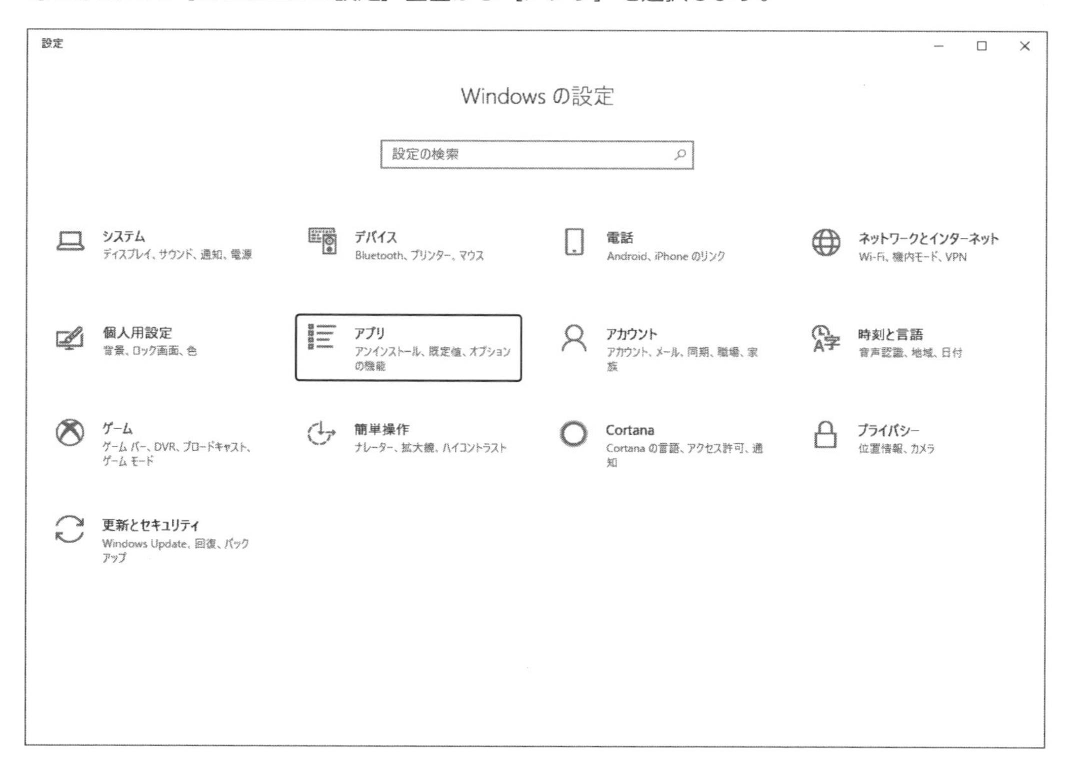

③アプリと機能の一覧から、アンインストールする項目をクリックし、アプリ名の下に表示される［アンインストール］をクリックします。

※実際に［アンインストール］をクリックすると、ソフトウェアの削除が実行されます。クリックしないよう注意してください。

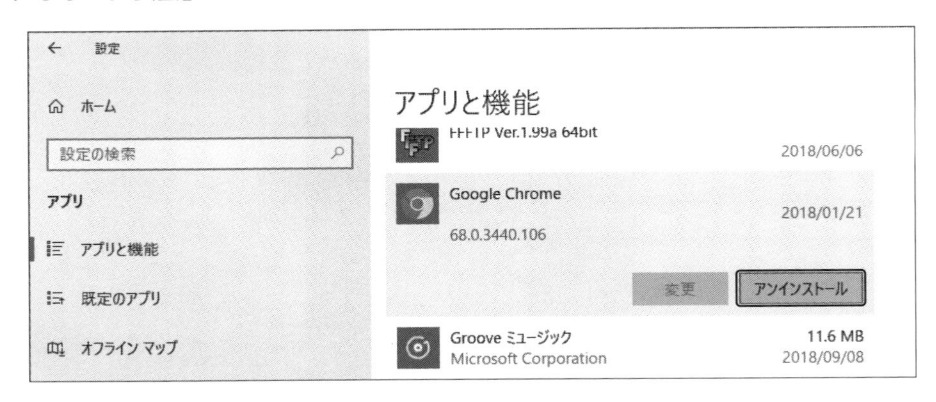

④アンインストール画面が表示されたら、指示に従いアンインストール作業を進めます。

ソフトウェアのアンインストールは、［コントロールパネル］を利用する方法もあります。

［スタート］ボタンをクリックして、「よく使うアプリ」の一覧から、［Windowsシステムツール］＞［コントロールパネル］をクリックします。［プログラム］のカテゴリを開いて、［プログラムのアンインストール］を選択します。次のような画面が表示されるので、アンインストールするプログラムを選択してアンインストールを行います。

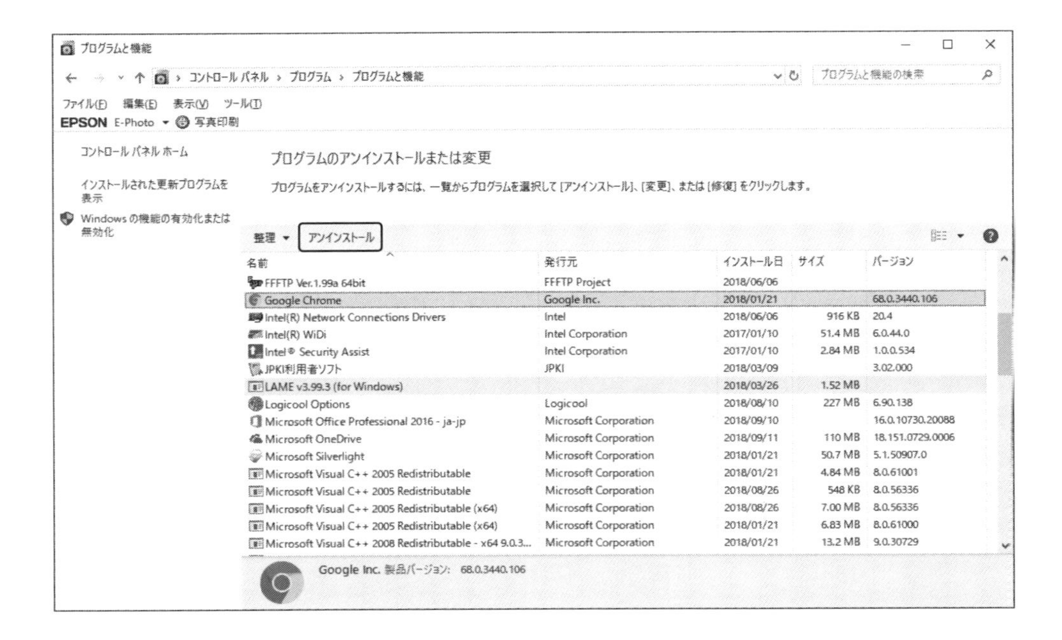

ドライバーのアンインストール

ドライバーが破損して周辺機器が動かないときや、間違ったドライバーをインストールしたときは、ドライバーをいったん削除することで問題が解決することがあります。ドライバーを削除した場合、ドライバーを再度インストールして周辺機器を再認識させます。周辺機器によっては、再起動時に自動的にドライバーがインストールされ自動認識されることがあります。

ドライバーのアンインストールは、コントロールパネルの［ハードウェアとサウンド］カテゴリにある［デバイスマネージャー］から行います。ただし、ドライバーを安易に削除すると、周辺機器が使えなくなる場合があるので注意が必要です。

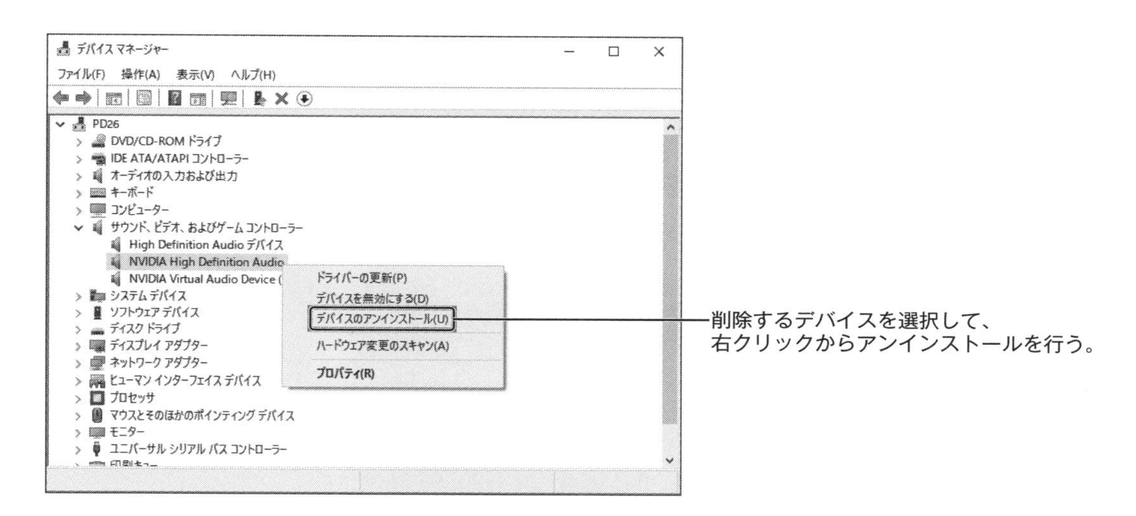

アップデート

アプリケーションやデバイスドライバーなどのソフトウェアに対して、バグ（不具合）の修正、新機能の追加、セキュリティ強化などを行うために行う更新作業を「アップデート」と呼びます。

アップデートを適切に行うことで、ソフトウェアの最新機能を利用できるようになるだけでなく、安全な利用にもつながるため、原則としてユーザーは配布されるアップデートを行わなければなりません。

ただし、古いOSなど特定の環境ではアップデートを行うことでソフトウェアが利用できなくなる可能性もあるため注意が必要です。

最近では、多くのソフトウェアに自動アップデート機能や更新情報の通知機能が実装されているため、スムーズなアップデートが行えるようになっています。

修復

アプリケーションやデバイスドライバーなどのソフトウェアは、PCの不正終了やほかのソフトウェアからの予期せぬ影響などにより、正常に動作しなくなることがあります。そのような場合にソフトウェアを利用できる状況に戻す作業を「修復」といいます。

修復方法はソフトウェアをもう一度インストールしなおす「再インストール」が一般的ですが、Microsoft Officeなど一部のソフトウェアには「修復ツール」やインストール時の環境に戻す「初期化」と呼ばれる機能が用意されています。

【実習】Windows10にインストールされたソフトウェアを修復します。

! この操作は実際に行う必要はありません。操作の手順を確認しましょう。

①[スタート] ボタンをクリックします。

②「よく使うアプリ」の一覧から、[Windowsシステムツール] を展開して、[コントロールパネル] をクリックします。

③コントルールパネルが表示されたら、[プログラム] をクリックします。

④「プログラムと機能」の［プログラムのアンインストール］をクリックします。

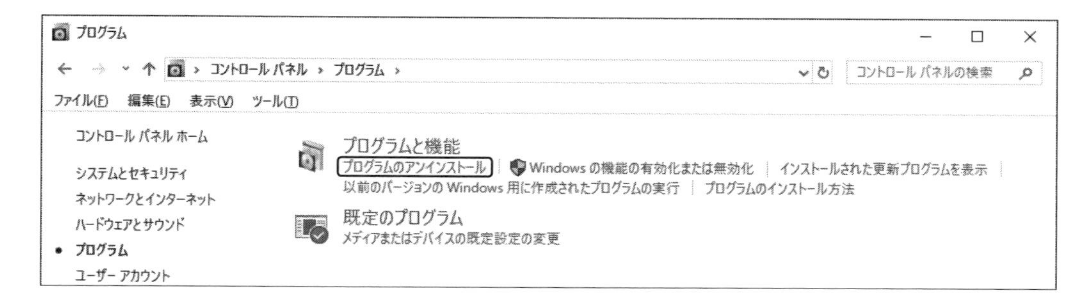

⑤修復をするアプリケーションを選択して、［修復］をクリックします。
※［修復］の項目が表示されないアプリケーションもあります。

2-3 OSやソフトウェアの設定

OSやアプリケーションなどのソフトウェアは適切な設定をすることで、より快適で安全にコンピューターを利用できるようになります。

2-3-1 OS共通の設定

OSには、コンピューターのさまざまな機能が用意されています。ここでは、Windows10を例に電源管理に関する知識や設定方法を学習します。

設定画面の表示

Windows10の設定は［コントロールパネル］または、［Windowsの設定］画面から変更します。

コントロールパネルの機能

コントロールパネルで設定できる各機能は、「システムとセキュリティ」や「ハードウェアとサウンド」などいくつかのカテゴリに分類されています。それぞれのカテゴリをクリックすると、さらに詳細なカテゴリが表示されて具体的な作業を実行できます。コントロールパネルのカテゴリと主な機能は次のとおりです。

コントロールパネルのカテゴリと主な機能

カテゴリ	設定できる主な機能
システムとセキュリティ	使用中のコンピューターのCPU の確認やコンピューター名の変更など、システム全般に関する設定、バックアップの作成やハードディスクの最適化など、コンピューターのメンテナンス、ファイアウォール、更新プログラム、ウイルス対策などのセキュリティに関する設定を行う。
ネットワークとインターネット	ネットワークに接続するための設定や共有に関する設定、インターネットオプションの設定など、ネットワーク全般に関する設定を行う。
ハードウェアとサウンド	プリンターの追加や通常使うプリンターの設定、マウスボタンの構成やポインターのデザイン、速度や精度の設定、スピーカーの音量調整やサウンドの設定など、ハードウェア全般に関する設定を行う。
プログラム	アプリケーションのアンインストールや、インストールした更新プログラムの確認、既定のプログラムの設定を行う。

カテゴリ	設定できる主な機能
ユーザーアカウント	ユーザーアカウントの追加やパスワードの変更、保護者による制限などの設定を行う。
デスクトップのカスタマイズ	デスクトップの背景やスクリーンセーバーの変更、タスクバーや［スタート］メニューの変更などを行う。
時計と地域	日付や時刻の変更、使用する言語の変更などを行う。
コンピューターの簡単操作	視覚や聴覚の状態に合わせたコンピューターの調整や、音声認識の設定ができる。

Windowsの設定の機能

Windowsの設定は、Windows8から搭載された機能で、基本的にはコントロールパネルと同様の設定をより分かりやすい画面で行うことができます。一部の詳細な機能設定はコントロールパネルでの設定が必要ですが、簡易な設定は「Windowsの設定」で行います。

Windowsの設定のカテゴリと主な機能

カテゴリ	設定できる主な機能
システム	ディスプレイの設定や電源管理などを行う。また、タブレットモードや仮想デスクトップ、リモートデスクトップといったディスプレイの応用的な活用について設定できる。
デバイス	マウス、タッチパッド、プリンターなどの入出力機器の管理を行う。 また、Bluetoothで接続する機器の管理やメディアを接続した際の自動再生についても設定できる。
電話	専用のアプリを自分のスマートフォンにインストールし、PC側に電話番号を追加することで、ブラウザーの閲覧の続きなどをPCで再開できる。
ネットワークとインターネット	ネットワークの状態の確認とネットワーク設定の変更、Wi-Fiの管理などを行う。VPNやプロキシといった詳細な設定も一部行える。
個人用設定	デスクトップの壁紙やテーマ、色、ロック画面などの設定を行う。 また、スタートメニューとタスクバーの表示項目の設定もできる。
アプリ	アプリの設定やアンインストールを行う。また、目的やファイル形式ごとに既定で起動するアプリの管理やオフライン時に表示する地図の管理を行うこともできる。

次ページへ続く➡

カテゴリ	設定できる主な機能
アカウント	ユーザー情報の管理、メールアカウント、アプリで使用するアカウントの設定を行う。管理権限を持つ場合、ほかのユーザーアカウントの追加や削除を行うこともできる。
時刻と言語	日付と時刻の調整やカレンダー設定、言語設定などを行う。 また、音声認識で使用する言語の音声操作の設定もここから行う。
ゲーム	ゲームを利用する際の各種設定を行う。ゲームで使用するキーボードのショートカットやゲーム画面の録画・配信設定なども設定できる。
簡単操作	音声読み上げや拡大鏡、色覚状態に合わせて色の調整などを設定する。 また、タブレットPCで利用する際のスクリーンキーボードの設定なども行える。
Cortana	Windowsに搭載されているAIアシスタントである「Cortana（コルタナ）」の設定を行える。
プライバシー	PCに搭載されているカメラやGPS機能、メールやカレンダー、連絡先といったプライバシー情報の取り扱いについて設定する。各アプリからPC内の情報へのアクセス許可や履歴の管理なども行える。
更新とセキュリティ	Windows Updateを利用したOSの更新やWindows Defenderによるセキュリティ設定などを行える。また、トラブル対策としてのバックアップやトラブルシューティング、回復などもここから行う。

電源管理

Windowsでは、PCの終了方法やモニターなどのハードウェアへの通電オフ、通電を調整してハードウェアの能力を最適化する設定など、多くの電源管理機能が用意されています。

電源の状態

PCを利用していない時の電源の状態と特徴は次のとおりです。

電源の状態	特徴
シャットダウン	完全に電力の供給がなくなりシステムも停止した状態。電力は消費しないが、メモリ内の作業状態は完全にリセットされ、作業を再開するにはOS の起動が必要になる。起動が完了するまで数分かかり、OS の起動中には作業は何もできない。 なお、Windows8以降では、消費電力が完全にゼロではないが高速スタートアップ機能が有効な「通常のシャットダウン」と、消費電力を完全にゼロにする「完全シャットダウン」の2種類がある。 スタートメニューの［電源］に表示されているものは「通常のシャットダウン」であり、一時的に「完全シャットダウン」をするには、キーボードの［Shift］キーを押しながら［スタート］ボタンの［電源］をクリックする。常に「完全シャットダウン」を利用する場合は［電源オプション］で設定を変更する必要がある。

電源の状態	特徴
休止状態	メモリ内の作業状態をすべてハードディスクに保存してから、システムをシャットダウンする。コンピューターの電源は完全に切れるので、電力はまったく消費しない。電源を入れると、ハードディスクに保存された作業状態がそのままメモリ内に読み込まれ、すばやく作業を再開できる。このような機能を「ハイバネーション」と呼ぶこともある。電力を消費しない、作業再開までの時間が短い、という点からバッテリーを使用するノートパソコンでよく利用される。 Windows10の初期設定では、[スタート] メニューの [電源] に [休止状態] は表示されていない。表示するには、[電源オプション] で設定を変更する必要がある。
スリープ	モニターやハードディスクへの電力供給はストップされ、コンピューターは省電力の状態になる。メモリ内の作業状態はそのまま保持するので、スリープ状態を解除後わずか数秒で作業を再開できるのが特徴である。スリープ状態では、メモリの内容を保持するため、わずかに電力を消費する。そのため、電源に接続したコンピューターでの使用が主である。ただし、Windows10ではバッテリーの残量が少なくなると自動的に休止状態に移行するため、バッテリー切れでデータが失われることはない。スリープ状態を解除する方法は、コンピューターの機種により異なるが、マウスを動かす、キーボードのいずれかのキーを押す、電源ボタンを押すなどの方法がある。

電源オプション

コンピューターの電源管理において、詳細な設定をする場合は、コントロールパネルの [電源オプション] を使用しシャットダウンや休止状態の設定をします。簡易な設定をする場合は、[Windowsの設定] の [システム] を使用します。モニターの電源を切る時間の設定やスリープ状態に切り替える時間の設定ができます。

ハードディスクやモニターの電源を切る待機時間や画面の明るさ、CPUのパフォーマンスなどの設定をまとめたものをWindows10では [電源プラン] として管理しています。たとえば、コンピューターに負荷のかかる作業をする場合は、電力の消費を増やしてパフォーマンスを優先させるプランがよいでしょう。また、電源に接続していないノートパソコンを長時間使用する場合は、パフォーマンスを低下させて消費電力を抑えるプランが役に立ちます。このように、状況や目的に合わせて電源プランを選択しましょう。電源プランはあらかじめ用意されたものもありますが、自分で細かく設定してオリジナルのプランを作成することもできます。

【実習】[電源オプション] を表示し電源プランを変更します。

①コントロールパネルを開き、[ハードウェアとサウンド] をクリックします。

②[電源オプション] をクリックします。

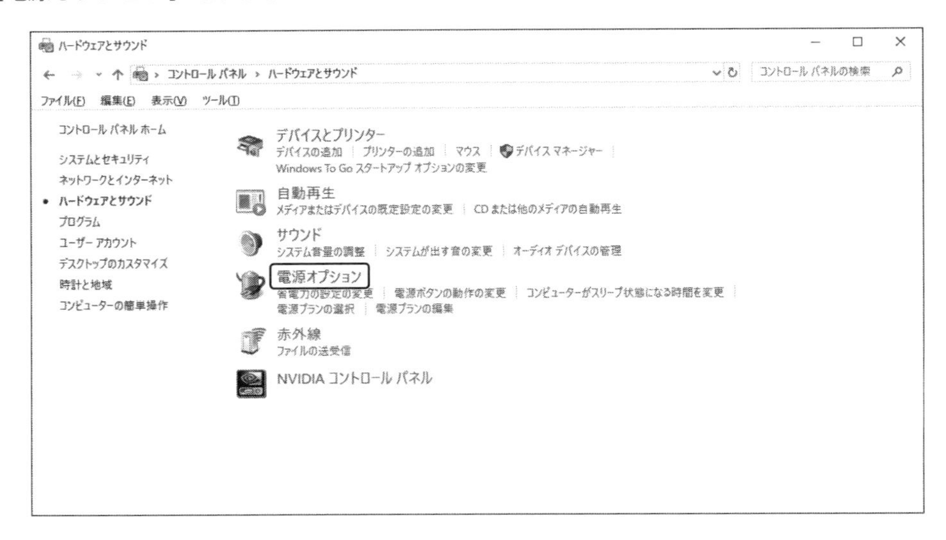

③任意の電源プランをクリックします。

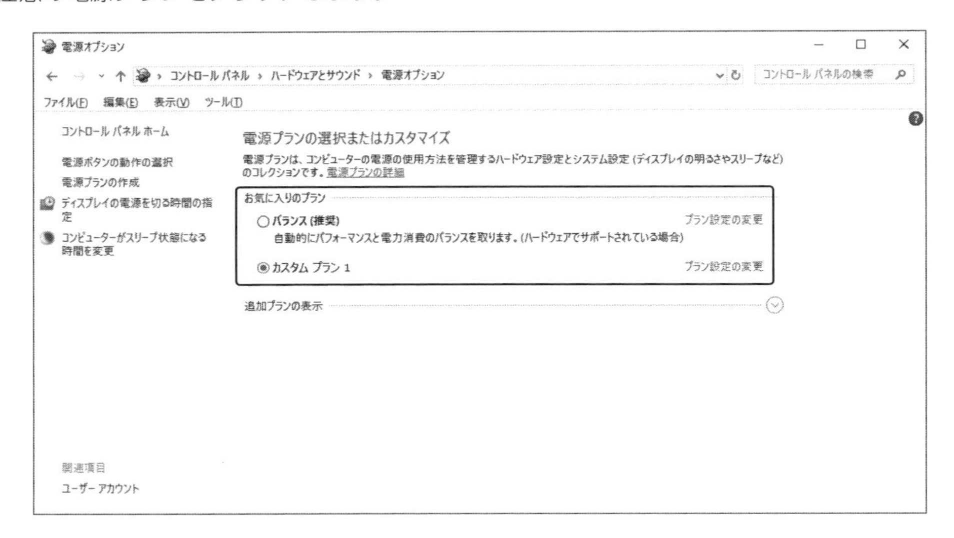

バッテリー節約機能

Windows10には、バッテリーの残量が低下した際に、自動的にパフォーマンスを低下させて電源供給をできるだけ長く維持するためのバッテリー節約機能が用意されています。

なお、この機能は、ノートパソコンやタブレットのようにバッテリーで動作するコンピューターで利用できます。

【実習】バッテリー節約機能を有効にします。

①[スタート] ボタンから [設定] をクリックして [Windowsの設定] を開き、[システム] をクリックします。

②左メニューで [バッテリー] を選択します。

③[バッテリー] 画面から「バッテリー残量が次の数値を下回ったときにバッテリー節約機能を自動的にオンにする」にチェックを入れます。

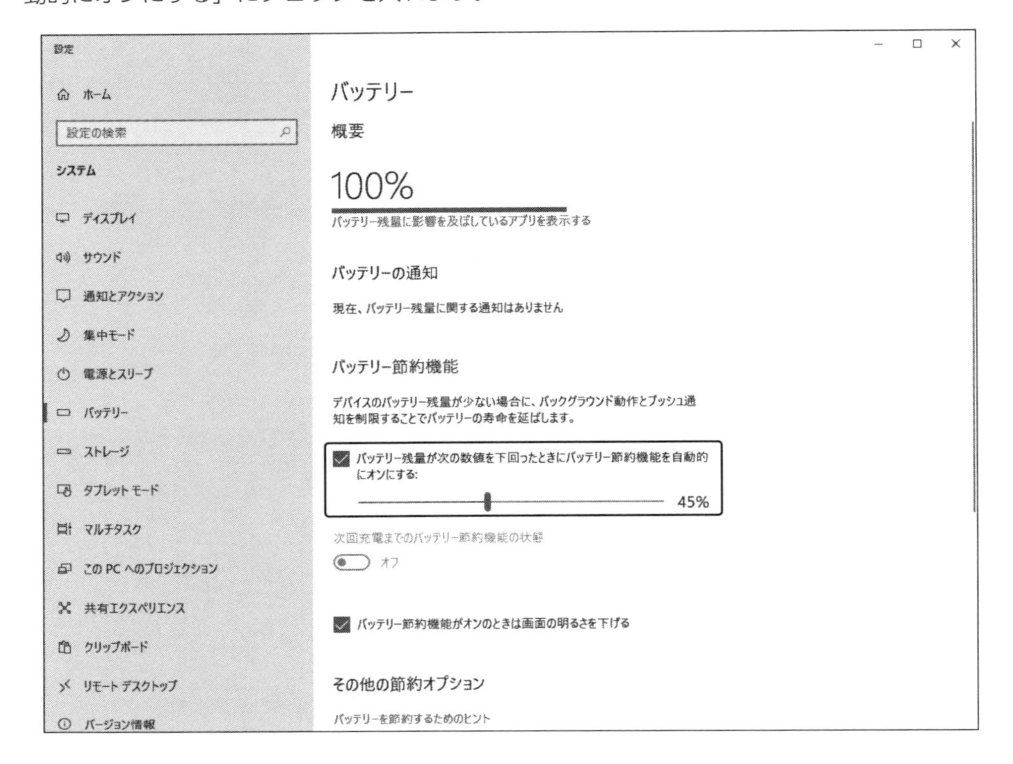

ノートパソコンを外出先で利用する際、急なバッテリー切れを起こさないために、上記の通知の設定のほかに、次のような設定をしておくこともお勧めします。

- モニター（ディスプレイ）の明るさを低下させる
- スリープ状態になるまでの時間や画面の電源を自動的に切る時間を短く設定する
- バックグラウンドで動作するアプリの動作やプッシュ通知を制限する
- 外出先でインターネット接続を使用しない場合は、無線LAN接続を無効にする

画面管理

OSでは、背景などのデザイン以外にも画面の解像度やロック画面の設定などを変更することができます。

画面解像度

解像度は、単位面積当たりの画素数の密度を指します。密度が高いほど精密な表現が可能になるため、画像の粗さを表す値であるともいえます。同じ面積のディスプレイの場合、画素数が多いほど解像度が高くなり、画素数を基準とした表現では、デスクトップに表示されているアイコンなどの見え方が小さくなります。

【実習】モニターの解像度を変更します。

①[スタート] ボタンから [設定] をクリックして、[Windowsの設定] 画面を開きます。

②[システム] をクリックして、表示された [ディスプレイ] 画面から解像度を選択します。

③解像度が変更され、「ディスプレイの設定を維持しますか？」というメッセージが表示されます。[変更の維持] をクリックして、解像度の変更を確定します。

※[元に戻す] をクリックまたは [変更の維持] をクリックしないまま15秒経過すると変更前の解像度に戻ります。

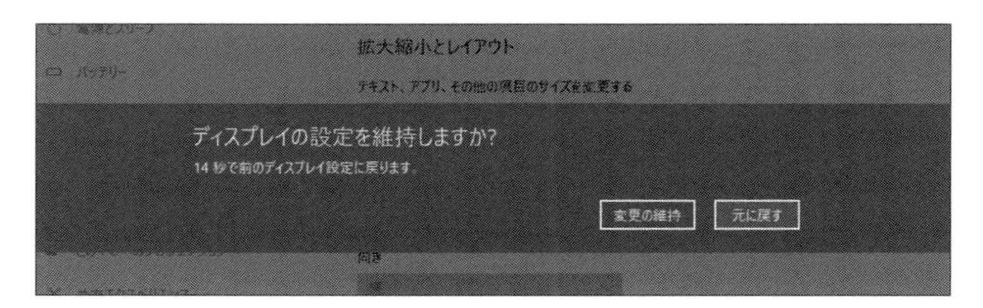

2-3-2　デスクトップの基本的なカスタマイズ方法

「デスクトップ」とは、コンピューターにログオンすると最初に表示される領域のことです。私たちが机の上にノートや画用紙を広げて文書を書いたり絵を描いたりするように、コンピューターでもデスクトップにウィンドウを広げてさまざまな作業を行います。

デスクトップの画面構成

まずは、デスクトップの画面構成を確認しましょう。Windows10のデスクトップの各部の名称と役割は次のとおりです

ごみ箱
削除したファイルやフォルダーを一時的に保管しておく場所です。ごみ箱を空にするまでは保管されているので、誤って削除した場合でも復元できます。ごみ箱が空の状態とそうでない状態ではアイコンの見た目が異なります。

デスクトップ
コンピューターの作業領域です。デスクトップの背景は自由に変更できます。

ウィンドウ
アプリケーションやフォルダーなどの内容を表示して作業するための枠です。窓が開いているように見えることからこの名前がつきました。複数のウィンドウを同時に表示できます。

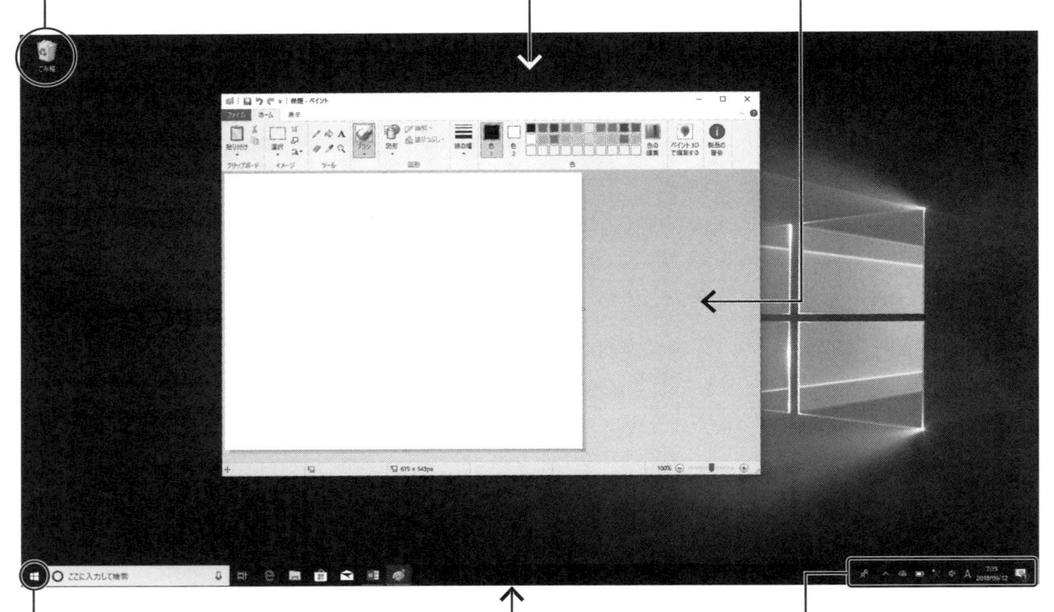

［スタート］ボタン
クリックすると［スタート］メニューが表示され、パソコンの設定変更やアプリケーションの起動、Windows10のシャットダウンなどの操作ができます。

タスクバー
起動中のアプリケーションがボタンで表示されます。ボタンをクリックすると、ウィンドウを切り替えることができます。

通知領域
時刻や音量の調整、ネットワーク接続の状態、ウイルス対策ソフトなど常駐プログラムのアイコンが表示されます。

デスクトップのカスタマイズ

Windows10では、［Windowsの設定］の［個人用設定］からデスクトップをカスタマイズできます。

デスクトップの背景の設定

通常、デスクトップの背景にはコンピューターに付属の画像が表示されていますが、自分で作成したイラストやデジカメで撮った写真などの画像も表示できます。

デスクトップの表示は、PCにログインしているユーザーごとに設定できるので、[個人用設定]の［背景］画面を自分の好みや作業内容に合わせたデザインにするとよいでしょう。

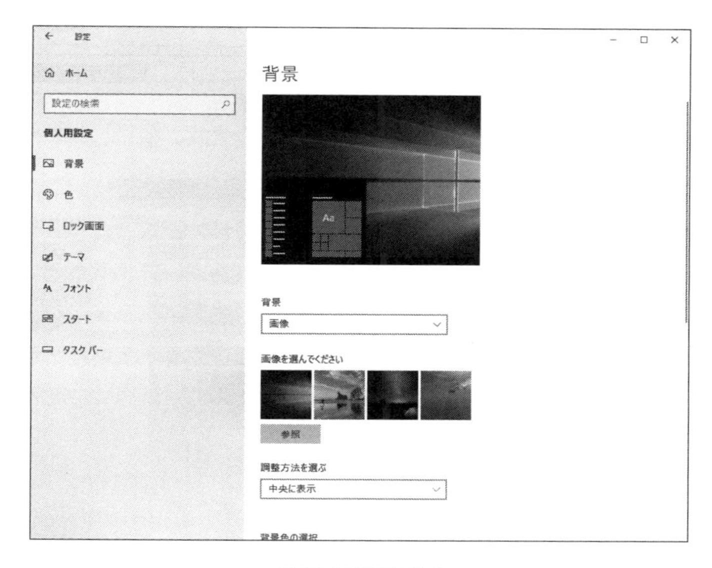

背景の設定画面

色の設定

Windows10では、［個人用設定］の［色］画面から、スタートメニューやタスクバー、ウィンドウのタイトルバーの色を変更することができます。

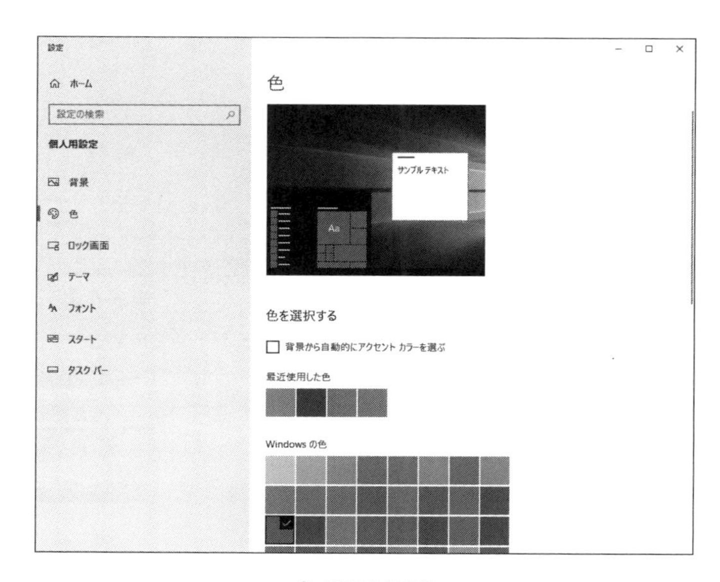

色の設定画面

ロック画面の設定

Windowsの起動時や一定時間操作をしないと表示されるアカウントの認証画面（ユーザー名とパスワードを入力する画面）を「ロック画面」と呼びます。

ロック画面は、[個人用設定] の [ロック画面] 設定から変更でき、背景の写真やロック画面に表示するアプリ（メール、カレンダー、時計など）の選択ができます。なお、[状態の詳細を表示するアプリを選ぶ] で選択したアプリは、ロック画面上でアプリに応じた最新の情報を表示することができます。また、[簡易ステータスを表示するアプリを選ぶ] では、複数のアプリを選択することができ、ロック画面で更新情報やメールの着信件数など簡易的情報を表示します。

また、ロック画面に切り替わる時間は [スクリーンタイムアウト設定] から変更できます。

ロック画面の設定画面

画面を一定時間操作しない場合にロック画面の代わりに、画面上でテキストや図形などが動いて、作業中の画面を隠すことができる機能を「スクリーンセーバー」といい、スクリーンセーバーの設定も同じ画面上で設定できます。ロック画面でほぼ同等の役割を果たしていますが、スクリーンセーバーを利用したい場合は、画面下部にある [スクリーンセーバー設定] から表示するデザインや文字列などを設定します。

2-3-3 ウィンドウの操作方法（最小化、最大化、サイズ変更）

Windowsでソフトウェアや設定画面を表示する際には、「全画面表示」と「ウィンドウ表示」のいずれかを利用することができます。全画面表示はその名の通り、モニター全体に対象の画面を表示する方法です。一方ウィンドウ表示は、対象の画面をウィンドウと呼ばれる任意の大きさの枠内で表示する方法で、モニター上に複数のウィンドウを表示することができます。

ウィンドウの最大化・最小化

全画面表示とウィンドウ表示の切り替えは、対象の画面の右上にあるボタン（✕ボタンの左側）で切り替えます。ウィンドウ表示の時は「最大化」（□）、全画面表示時は「元に戻す（縮小）」（🗗）というボタンに切り替わります。

いずれの表示方法でも、利用しない画面の「最小化」（ー）をクリックすると、タスクバーに最小化されて、画面が非表示になります。最小化した画面や、ほかのウィンドウで隠れて見えない画面はタスクバー上のボタンをクリックすることで表示できます。

タスクバーボタンの操作

タスクバー上に配置されたアプリケーションのボタンを「タスクバーボタン」といいます。タスクバーボタンをポイントすると、そのウィンドウのファイル名がポップアップで表示され中身が確認できます。また、同じアプリケーションで複数のウィンドウを開いている場合、タスクバーボタンを右クリックすると、複数のウィンドウのファイル名の一覧がポップアップで表示されるので、目的のファイル名をクリックすれば操作の対象にすることができます。

タスクバーのボタンをポイント

タスクバーのボタンを右クリック

ウィンドウの移動・サイズ変更

ウィンドウ最上部のウィンドウ名やファイル名を表示している部分を「タイトルバー」と呼びます。ポイントしてドラッグすると、ウィンドウを移動できます。

また、ウィンドウ表示では、複数のアプリケーションを同時に使用している場合など、作業の状態に応じて、ウィンドウを任意のサイズに変更できます。ウィンドウの外枠にマウスポインターを合わせて、ポインターが両方向矢印に変わったところでドラッグするとサイズを調整することができます。

スナップ機能

Windows10には、スナップ機能という作業中のウィンドウのサイズを自動調整する機能があります。作業中のウィンドウのタイトルバーをデスクトップ画面の上端にドラッグするとそのウィンドウが最大化されます。最大化した状態で、タイトルバーを下方向にドラッグするか、ダブルクリックすると元のサイズに戻すことができます。

また、タイトルバーをデスクトップの左端にドラッグすると画面左半分のサイズに、右端にドラッグすると右半分のサイズに、デスクトップの四隅のいずれかにドラッグすると、その方向の四分の一のサイズに自動調整されます。なおこのとき空いた部分に表示する別のウィンドウを選択する画面が表示されるので、任意のウィンドウをクリックすると、その場所に別のウィンドウを並べて表示することができます。

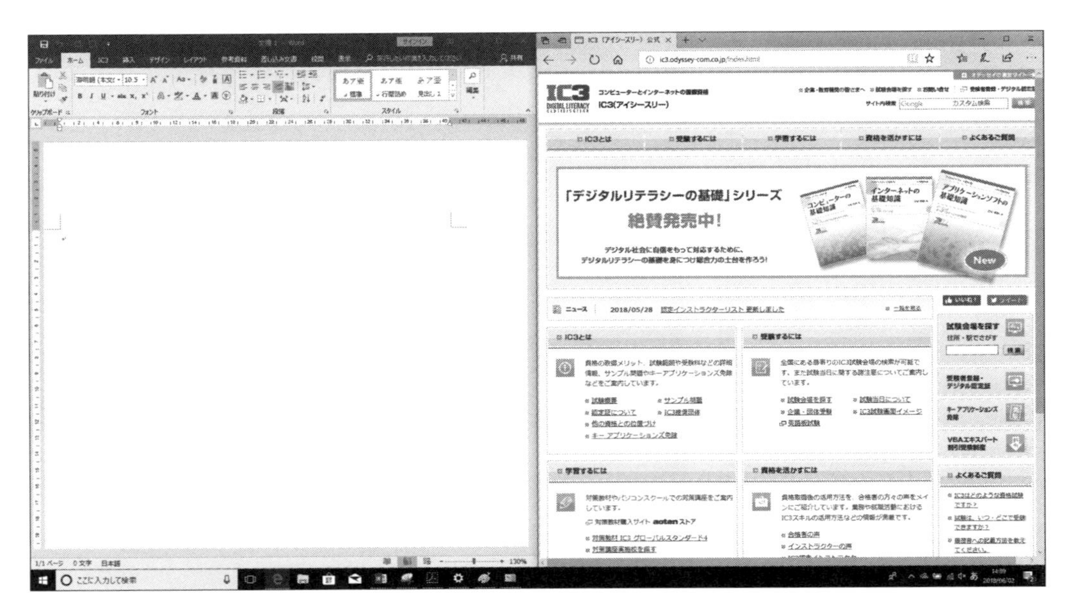

スナップ機能の利用イメージ

2-3-4　ソフトウェアの環境設定

ユーザーは、OS以外のアプリケーションにも、さまざまな環境設定を行うことができます。

たとえばMicrosoft Office アプリケーションのWordやExcelなどは、定期的にファイルを保存する「自動保存」機能の保存頻度の変更や、既定のフォントの設定、入力した文章を自動的に変換・修正する「文章校正」機能の設定などを行うことができます。

このほかにも、印刷の設定やファイルの保存先の設定、操作画面に表示するアイコンの設定なども行えます。

印刷設定

アプリケーションの印刷設定には、OSのプリンターの設定とアプリケーションに用意されている印刷設定の２つが利用できる場合があります。いずれかの設定を行っても、もう一方の設定が変更できないこともあり、注意が必要です。

たとえば、Wordの場合、１枚の用紙に複数ページを印刷するページ集約機能をアプリケーション側で設定した場合、OS側の集約機能は連動しません。よって、仮にWordで２ページ／１枚で設定し、さらにOSのプリンター設定でも２ページ／１枚とページ集約を設定した場合、結果的に１枚の用紙に４ページが印刷されることになります。

既定のフォント

「フォント」とは、「ＭＳ　Ｐ明朝」や「Arial」「Century」といった文字の書体のことです。WordやExcelなどのアプリケーションで、文書やワークシートといった新規ドキュメントを作成すると、そのアプリケーションの既定のフォントで白紙のドキュメントが開かれます。自分で選んだ特定のフォントで新しいドキュメントを作成できるようにするには、「既定のフォント」を変更します。

オプションから既定のフォントを設定

一般に広く利用されているMicrosoft Officeアプリケーションを例にあげてみましょう。同じMicrosoft Officeであっても、アプリケーションによって設定方法が異なります。たとえば、ExcelやOne Noteでは、既定のフォントを変更するには「オプション」設定から行います。

【実習】Excelの既定のフォントを変更します。

①Microsoft Excelを起動します。

※[スタート] メニューの [よく使うアプリ] から「Excel 2016」をクリックします。

②[新規] の画面で、[空白のブック] をクリックします。

③[ファイル] タブをクリックして、左側のメニューから [オプション] をクリックします。

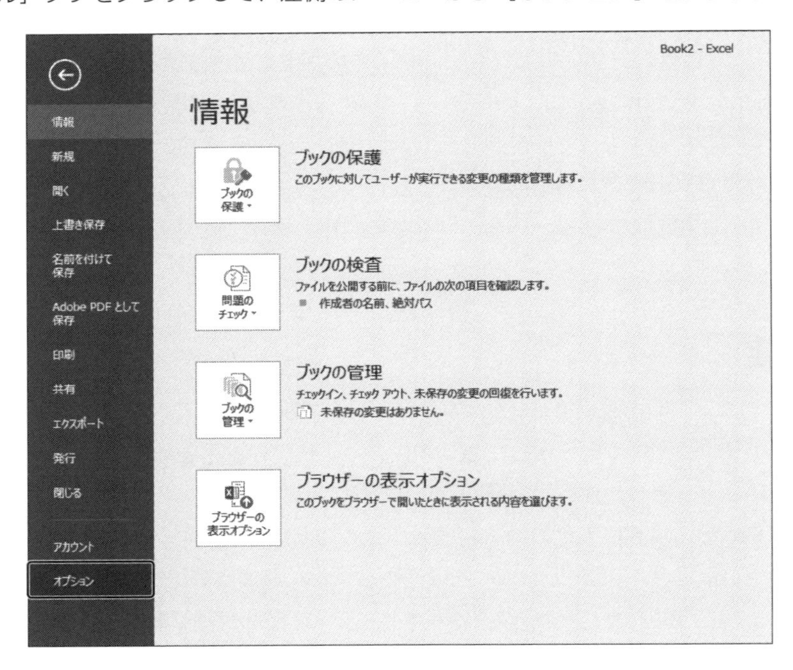

④[Excelのオプション] が表示されるので、[基本設定] の [新しいブックの作成時] にある [次を既定フォントとして使用] から、特定のフォントを選択します。

⑤フォントを選択したら、[OK] をクリックします。

オプション設定以外から既定のフォントの設定

WordやPowerPointなど一部のアプリケーションでは、オプション設定から既定のフォントの変更はできません。Wordでは「フォント」ダイアログボックスで特定のフォントを指定したあと、そのフォントを既定に設定します。また、PowerPointでは「スライドマスター」機能を使ってフォントを指定したあと、テンプレートとして保存する方法があります。Wordでの既定のフォント設定方法は次のとおりです。

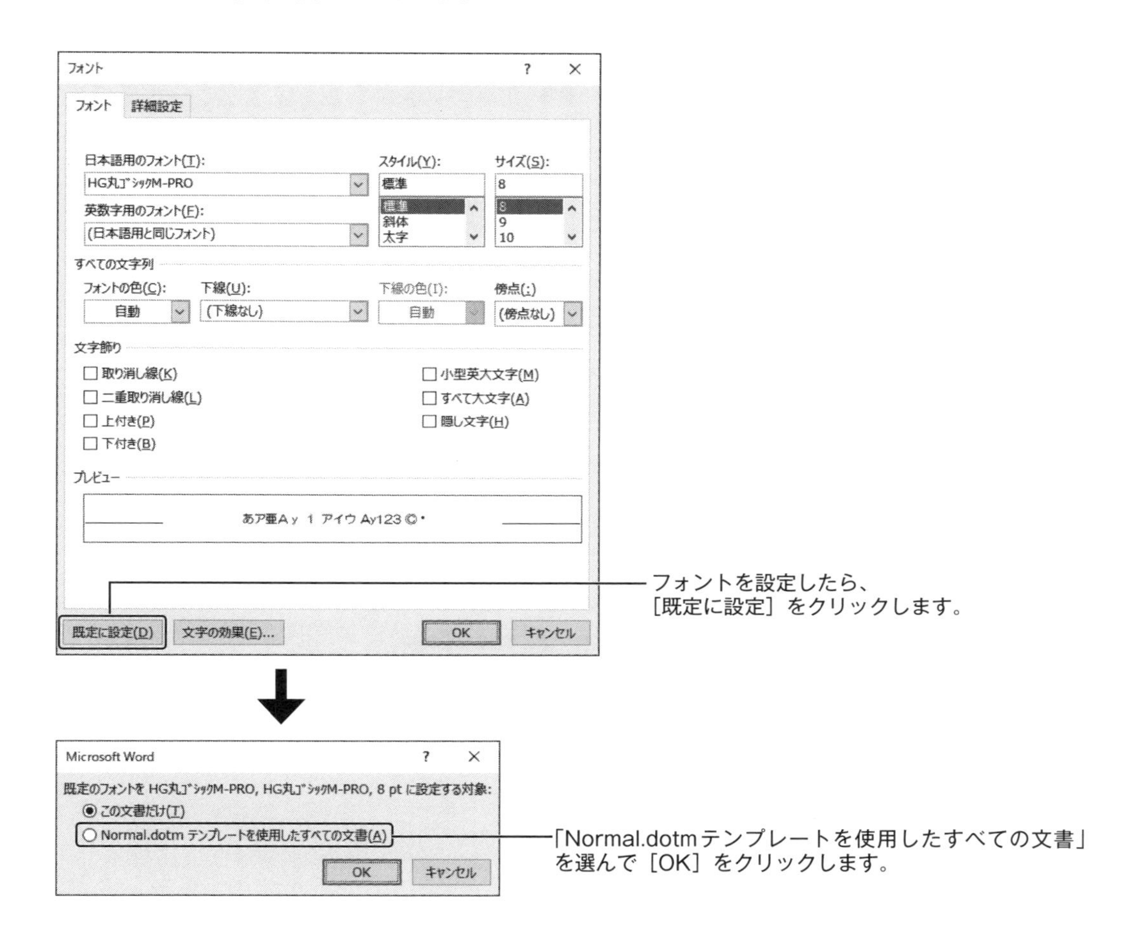

クイックアクセスツールバーの設定

アプリケーションでよく利用する「新規作成」、「開く」、「印刷」、「印刷プレビュー」などの機能をクイックアクセスツールバーに追加しておくと便利です。たとえば、定型のドキュメントを印刷するときなど、わざわざ印刷プレビューを表示することなく、クイックアクセスツールバーに追加したコマンドボタンを一度クリックするだけで印刷できるようになります。利用頻度の高い機能を追加しておけば、次回以降に別のドキュメントを作成したり、編集したりしたときにも同様に使うことができて便利です。

【実習】クイックアクセスツールバーに［クイック印刷］を追加します。

①Microsoft Wordを起動します。

　※［スタート］メニューの［よく使うアプリ］から「Word 2016」をクリックします。

②［新規］の画面で、［白紙の文書］をクリックします。

③アプリケーションウィンドウの左上にある［▼］（クイックアクセスツールバーのユーザー設定）をクリックして、［クイック印刷］をクリックします。

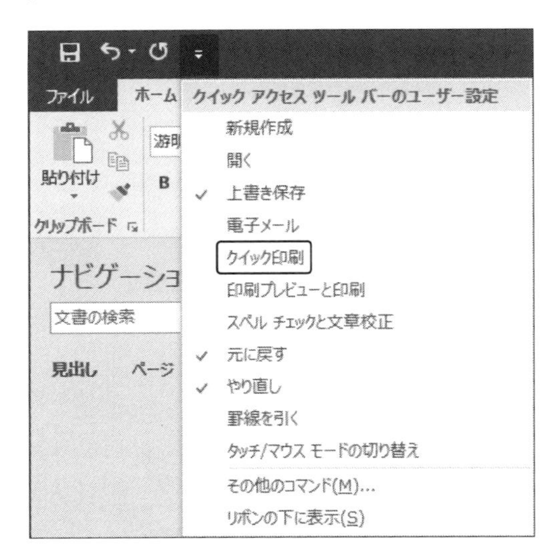

④クイックアクセスツールバーに［クイック印刷］のコマンドボタンが追加されます。

ファイルの管理

コンピューターで作成した文書や画像などデータのまとまりを「ファイル」と呼びます。データはファイル単位で保存します。また、これらのファイルを保存する入れ物を「フォルダー」と呼びます。作成した文書ファイルや画像ファイルは、複数のフォルダーを使って用途や種類ごとに分類すると管理しやすくなります。

ここでは、ファイルやフォルダーを効率よく管理するために必要な操作について学習します。

3-1 ファイルの管理

コンピューターは、ファイルをフォルダーと呼ばれる階層構造の保存領域に整理して保存します。ここでは、ファイル管理のしくみやファイルの取り扱いについて学習します。

3-1-1　ファイル管理のしくみ

フォルダーの階層構造

コンピューターでは、ファイルはフォルダーに入れて管理します。フォルダーは、任意のフォルダー内に自由に作成することができ、フォルダー内に作成したフォルダーを「サブフォルダー」と呼びます。各フォルダーにサブフォルダーを追加していくことで、それぞれのフォルダーが重なり枝分かれした状態になります。これを「階層構造（ツリー構造）」といいます。階層構造は、コンピューターのファイルシステムで一般的に採用されています。フォルダーやファイルを管理しやすいのが特徴です。

また、コンピューター内の最上位にあるフォルダーを「ルートディレクトリ」、フォルダーや階層構造のことを「ディレクトリ」「ディレクトリツリー」ということもあります。

階層構造の例

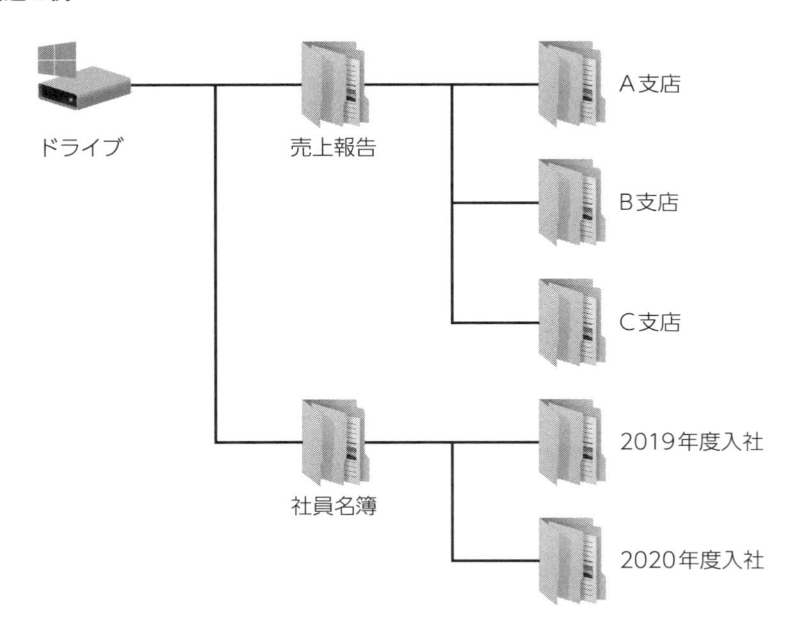

パス

コンピューター内のすべてのファイルは、ハードディスク内の関連するフォルダーに整理されており、すべてのファイルは「パス」というその所在を表す文字列で管理されています。パスは、ファイルの場所に移動するために必要な情報です。

ファイルのパスを表すには、フォルダーレベルを「¥」マークで区切り表します。ルートディレクトリは、常にドライブ文字とコロン（:）で表し、そのうしろに半角記号の「¥」が続きます。たとえば、ハードディスクのルートディレクトリは「C:¥」で表記します。前の図「階層構造の例」にある「2019年度入社」フォルダーの場所を示す場合は、「C:¥社員名簿¥2019年度入社」と記述します。

ルートディレクトリにあたるドライブには、アルファベット1文字の「ドライブ文字」が割り当てられています。通常システムや各プログラムなどコンピューターの動作に重要なファイルが保存されているメインのハードディスクには「C」が、増設したハードディスクやCD／DVDドライブには「D」や「E」が順番に割り当てられます。ドライブ文字を使って「Cドライブ」と呼ぶこともあります。

フォルダーウィンドウの基本操作

Windows10ではフォルダーウィンドウを使ってファイルやフォルダーを管理します。各フォルダーを開くと、フォルダーウィンドウにその内容が表示されます。フォルダーウィンドウを開いて画面構成と基本操作を確認しましょう。

【実習】[エクスプローラー] を表示します。

①[スタート] ボタンをクリックして、アプリの一覧から [Windowsシステムツール] を展開し、一覧から [エクスプローラー] を選択します。

※[エクスプローラー] はご利用環境によって、「スタートメニュー」の「よく使うアプリ」や「スタート画面」、またはタスクバーに表示されている場合もあります。

②エクスプローラーが起動します。

※ファイルリストに表示されたフォルダーアイコンをダブルクリックすると、そのフォルダーを開くことができます。

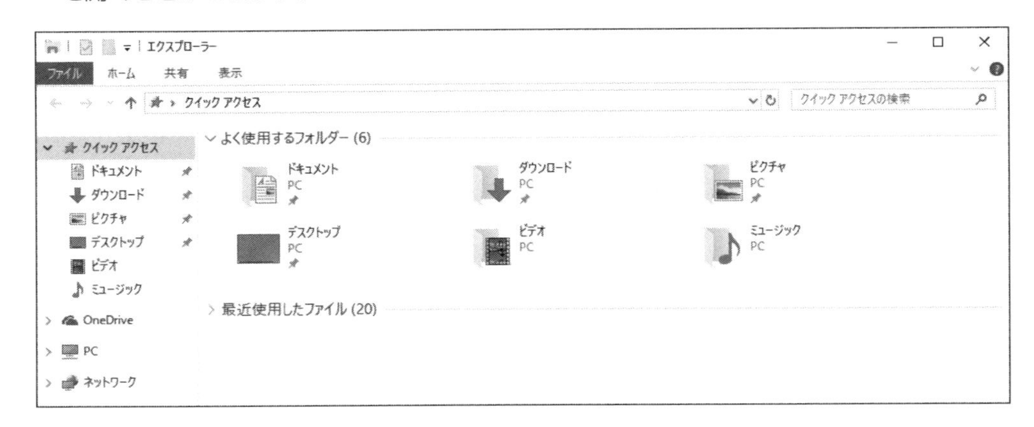

フォルダーウィンドウの画面構成

フォルダーウィンドウの各部の名称と役割は次のとおりです。

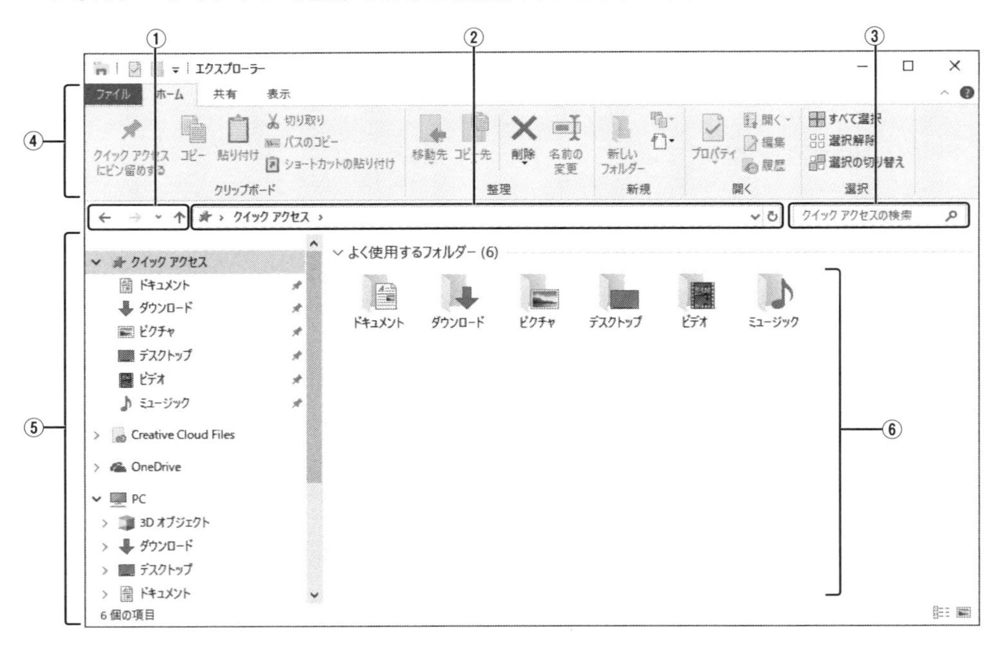

①[戻る]、[進む]、[上へ]

[○○に戻る]をクリックすると、直前に表示していたフォルダーが表示されます。[○○に進む] をクリックすると、戻る前のフォルダーが表示されます。

[上へ] をクリックすると、1階層上のフォルダーが表示されます。

②アドレスバー

現在のフォルダーの位置と名前が表示されます。ここから別のフォルダーを表示することもできます。

③検索ボックス

ファイルやフォルダーの名前の一部などキーワードを入力して、現在のフォルダー内に保存されているフォルダーやファイルを検索できます。

④リボン

フォルダーやファイルに関する操作や、特定のフォルダーで利用するコマンドボタンがグループ分けして並んでいます。リボンのタブを切り替えることで、目的にあった操作をコマンドボタンから実行できます。

フォルダーウィンドウを表示した時点ではリボンは展開されていません。タブをクリックするとリボンが展開されます。

⑤ナビゲーションウィンドウ

別のフォルダーにアクセスするための領域です。「PC」をクリックするとコンピューター内のすべてのフォルダーをツリー状に表示できます。「クイックアクセス」を使うと頻繁に使用するフォルダーに素早くアクセスできるようになります。クイックアクセスに任意のフォルダーを追加する場合は、追加したいフォルダーアイコン上で右クリックし、「クイックアクセスにピン留めする」を選択します。

⑥ファイルリスト

現在のフォルダー内に保管されているサブフォルダーやファイルが表示されます。

アドレスバーには現在のフォルダーの位置と名前が表示されます。一番右側に表示されているのが現在のフォルダーです。

たとえば、次のように表示されている場合、現在のフォルダーは「IC3_CF」、その上層フォルダーは「ドキュメント」、さらにその上層フォルダーは「PC」です。各フォルダー名をクリックすると、そのフォルダーを表示できます。

なお、アドレスバーをクリックすると、フォルダーの位置をパスで表示できます。

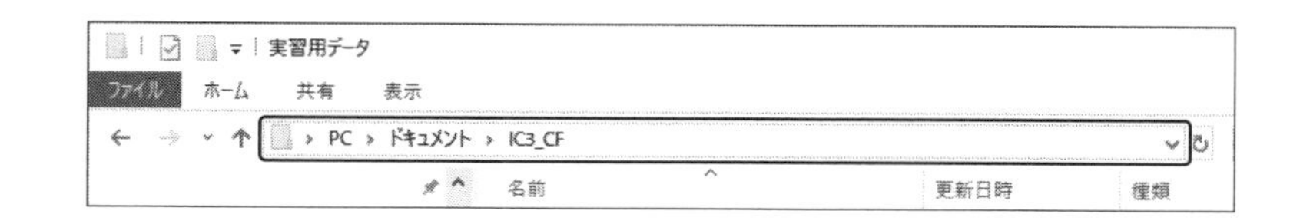

ドライブやリムーバブルメディアの利用

フォルダーやファイルは、実際にはコンピューターに接続された記憶装置（ドライブ）に保存されます。

コンピューター内部のハードディスクドライブや、CD、DVD、USBメモリなどのリムーバブルメディア内を確認するには、「PC」フォルダーを利用します。また、記憶装置の空き容量の確認や、フォーマットなどの操作も「PC」フォルダーから行います。

「PC」フォルダーを開くには、エクスプローラーの左側にあるナビゲーションウィンドウで[PC]をクリックします。

コンピューターに接続されているドライブやリムーバブルメディアは、「デバイスとドライブ」に表示されます。ダブルクリックすると内部を表示できます。

また、「ネットワーク」には、同じネットワーク上にあるファイルサーバーなどのアイコンが表示されます。

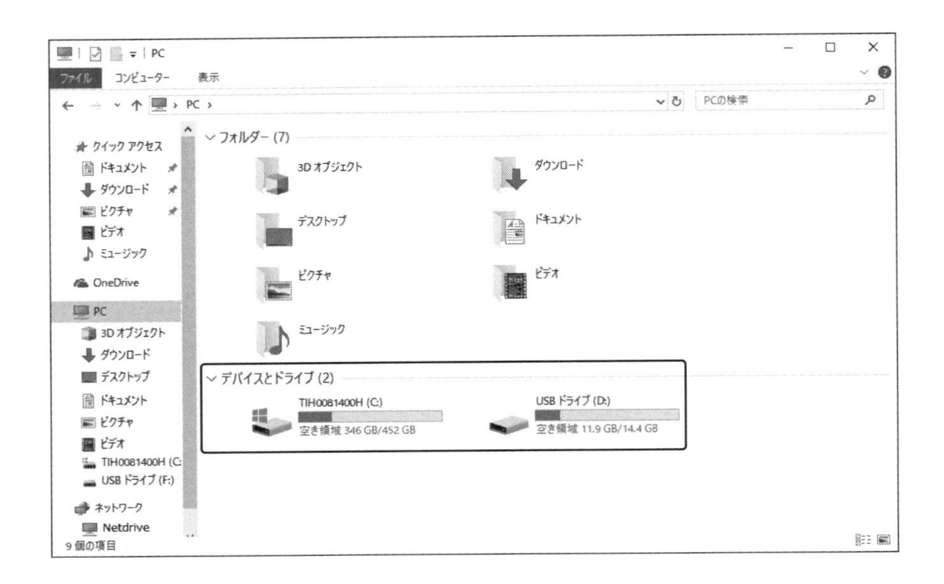

ドライブの容量の確認

コンピューターに接続されたドライブやリムーバブルメディアのファイルシステムや容量を確認するには、次の手順で「ドライブのプロパティ」を表示します。

【実習】ドライブのプロパティを表示します。

①任意のドライブのアイコンを右クリックして、[プロパティ]をクリックします。

※本書ではCドライブ(C:)で操作をしています。確認したらドライブのプロパティとPCのウィンドウを閉じておきましょう。

フォルダーの管理機能

Windows10では、ファイルを効率よく管理するためにユーザーごとのフォルダーや複数のフォルダーをまとめて管理する機能などが用意されています。

個人用フォルダー

Windows10では、同じマシンに複数のユーザーアカウントがある場合、各ユーザー専用の「個人用フォルダー」が用意されており、「ドキュメント」や「ピクチャ」などのフォルダーがあります。通常、ユーザーが作成した文書や画像などのファイルは、個人用フォルダー内の各フォルダーに保存します。さらに細かく分類してファイルを管理する場合は、自分でフォルダーを作成します。

フォルダーウィンドウから表示するのが不便な場合は、スタートメニューやデスクトップに「個人用フォルダー」のアイコンを表示しておくと便利です。

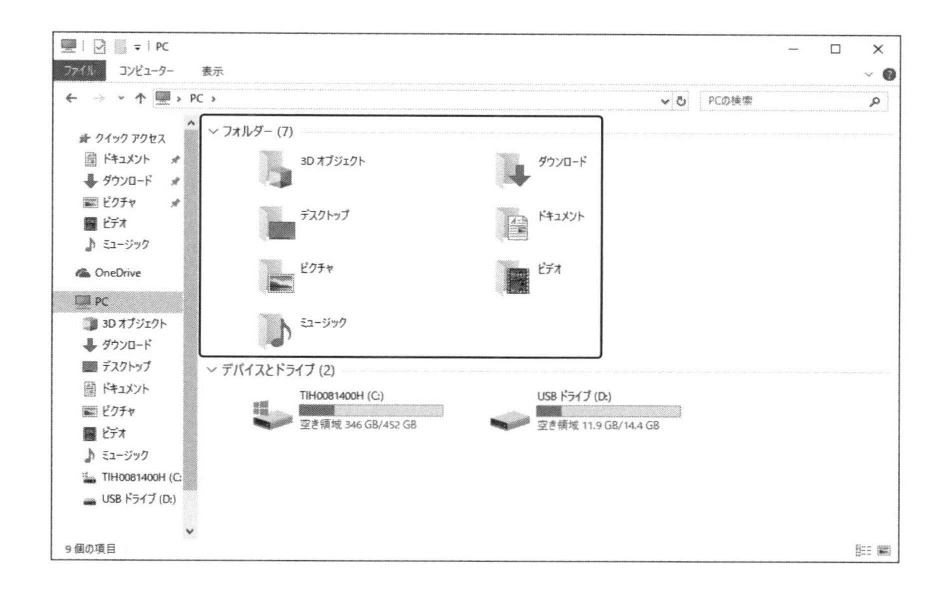

【実習】個人用フォルダーをスタートメニューに表示します。

①［スタート］ボタンから［設定］をクリックして、［個人用設定］を開きます。

②左側のメニューで［スタート］をクリックします。

③[スタートに表示するフォルダーを選ぶ] をクリックします。

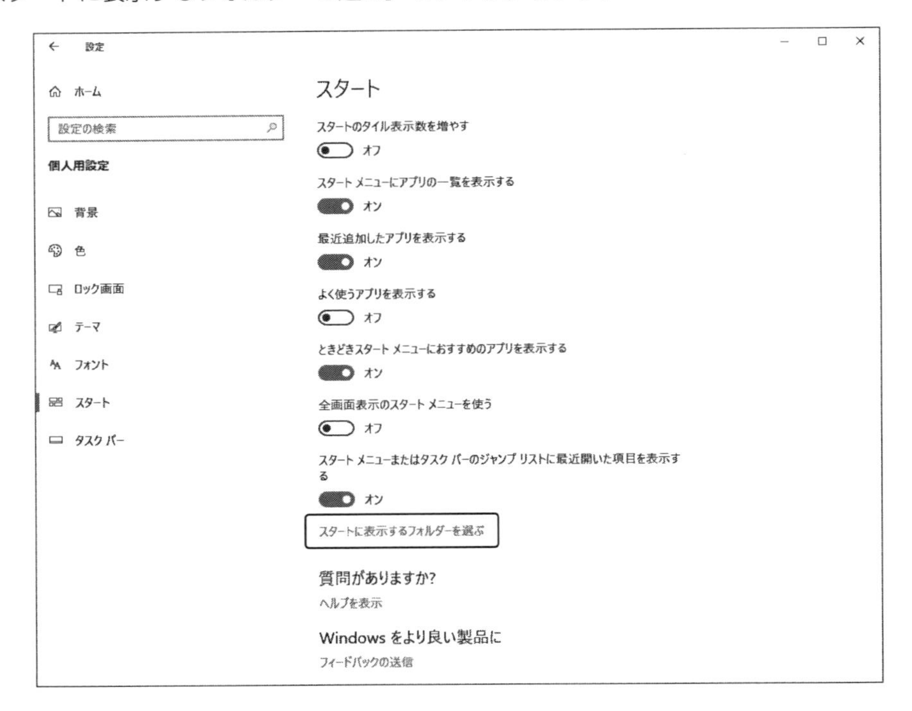

④[個人用フォルダー] をオンにします。

※[設定] 画面は閉じておきましょう。

⑤［スタート］メニューに「個人用フォルダー」が表示されたことを確認します。

クイックアクセス

「クイックアクセス」は、フォルダーへのリンクを登録することができ、リンクをクリックするだけでリンク先のフォルダーをすぐに表示する機能です。Webブラウザーの「お気に入り」と同じように、よく利用するフォルダーを登録しておくと便利です。

クイックアクセスに任意のフォルダーを登録するには、フォルダーウィンドウを表示して、よく利用するフォルダーの上で右クリックします。表示されたメニューから［クイックアクセスにピン留めする］をクリックします。

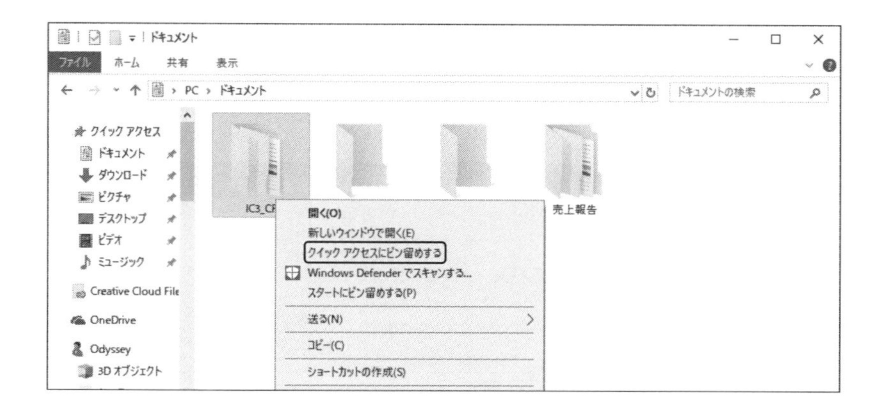

既定の保存先

Windowsには、使用しているアプリケーションに応じた保存先を認識したり、写真などの画像データやインターネットからダウンロードしたファイルなどを、自動的に適切なフォルダーへ振り分けて保存したりする機能が備わっています。

たとえば、スマートフォンやデジタルカメラで撮影した画像・写真データをPCに取り込んで保存する場合、保存先のフォルダーを意図的に指定しなければ、自動的に「ピクチャ」フォルダーに保存されます。インターネットサイトからファイルやデータをダウンロードしたときに、保存先フォルダーを指定しないと自動的に「ダウンロード」フォルダーに保存されます。WordやExcelなどOfficeアプリケーションの既定の保存先は「ドキュメント」フォルダーになっており、保存先を指定しなければ自動的に「ドキュメント」フォルダーにファイルが保存されます。

保存先を指定せずにファイルやデータを保存したり、ダウンロードしたりしたときに、既定の保存先を知っていればファイルを見失うリスクが減ります。

なお、作成したファイル、ダウンロードデータ、ほかのデバイスからの取り込んだデータなどは、ほとんどの場合において、任意の場所に保存先を変更できます。

3-1-2　ファイルやフォルダーの基本操作

ここでは、「IC3_CF」フォルダー内の「実習用データ」フォルダーを使って、ファイルやフォルダーの管理に必要な新規作成、コピー、移動、削除などの基本操作を学習します。

ファイル／フォルダーのショートカットキー

ショートカットキーと機能

「ショートカットキー」とは、コンピューターに実行命令を与えるキーボードのキーの組合せのことです。マウスを動かすことなく命令を実行できるので便利です。特に、コピーや貼り付けなどの操作は、マウスで操作対象を選択して、キーボードで命令を実行すると効率よく作業ができます。

ファイルやフォルダーの管理で使用する主なショートカットキーは次のとおりです。

ショートカットキー	機能
[Ctrl] キー+ [C] キー	選択しているファイルやフォルダーをコピーする。
[Ctrl] キー+ [X] キー	選択しているファイルやフォルダーを切り取る。
[Ctrl] キー+ [V] キー	コピーまたは切り取ったファイルやフォルダーを貼り付ける。
[Ctrl] キー+ [A] キー	表示しているファイルやフォルダーをすべて選択する。
[Ctrl] キー+ [Z] キー	直前の操作を元に戻す。
[Ctrl] キー+ [Y] キー	元に戻した操作をやり直す。
[Esc] キー	現在の操作を取り消す。
[Delete] キー	選択しているファイルやフォルダーを削除する。
[F2] キー	選択しているファイルやフォルダーの名前を変更する。

ファイル／フォルダーの操作

ファイル／フォルダーの新規作成

ファイルとフォルダーを新規作成するには、次の2通りの方法があります。

【実習】エクスプローラーの機能から「新規データ」フォルダーを作成します。

①エクスプローラーを表示して、「IC3_CF」フォルダーを表示します。

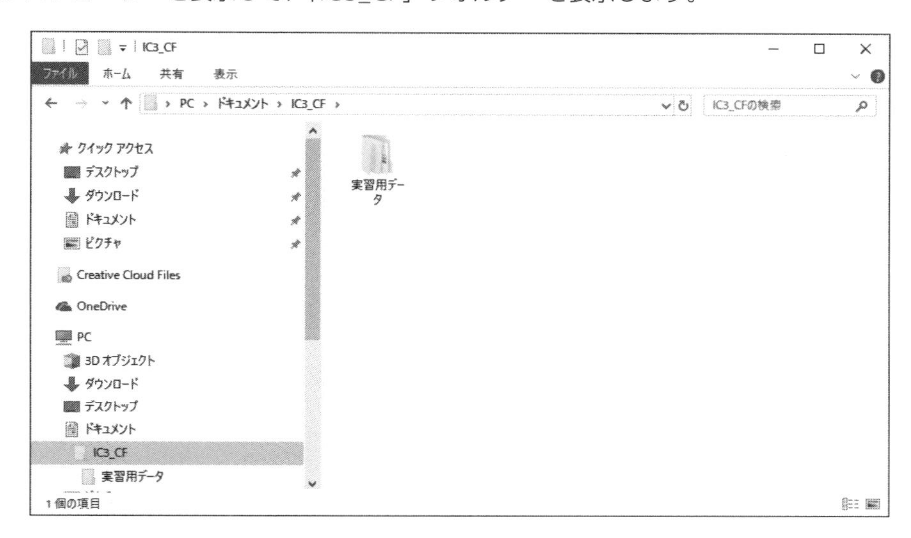

②［ホーム］タブまたは［クイックアクセスツールバー］の［新しいフォルダー］をクリックします。

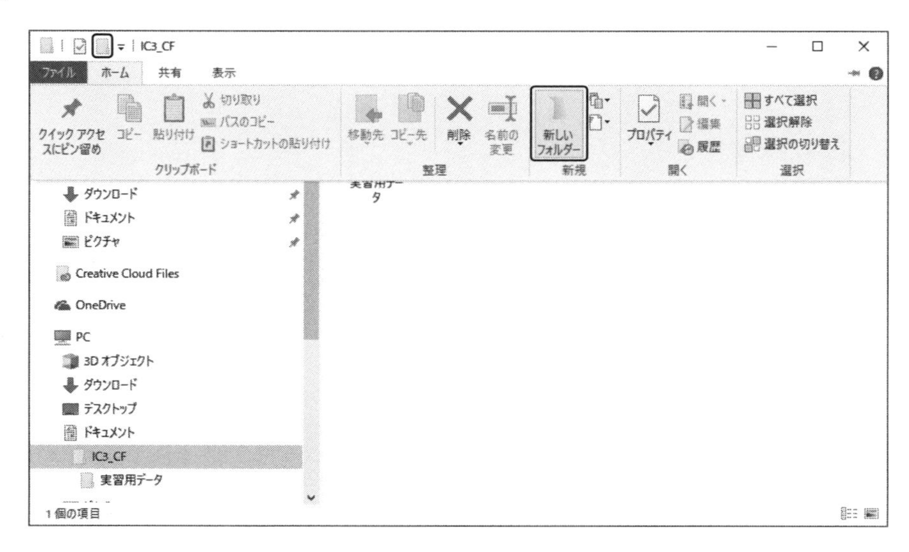

③新しいフォルダーが作成されます。

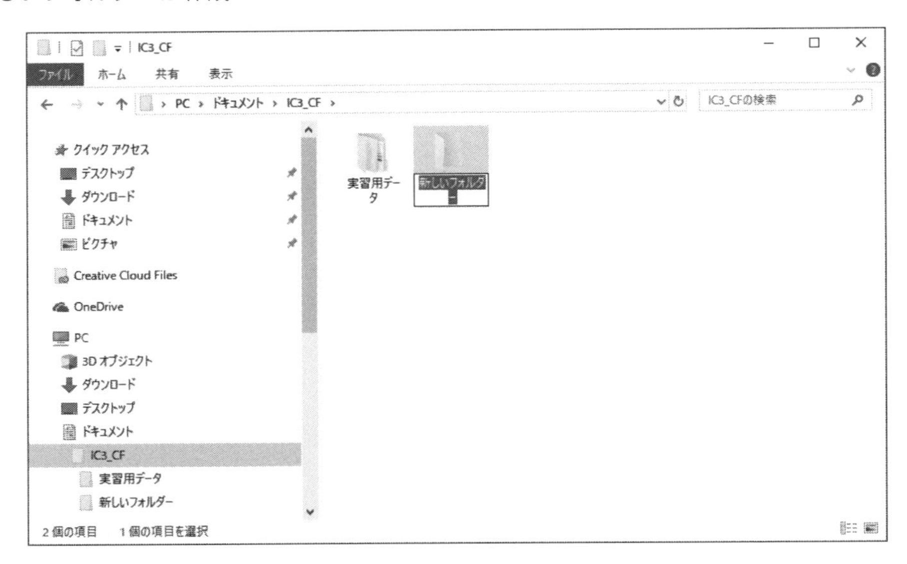

④フォルダー名に「新規データ」と入力し、[Enter] キーを押してフォルダー名を確定します。
※新規作成した「新規データ」フォルダーは [Delete] キーを使用して削除しておきましょう。

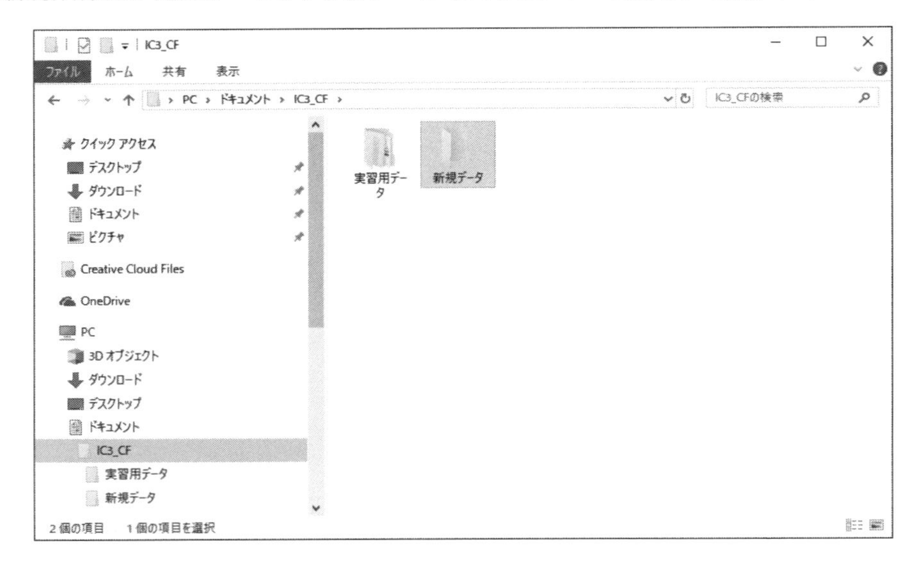

【実習】右クリックからデスクトップにフォルダーを作成します。

①デスクトップを表示します。

②デスクトップ上の何もないところで右クリックして、ショートカットメニューを表示します。
※デスクトップアイコンの上で右クリックすると目的のメニューが表示されません。

③[新規作成］をポイントして、サブメニューから［フォルダー］をクリックします。
※サブメニューからファイルを作成することもできます。テキストエディター（メモ帳）やExcelなどのアプリケーションを起動しなくても、その場ですぐにファイルを作成できます。

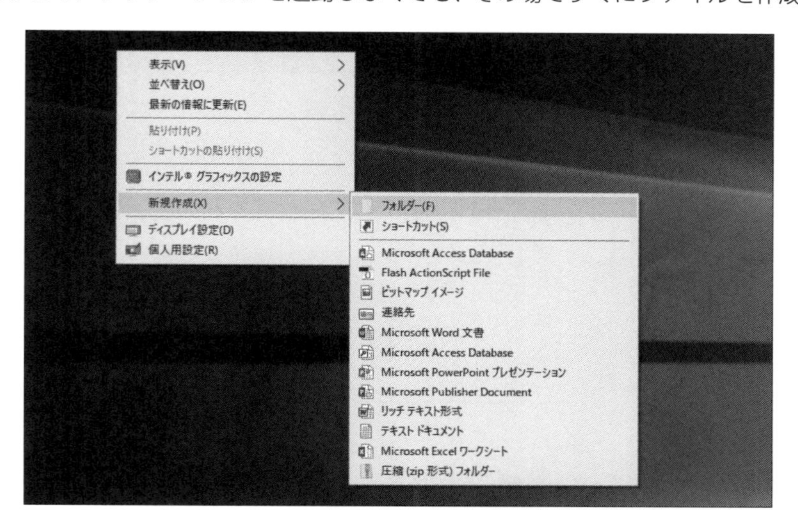

ファイル／フォルダーのコピーと貼り付け

ファイルやフォルダーは任意の場所に移動やコピーをすることができます。

【実習】「実習用データ」フォルダーの複製を作ってから、ファイルを別のフォルダーにコピーします。

①「IC3_CF」フォルダーを表示して、「実習用データ」フォルダーを選択します。

②［ホーム］タブの［コピー］をクリックし、続けて［ホーム］タブの［貼り付け］をクリックします。「実習用データ」フォルダーがコピーされ「実習用データ - コピー」フォルダーが作成されます。

※コピーや貼り付けは、右クリックやショートカットキーからも操作できます。

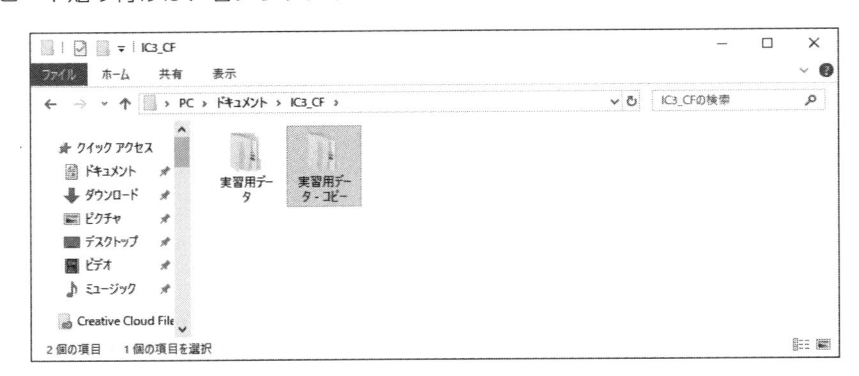

③「実習用データ － コピー」フォルダーを開きます。

④「文書作成」フォルダーを開いて、「グラフ.xlsx」を選択します。

⑤右クリックメニューから［コピー］をクリックします。

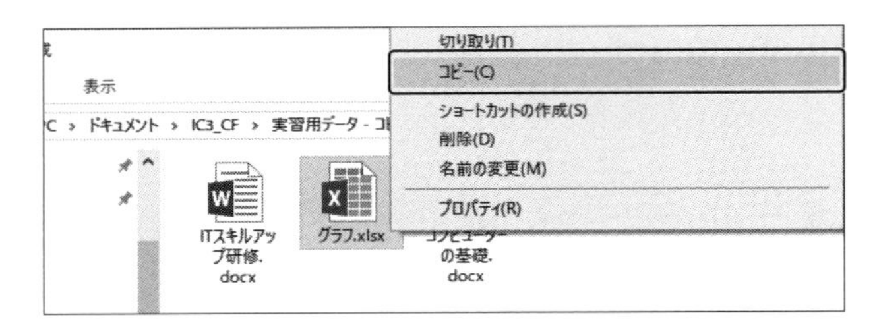

⑥「実習用データ － コピー」フォルダーに戻り、「表計算」フォルダーを開きます。

⑦フォルダーウィンドウ上を右クリックして、メニューから［貼り付け］をクリックします。

※「表計算」フォルダーにコピーした「グラフ.xlsx」を削除しておきましょう。

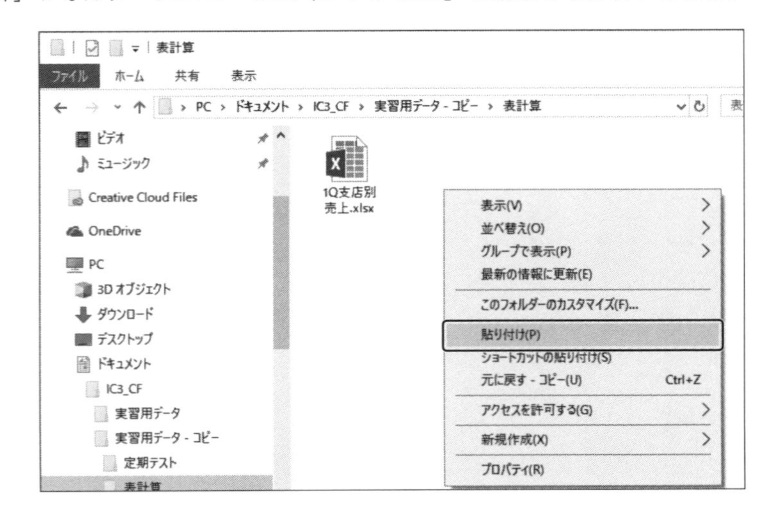

ファイル／フォルダーを送る

作成したファイルをUSBメモリやCD／DVD、あるいはポータブル（携帯用）ハードディスクなどの外部メディアにコピーして利用することがあります。Windowsの「送る」機能を利用すると、異なるメディアにファイルまたはフォルダーの複製を簡単に作ることができます。

送り先となる外部メディアがPCに接続していることを前提として、ファイルやフォルダーを選択したら、右クリックのショートカットメニューで［送る］をポイントしてサブメニューを表示します。ファイルの複製を作る場所（外部メディアやフォルダー）をクリックします。

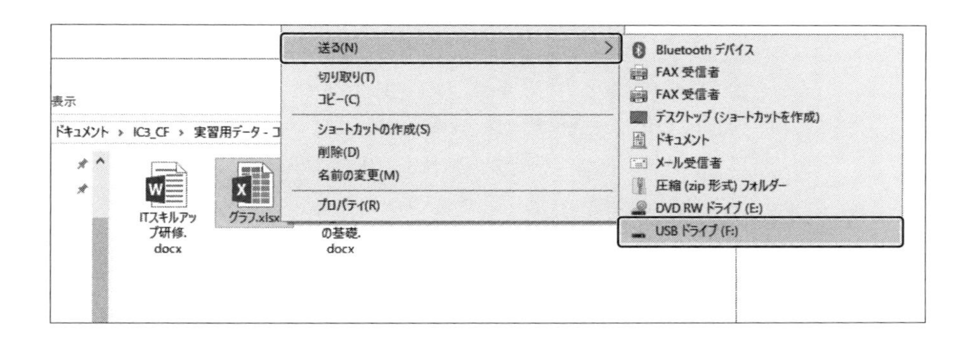

なお、送り先としてデスクトップを指定した場合は、ファイルの位置はそのままでデスクトップ上にファイルへのリンクである「ショートカット」が作成されます。ショートカットは、本来のファイルの位置への情報が書かれているのみで、ショートカットでファイルを開いた際には元のファイルが開かれます。

ファイル／フォルダーの移動

ファイルやフォルダーの移動先が同じフォルダー内のサブフォルダーである場合は、移動先フォルダーの上にファイルをドラッグすることで簡単に移動できます。同じフォルダー内にファイルの移動先がない場合は、「切り取り」と「貼り付け」を使って移動します。

【実習】1年のファイルをすべて「1年成績表」フォルダーに移動します。

①「実習用データ」フォルダー内の「定期テスト」フォルダーを開きます。

②「1年○○.xlsx」のファイルをすべて選択し、「1年成績表」フォルダーまでドラッグします。

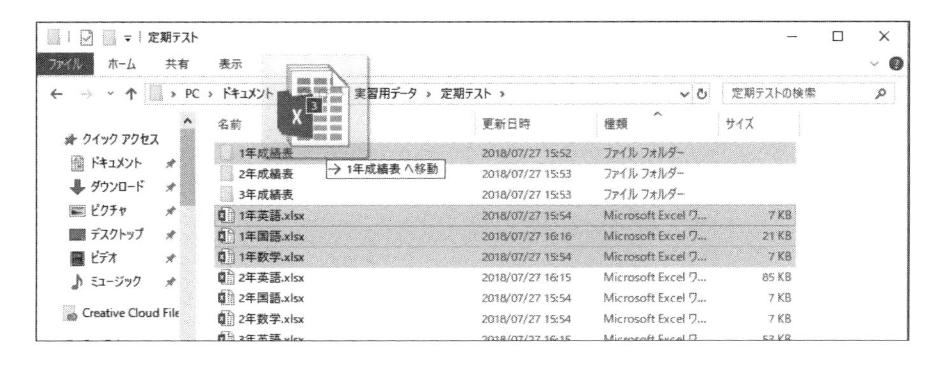

③「1年成績表へ移動」が表示されたら、マウスのボタンを離します。

④「1年成績表」フォルダーを表示して、ファイルが移動したことを確認します。

※「定期テスト」フォルダーに戻り、2年生のファイルを「2年成績表」フォルダーに、3年生のファイルを「3年成績表」フォルダーにそれぞれ移動しておきましょう。

複数のファイルをまとめて選択すると効率よく操作できます。

連続するファイルを選択するには、ファイル名をドラッグで囲むように選択するか、最上部のファイルを選択後、[Shift] キーを押しながら最下部のファイルをクリックすることでまとめて選択ができます。

離れたファイルを選択するには、2つめ以降のファイルを [Ctrl] キーを押しながらクリックします。たとえば、「A」「B」「C」「D」「E」の5つのファイルのうち、「A」「C」「E」を選択する場合は、はじめにファイル「A」をクリックしてから、[Ctrl] キーを押しながら残りの「C」「E」をクリックします。

ファイル／フォルダーの名前の変更

ファイルやフォルダーをコピーすると、「元の名前- コピー」という名前になります。分かりやすい名前に変更することで、より管理がしやすくなります。

【実習】「実習用データ - コピー」フォルダーの名前を「練習用データ」に変更します。

①「実習用データ - コピー」フォルダーをクリックします。

②[ホーム] タブの [名前の変更] をクリックします。

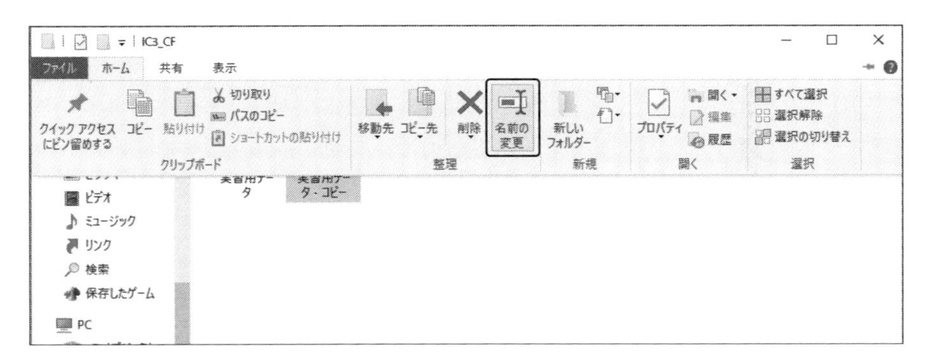

③「練習用データ」と入力し、[Enter] キーを押してフォルダー名を確定します。

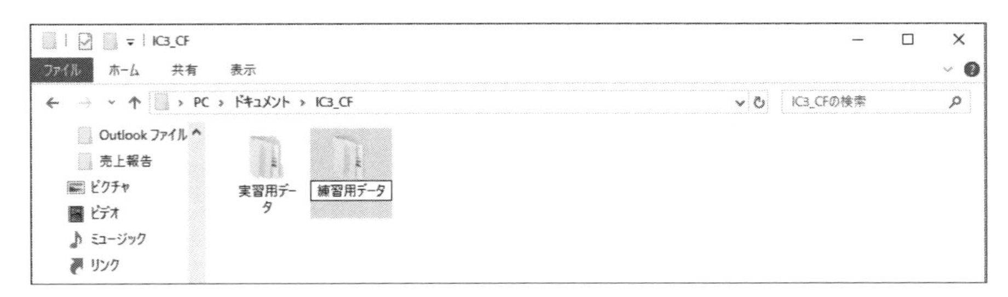

ファイル／フォルダーの表示切り替え

フォルダーウィンドウのリボンにある［表示］タブを使うと、フォルダーやファイルの表示方法を変更できます。状況や目的に合わせて表示方法を変更すると、ファイルの確認や並べ替えなどの操作がしやすくなります。選択できる表示方法は次のとおりです。

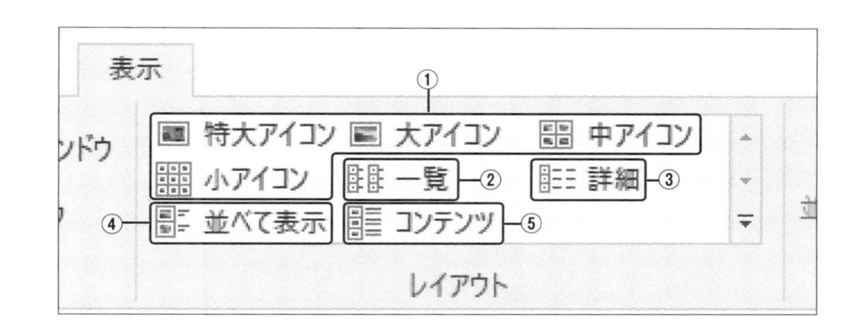

①指定したサイズのアイコンと名前が表示されます。中アイコン以上だと、画像ファイルの内容やフォルダーの中身がサムネイル（小さなイメージ）で表示されます。
②小アイコンの右側に名前が表示され、縦方向に並んで一覧表示されます。
③小アイコンの右側に名前、更新日時、種類、サイズが表示され、1列に並んで表示されます。
④中アイコンの右側に名前、ファイルの種類、サイズが表示されます。
⑤アイコンの右側に名前やその他の情報が表示され、1列に並んで表示されます。ファイルの種類によっては、ドキュメントの作成者、画像の大きさ、音楽や動画の時間などの情報が表示されます。

ファイル／フォルダーの並べ替え

ファイルは名前順やサイズ順に並べ替えることができます。フォルダーの表示方法を詳細にしておくと、簡単に並べ替えができます。なお、見出しを昇順に並び替えると項目名の上側に∧が、降順に並び替えると∨が表示されます。

ファイル／フォルダーのショートカット

「ショートカットアイコン」は、フォルダーやファイルなどへの参照を含むアイコンです。頻繁に使うフォルダーは、デスクトップにショートカットアイコンを作成しておくとすばやく開くことができます。

任意のフォルダーやファイルを右クリックして、［ショートカットの作成］をクリックするとショートカットアイコンが作成されます。それをデスクトップに移動することもできます。

なお、ショートカットアイコンは参照を含むだけのアイコンなので、削除しても参照先のフォルダーやファイルは削除されません。

【実習】「実習用データ」フォルダーへのショートカットアイコンをデスクトップに作成します。

①「ドキュメント」フォルダーを表示して、「IC3_CF」フォルダーを開きます。

②「実習用データ」フォルダーを右クリックし、［送る］をポイントして［デスクトップ（ショートカットを作成）］をクリックします。

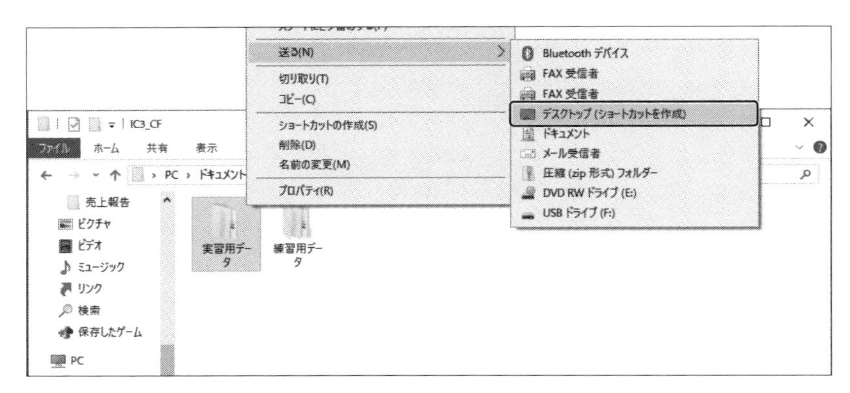

③フォルダーウィンドウを閉じて、デスクトップ上に「実習用データ」フォルダーへのショートカットアイコンが作成されたのを確認します。

④ショートカットアイコンをダブルクリックし、「実習用データ」フォルダーが表示されるのを確認します。

ファイル／フォルダーの削除

フォルダーを削除すると、フォルダー内のファイルやサブフォルダーも一緒に削除されます。

【実習】実習で作成した「練習用データ」フォルダーを削除します。

①「IC3_CF」フォルダーを表示します。

②「練習用データ」フォルダーを選択します。

③右クリックして、表示されるメニューから［削除］をクリックします。

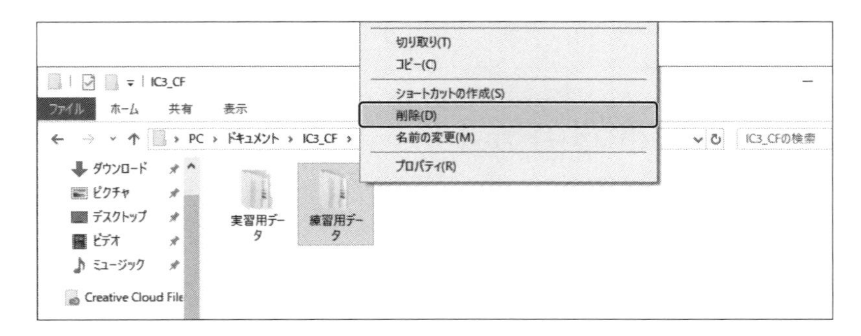

ごみ箱の操作

削除したフォルダーやファイルは「ごみ箱」に移動します。ごみ箱に移動したファイルやフォルダーは、ごみ箱を開いて、ごみ箱ツールの［管理］タブから操作します。ごみ箱を空にすることで、フォルダーやファイルはコンピューターから完全に削除されます。

ごみ箱にあるファイルやフォルダーは個別に削除することもできますが、［ごみ箱を空にする］をクリックすると、すべてのフォルダーやファイルを一度に削除できます。

また、ごみ箱に残っているものは元の場所に戻すことができます。元に戻すには、ごみ箱内のフォルダーやファイルを選択し［選択した項目を元に戻す］をクリックします。これらの操作は右クリックメニューからも操作できます。

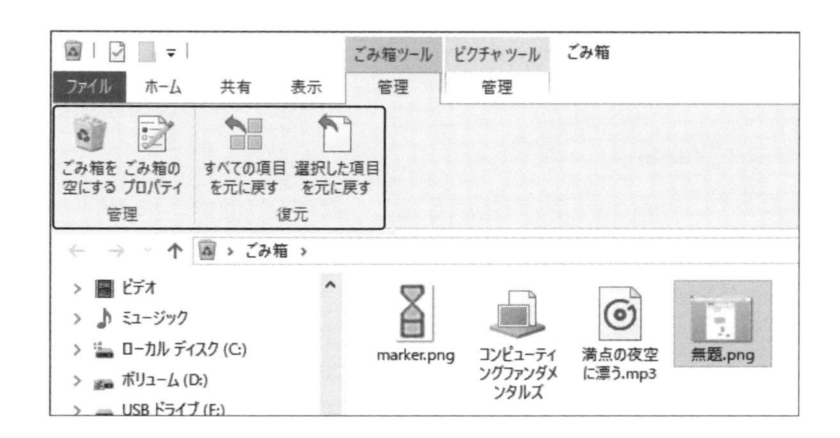

ファイル／フォルダーの検索

フォルダーウィンドウの「検索ボックス」を利用することで、フォルダーやファイルを簡単に検索できます。

フォルダーウィンドウの検索

フォルダーウィンドウを開き、ファイルやフォルダーの名前の一部をキーワードとして、「検索ボックス」に入力します。現在のフォルダー内に保存されているフォルダーやファイルを検索できます。

検索ボックス（Cortana）

Windows10には「Cortana（コルタナ）」というデジタルアシスタントが用意されています。Cortanaは、ユーザーのさまざまな作業を手助けする機能であり、検索ボックスで質問をしたりファイルやフォルダーを検索したりすることで学習し、ユーザー向けにカスタマイズが進みます。

検索ボックスでは、コンピューターに保存されているすべてのフォルダー／ファイルやインストールされているアプリの検索に加え、Web検索をすることもできます。

近年のOSでは、Microsoft社のCortana（コルタナ）やApple社のSiri（シリ）、Google社のGoogleアシスタントなど、AI（人工知能）を搭載したデジタルアシスタントが用意されています。
デジタルアシスタントは、ユーザーの登録情報や検索のキーワード、アプリケーションの利用状況などをもとにユーザーに合わせた情報提供をします。フォルダーやファイルの検索以外にも、さまざまな質問を入力したりマイクで話しかけたりすることで、天気の情報から、スケジュール、お気に入りのスポーツチームの試合結果まで多岐にわたる情報を提供し、ユーザーをサポートしてくれます。

3-1-3　ファイルの拡張子

ファイルには文書ファイルや画像ファイルなどさまざまな種類があります。OS は「拡張子」と呼ばれる識別子を使ってこれらの種類を判別しています。

拡張子は、ファイル名の後ろに「.」（ピリオド）で区切られた半角の英数字で表記されます。

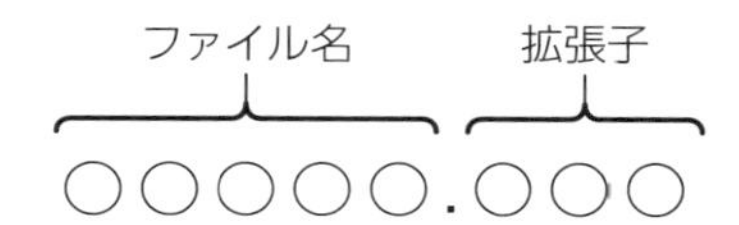

拡張子とアプリケーションの関係

保存するファイルの形式により拡張子は決まっていて、各アプリケーションでファイルを保存すると適切な拡張子が自動的に追加されます。

また、拡張子とアプリケーションを関連付ける機能をもつOS では、各ファイルはそれに対応したアプリケーション用のアイコンで表示され、ファイルを開くとそれに対応したアプリケーションが起動します。

拡張子の表示方法

Windows10の既定の設定では、拡張子は表示されません。拡張子を表示する手順は次のとおりです。

【実習】ファイルの拡張子を表示します。

①任意のフォルダーを開きます。

②[表示] タブの [ファイル名拡張子] のチェックボックスをオンにします。

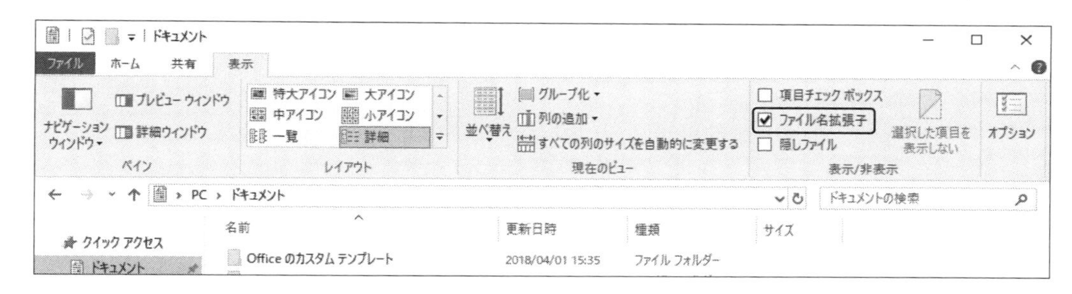

主なファイル形式と拡張子

主なファイル形式とそれに対応する拡張子は次のとおりです。

種類	ファイル形式	拡張子	特徴
テキスト	テキスト	txt	文字データのみを含んだファイル形式。汎用性が高く、さまざまなアプリケーションで利用できる。
	CSV (シーエスブイ)	csv	データをカンマ(,)で区切ったファイル形式。実体はテキストファイルで、表計算ソフトやデータベースソフト、住所録ソフトなどで開くことができ、異なるアプリケーション間でのデータのやり取りに利用される。「Comma Separated Values」の略。
文書	リッチテキスト	rtf	簡易な書式を含んだ文書で使用されるファイル形式。「Rich Text Format」の略。
	Word文書	docx doc	Microsoft社が開発した文書作成ソフト「Microsoft Office Word」で使用されるファイル形式。高度な書式や図形、表などを含む文書の作成が可能。
	PDF	pdf	Adobe社が開発した、電子文書を扱うためのファイル形式。コンピューターの機種や環境が異なる場合でも、元の文書に近い形で表示、印刷ができる。「Adobe Reader」で閲覧できる。

次ページへ続く➡

種類	ファイル形式	拡張子	特徴
表計算	Excelブック	xlsx xls	Microsoft社が開発した表計算ソフト「Microsoft Office Excel」で使用されるファイル形式。数値や数式、グラフなどを含むシートの作成が可能。
プレゼンテーション	PowerPoint プレゼンテーション	pptx ppt	Microsoft社が開発したプレゼンテーションソフト「Microsoft Office PowerPoint」で使用されるファイル形式。スライドショー形式のプレゼンテーションを作成できる。
デジタルノート	OneNote	one	Microsoft社が開発したデジタルノートソフト「Microsoft Office OneNote」で使用されるファイル形式。1つのセクションに複数のページを作成できる。
画像	BMP （ビットマップ）	bmp	Windowsが標準でサポートしている画像を扱うためのファイル形式。モノクロからフルカラーまで表示することができるが、データのサイズは大きくなる。ドット（ピクセル）という小さい点の集まりで画像を表現する。
	GIF （ジフ）	gif	ファイルサイズが比較的小さく、インターネット上でよく利用されるファイル形式。256色以下の色数しか使えないという制約がある一方、透明部分の保持やアニメーションを表現できる。 「Graphic Interchange Format」の略。
	JPEG （ジェイペグ）	jpg jpeg	画像を保存する際の圧縮形式。ファイルサイズを大幅に小さくできる。画像の劣化が比較的少なく、写真データの保存に適している。 「Joint Photographic Experts Group」の略。
	TIFF （ティフ）	tif tiff	コンピューターの機種や環境が異なる場合でも、データの交換ができるファイル形式。 「Tagged Image File Format」の略。
	PNG （ピング）	png	GIFに代わるファイル形式として開発された。画質を損なわず、なおかつデータを非常に小さくできる。 「Portable Network Graphics」の略
音声	MIDI （ミディ）	mid midi	電子楽器の演奏データを、パソコンに転送したり、機器間でやりとりしたりするためのファイル形式。 「Musical Instrument Digital Interface」の略。
	WAVE （ウェイブ）	wav	Windows標準の音声ファイル形式。Windowsの起動音やエラー音はこの形式で保存されている。
	MP3 （エムピースリー）	mp3	音声ファイルの圧縮形式。音質を極端に劣化させることなく、元データの約1／10まで圧縮が可能。 「MPEG-1 Audio Layer-3」の略。
	AAC	aac	MP3の後継として作成された規格で、MP3より高圧縮で音質の良いファイルが作成できる。 「Advanced Audio Coding」の略。
動画	AVI	avi	Windowsが標準でサポートしている動画を扱うためのファイル形式。 「Audio Video Interleaving」の略。
	WMV	wmv	Microsoft社が開発した動画を扱うためのファイル形式。「Windows Media Player」が標準でサポートしている。 「Windows Media Video」の略。
	FLASH	swf flv	Adobe社が開発した、アニメーションや動画を扱うためのファイル形式。ファイルサイズが小さくWeb コンテンツとして利用されることが多く、「Adobe Flash Player」で再生できる。2020年末にサポートを終了する予定。

種類	ファイル形式	拡張子	特徴
動画	MOV	mov qt	Apple社が開発した、動画を扱うためのファイル形式。「QuickTime」が標準でサポートしている。
	MPEG-1	mpg mpeg	動画ファイルの代表的な圧縮形式の1つ。比較的小さな動画ファイルやビデオCDなどで用いられる。
	MPEG-2	mpg mpeg	動画の代表的な圧縮方式の1つ。DVDやデジタルビデオカメラの動画形式として用いられる。
	MPEG-4	mp4 m4a m4v	動画ファイルの代表的な圧縮形式の1つ。携帯電話などの動画配信などに利用される。動画以外にも画像や音声などを含めて保存できる。Windows、Macともに標準でサポートされている。 m4a（音声のみ）やm4v（動画のみ）などの拡張子が使われることもある。
その他	ZIP （ジップ）	zip	Windowsが標準でサポートしているファイル圧縮形式。インターネット上でファイルをやり取りする際に、サイズを小さくする目的で使われる。解凍することで、圧縮したファイルを元に戻せる。
	実行ファイル	exe	アプリケーションファイルともいう。プログラムそのもので、ダブルクリックするとそのアプリケーションが起動する。誤って削除しないように、一般的に実行ファイルは階層構造の深いところに置かれているため、通常は実行ファイルのショートカットを使って起動させる。

ファイル／フォルダーのプロパティ

ファイルやフォルダーの「プロパティ」を利用することで、詳細な情報を確認したり、共有やセキュリティに関する設定を変更したりできます。

プロパティを表示するには、目的のフォルダーまたはファイルを右クリックして［プロパティ］をクリックします。

ファイルのプロパティ

ファイルのプロパティには［全般］［セキュリティ］［詳細］［以前のバージョン］などのタブがあります。

タブ名	機能
［全般］	ファイル名やファイルの場所、ファイルの種類、紐づけられているプログラム、サイズ、作成日などの基本情報を確認できる。
［セキュリティ］	ユーザーのアクセス許可に関する設定ができる。
［詳細］	［全般］タブの情報に加えて、さらに詳細なファイル情報を確認できる。 また、タイトルや作成者などファイルに関するさまざまな情報を指定できる。指定できる内容はファイルの種類によって異なる。
［以前のバージョン］	バックアップデータを利用して破損したファイルを復元できる。

フォルダーのプロパティ

フォルダーのプロパティには次のようなタブがあります。

タブ名	機能
[全般]	フォルダーの場所や内容、属性などの詳細な情報を確認できる。
[共有]	フォルダーの共有に関する設定ができる。
[セキュリティ]	ユーザーのアクセス許可に関する設定ができる。
[以前のバージョン]	バックアップデータを利用して破損したフォルダーを復元できる。
[カスタマイズ]	フォルダーのアイコンの変更などができる。

ファイル／フォルダーの暗号化

Windows10にはフォルダーやファイルを暗号化する機能があります。暗号化すると、特定のユーザーだけが開くことができる特殊なファイルに変換されます。そのため、ファイルが流出した場合もその内容を保護できます。暗号化の設定はファイル／フォルダーのプロパティの［全般］タブから行います。

【実習】暗号化の設定画面を確認します。

①「IC3_CF」フォルダーのプロパティを表示します。
②［全般］タブの［詳細設定］をクリックします。

③「属性の詳細」画面の［内容を暗号化してデータをセキュリティで保護する］にチェックを入れます。このフォルダーとすべてのサブフォルダーおよびファイルを暗号化できます。
※実際に暗号化はしないので［キャンセル］をクリックして画面を閉じてください。

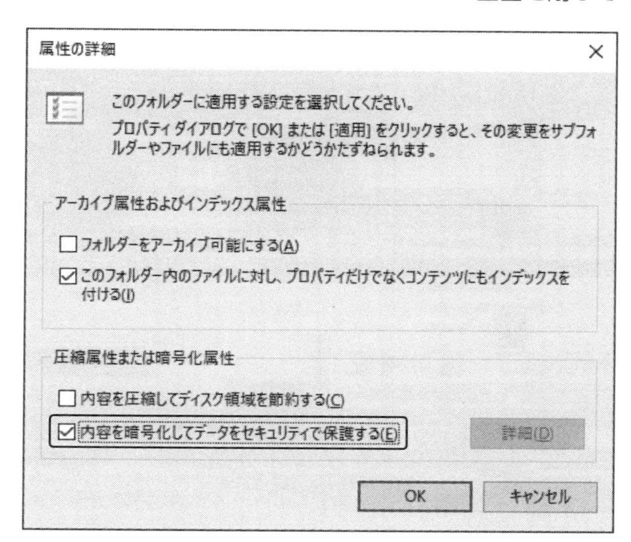

3-1-4 ファイルへのアクセス権限

アクセス許可の設定

Windows10の「アクセス許可」機能を利用すると、アプリケーション単位、フォルダー単位、ファイル単位で読み取りや書き込みに対するユーザーごとのアクセス制限を設定することができます。ほかのユーザーに変更されたくないファイルや、中身を見られたくないフォルダーなどに設定します。

【実習】ユーザー「user02」が「IC3_CF」フォルダーにアクセスできないように、アクセス許可の設定を行います。

！ユーザーを作成できる環境にない場合は実習の手順を確認してください。本書では「user02」を作成した状態で操作方法を解説します。

①「IC3_CF」フォルダーを表示します。
②「IC3_CF」フォルダーを右クリックして［プロパティ］をクリックします。
③「IC3_CFのプロパティ」ダイアログボックスで、［セキュリティ］タブをクリックします。

④[編集] をクリックします。

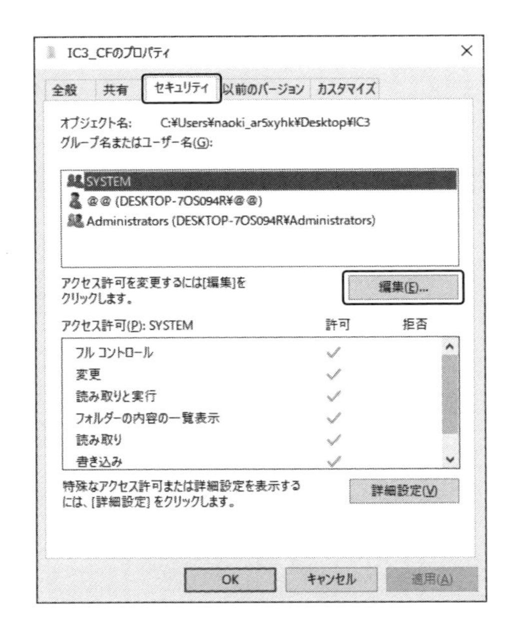

⑤[追加] をクリックします。

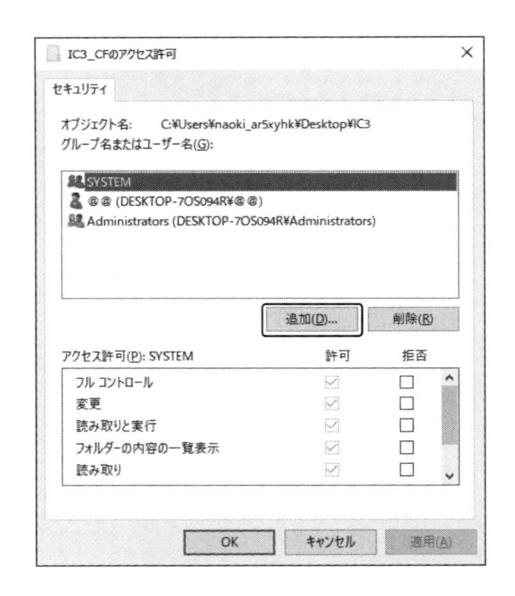

⑥[選択するオブジェクト名を入力してください] ボックスに「user02」と入力して、[OK] をクリックします。

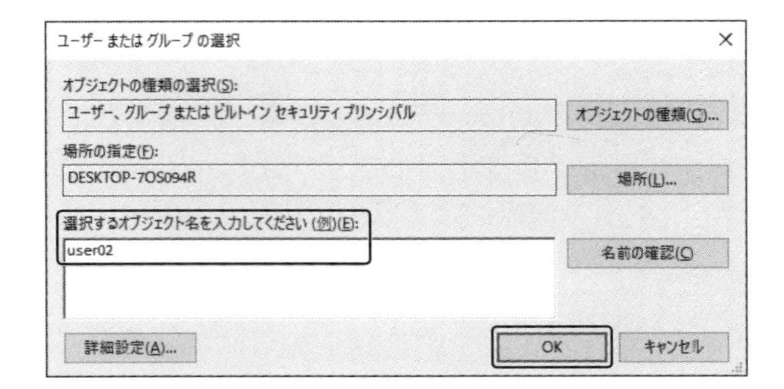

⑦[グループ名またはユーザー名] リストに「user02」が追加され、選択されていることを確認します。
⑧user02の[アクセス許可] リストの[フルコントロール]の[拒否]にチェックを入れます。
⑨[OK] をクリックします。

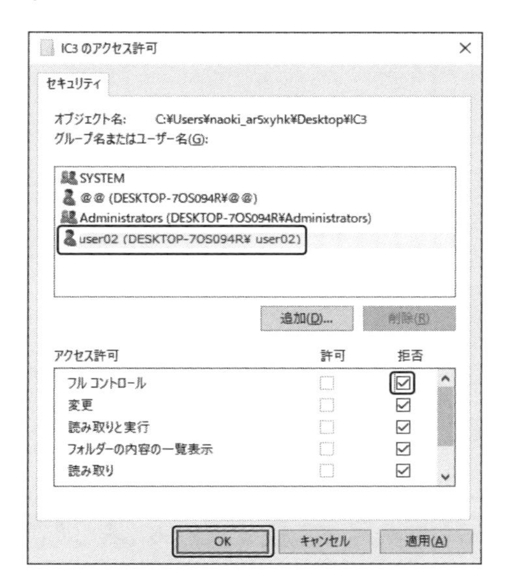

⑩警告のメッセージが表示されたら[はい] をクリックします。
⑪[IC3_CFのプロパティ] ダイアログボックスの[OK] をクリックして閉じます。

今回の実習のようにフォルダーのアクセス許可を拒否した場合、user02が「IC3_CF」フォルダーを開こうとすると次のようなメッセージが出てアクセスが拒否されます。

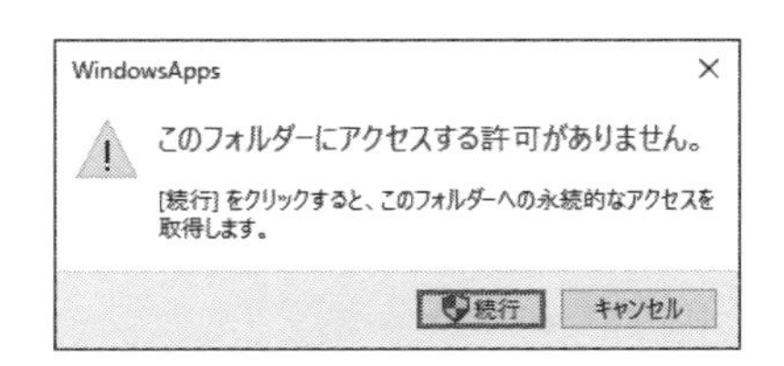

アクセス拒否の解除

ユーザーを追加してアクセス拒否を行った場合、追加したユーザーを削除するとアクセスできるようになります。フォルダーの[アクセス許可] ダイアログボックスを表示したら、ユーザー名を選択して[削除] をクリックします。このとき、最初から存在するグループ名やユーザー名を削除しないように注意します。

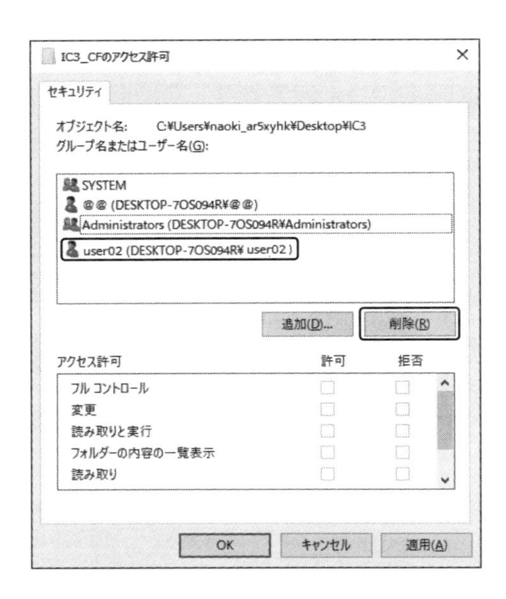

3-1-5　ファイルシステムとディスク管理ソフト

ユーザーが作成したデータファイル、OSを動かすためのシステムファイル、プログラム本体の実行ファイルなど、多くのファイルを保存するハードディスクは、コンピューターにとって重要な装置のひとつです。

しかし、ハードディスクの内部には回転軸やモーターなどの駆動部品が含まれるため、故障しやすい装置でもあります。ハードディスクの寿命を延ばし、快適に使用するためには、「ディスク管理ソフト」を使った定期的なメンテナンスが必要です。ここでは、ハードディスクにファイルを保存するしくみとディスク管理ソフトについて学習します。

ファイルシステム

「ファイルシステム」とは、ハードディスクなどの外部記憶装置にデータを保存するためのしくみです。ハードディスクを細かいブロックに分割することで、データの読み書きやファイルの管理を効率よく行うことができます。ファイルシステムはOS に実装されていて、OSが異なるとファイルシステムの種類も異なります。主なファイルシステムには「FAT」や「NTFS」などがあります。

FAT：「File Allocation Tables」の略。Windows 98 以前に使用されていたファイルシステムです。

NTFS：「NT File System」の略。ファイルの安全性や堅牢性に優れたファイルシステムで、WindowsNT ／ 2000 ／ XP 以降のOS で採用されています。

コンピューターのファイルシステムを確認するには、エクスプローラーを開いてナビゲーションウィンドウで「PC」をクリックします。ファイルリストの「デバイスとドライブ」に表示されたCドライブ（HDDの型番号（C:））を右クリックして、「プロパティ」をクリックします。ドライブのプロパティが表示されたら、［全般］タブでファイルシステムを確認します。

ディスク管理ソフト

Windows10には標準で「ディスククリーンアップ」「スキャンディスク」「デフラグ」などのディスク管理ソフトが付属しています。これらのツールを使ってハードディスクのメンテナンスを行います。

ディスククリーンアップ

ハードディスクの空き容量が不足すると、コンピューターの動作が遅くなることがあります。ディスククリーンアップを利用すると、ごみ箱の中のファイルや一時ファイルなどの不要なファイルを一度に削除できます。

「ディスククリーンアップ」は、ハードディスクのプロパティから実行します。ドライブのプロパティを表示したら、［全般］タブの［ディスクのクリーンアップ］をクリックします。不要なファイルのスキャンが実行され、クリーンアップを実行すると空き領域がどの程度増えるか確認できるようになります。削除するファイルの一覧で、削除するファイルにチェックを入れて［OK］をクリックするとクリーンアップが開始されます。

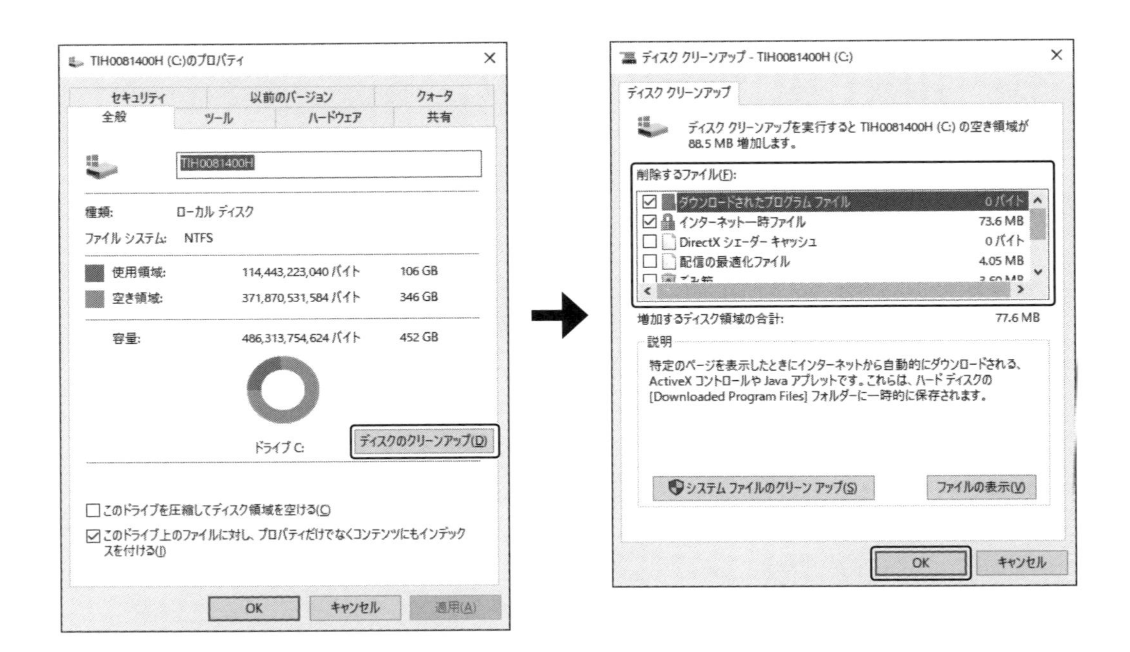

チェックディスク（スキャンディスク）

「チェックディスク（スキャンディスク）」は、ハードディスクやフロッピーディスクなどの内部構造をチェックするツールです。エラーがある場合は自動的に修復する機能もあり、ハードディスクのメンテナンスには欠かせないツールです。

チェックディスクもドライブのプロパティから操作を行います。ドライブのプロパティを表示したら、[ツール] タブを表示して、[チェック] をクリックします。なお、チェックディスクは、管理者権限が必要になる操作です。

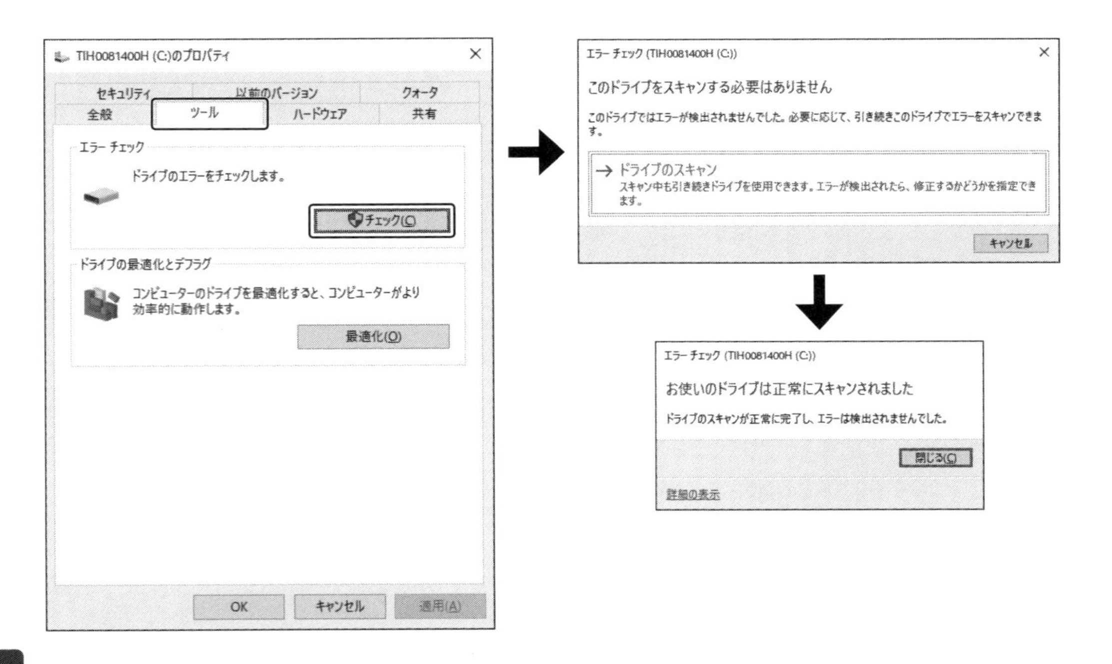

ディスクデフラグ（最適化）

ハードディスク内のデータの更新や削除を繰り返すと、データが断片化していきます。断片化が進むと不連続なブロックにファイルが保存されてしまい、あちこちのブロックを参照しながらファイルにアクセスすることになります。ファイルのアクセスに時間がかかり、無駄な動作も多くなるため駆動部品の故障の原因にもなりかねません。このような場合、デフラグを行うと断片化したファイルが再配置され、ハードディスクを最適化することができます。

ディスクデフラグもドライブのプロパティから実行します。ドライブのプロパティを表示したら、[ツール] タブを表示して、[最適化] をクリックします。[ドライブの最適化] ダイアログボックスが表示され、コンピューターに接続されているドライブが表示されます。最適化を行うドライブを選択して、[最適化] をクリックします。最適化を実行する前に [分析] をクリックすると、コンピューターに接続されているドライブの現在の状況が把握でき、最適化が必要かどうかを確認できます。なお、最適化は管理者権限が必要になる操作です。ハードディスクのサイズや断片化の状態によって、デフラグが終わるまで数時間かかることもあります。

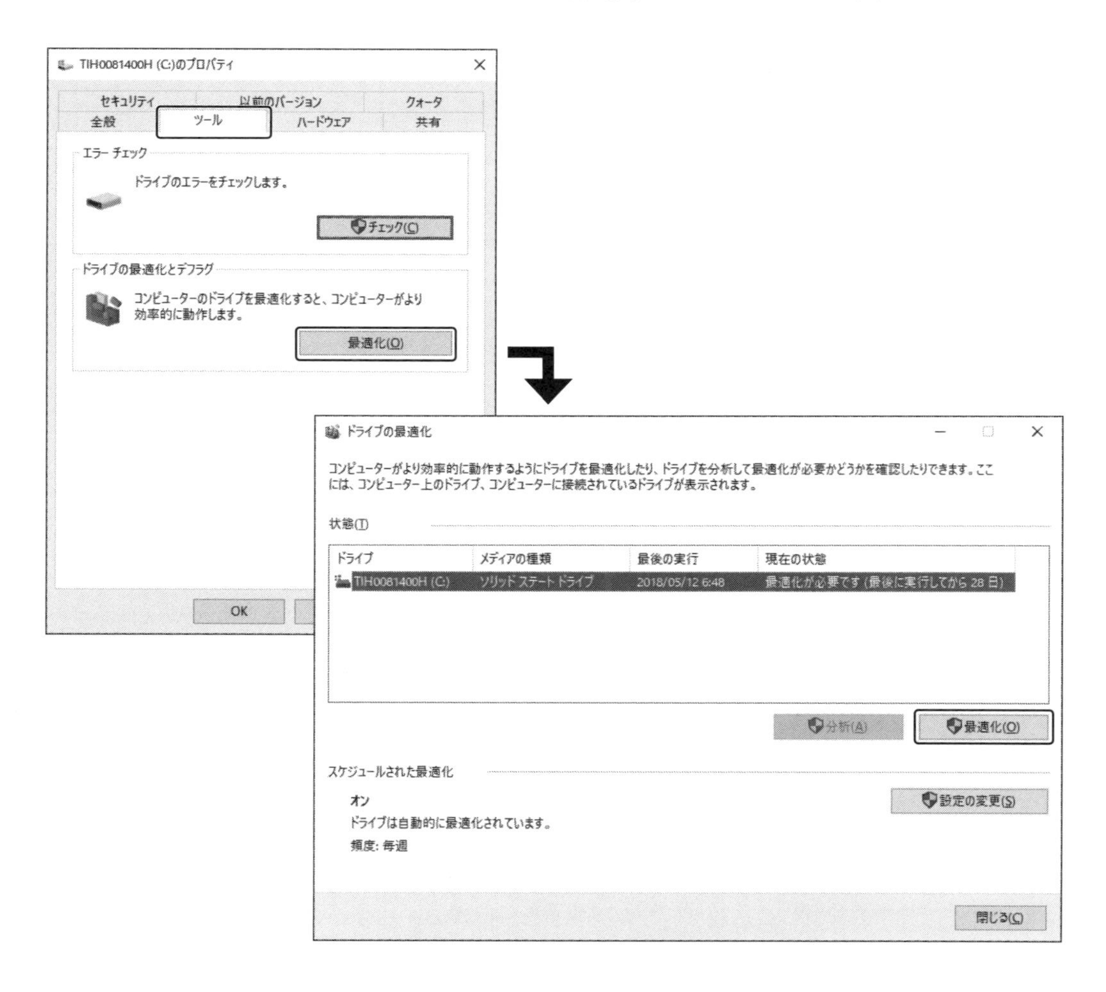

3-2 マルチメディアファイルの利用

コンピューターの世界では、イラスト、写真、音楽、動画などさまざまな形態のファイルをデジタルデータとして一元化することを「マルチメディア」といいます。

3-2-1 マルチメディア（電子書籍、オーディオ、動画）ファイルの利用

マルチメディアを編集、加工、再生するソフトを総称して「マルチメディアソフト」と呼びます。動画や音楽をデジタルデータとして保存することで、ノイズや劣化がほとんどない動画ファイルや音楽ファイルを利用できます。

マルチメディアソフトの主な機能

近年では、ブロードバンドが主流になっており、インターネット上でのデータの交換やダウンロードが容易になりました。それに加え、マルチメディアに対応したさまざまな携帯コンピューター機器（タブレット、スマートフォン、電子書籍リーダーなど）が利用されるようになり、動画や音楽の再生や加工が簡単にできるマルチメディアソフトも広く浸透しました。

- 動画（DVD・インターネット動画）の再生
- 音楽（CD・ダウンロード販売の楽曲データ）の再生
- 電子書籍の閲覧
- 動画や音楽の編集、加工

マルチメディアファイルは、専用のアプリケーションで利用します。各種のメディアファイルと閲覧・再生に利用するアプリケーションはOSで紐づけられており、メディアファイルをダブルクリックすると、対応するアプリケーションが起動します。

紐づけられていないアプリケーションであっても、メディアファイル形式に対応しているアプリケーションであれば、先にアプリケーションを起動してからメディアファイルを開くことで利用できます。

なお、メディアファイルをダブルクリックしたときに自動的に起動するアプリケーションは変更することもできます。Windows10で音楽プレーヤー、フォトビューアー、ビデオプレーヤーなどの主要な既定のアプリケーションを変更する方法は次のとおりです。

【実習】フォトビューアーの既定のアプリケーションを変更します。

①[スタート] ボタンをクリックし、[設定] を選択します。

②[Windowsの設定] 画面で [アプリ] を選択します。

③左メニューから [既定のアプリ] を選択します。

④フォトビューアーの現在設定されているアプリをクリックします。

⑤「アプリを選ぶ」から既定アプリケーションを「ペイント」に変更します。

⑥フォトビューアーの既定のアプリが「ペイント」に変わります。

※操作方法を確認したら、既定のアプリを「フォト」に戻しましょう。

03

文書（電子書籍）ファイルの利用

電子書籍など一部の文書ファイルは、編集が不可能な状態で提供され、メディアリーダーと呼ばれる専用のアプリケーションで閲覧します。

代表的な配布用の文書ファイル形式である「PDF」ファイルは、PDFリーダーと呼ばれるアプリケーションで閲覧します。多くのPDFリーダーは無料で配付されており、Windowsに限らず多くのOS上で動作し、レイアウト崩れなども起きにくいため広く普及しています。なお、PDFリーダーは多くのブラウザー（Webサイト閲覧用のアプリケーション）にも組み込まれており、Webサイトで公開されているPDFファイルはそのままブラウザー上で閲覧することも可能です。

また、「ePUB（イーパブ）」など一部の電子書籍専用のファイル形式を用いたメディアファイルは、専用のアプリケーションが必要です。

たとえば、代表的な電子書籍サービスであるAmazon社のKindleの場合、閲覧するにはKindleアプリという専用のアプリでないと電子書籍を閲覧することができません。

オーディオ（音楽）ファイルの利用

オーディオファイルは、音楽プレーヤーと呼ばれるアプリケーションで再生します。代表的な音楽プレーヤーに、Apple社が提供している「iTunes」やWindows10に搭載されている「Grooveミュージック」があります。

iTunesは、音楽ファイルの管理やCDからの音楽の取り込み、インターネット上のiTunesストアからの音楽の購入、iPhoneとの同期などを行うことができます。

Grooveミュージックは PC に保存されているオーディオファイルに加え、Microsoft 社が提供するクラウドストレージ「OneDrive」(インターネット上のファイル保存領域) にあるファイルも再生可能で、異なる PC やタブレットなどと音楽を共有しながら再生できるのが特徴です。音楽ファイルは、「マイミュージック」、「最近再生した曲」、「再生中」の3つを表示できます。マイミュージックには、対象となるオーディオファイルを「曲」「アーティスト」「アルバム」ごとに管理することができます。オーディオファイルが表示されない場合もここから追加できます。

動画ファイルの利用

動画ファイルは、ビデオプレーヤーと呼ばれるアプリケーションで再生します。Windows10 に搭載されている代表的なアプリケーションに「Windows Media Player」や「映画＆テレビ」などがあります。

Windows Media Player は古くから Windows に搭載されてきた標準的なメディアプレイヤーであり、動画の再生だけでなく、オーディオファイルの再生などにも利用することができます。

一方、「映画＆テレビ」は、保存されている動画ファイルの再生に加え、インターネット上の Microsoft ストアから映画などの動画を購入し視聴する機能が備わっています。

3-2-2 マルチメディア(電子書籍、オーディオ、動画)ファイルの作成

マルチメディアファイルは、専門家が作成したものをインターネット上からダウンロードするだけでなく、ユーザー自身が作成して利用することもできます。

文書のスキャン

「スキャナー」を利用すると、紙面を画像化してコンピューターに保存することができます。雑誌や新聞記事などをコンピューター上で閲覧する場合に利用すると便利です。

スキャナーで読み取った誌面は画像ファイルとして保存されるほか、スキャナーの設定によってはPDF形式に保存することもできます。

著作権上、書籍、雑誌、新聞記事などの無断複製は禁止されています。ただし、個人や家庭内、あるいはこれに準じた範囲での複製にあたる「私的使用」は例外的に認められています。スキャンして作成したファイルを他社（者）に渡すことは違法になるため、取り扱いには十分注意する必要があります。

画像・動画の撮影

デジタルカメラやスマートフォンで撮影した画像や動画をコンピューターに取り込むことで、メディアプレイヤーを利用して閲覧することができます。

デジタルカメラ・デジタルビデオカメラからの取り込み

コンピューターにデジタルカメラやデジタルビデオカメラから画像や動画を取り込むには、通常USBケーブルなどを利用してカメラをコンピューターに接続して転送するか、カメラ側用の記憶メディアであるSDカードなどのリムーバブルメディアをコンピューターに接続して転送します。

転送はWindowsに用意されている自動再生機能から「写真とビデオのインポート」を利用してデータの取り込みを行うことができます。また、デジタルカメラによっては独自の管理アプリケーションを用意している場合もあり、そのアプリを利用することでより効率的なデータの取り込みや管理が可能となります。

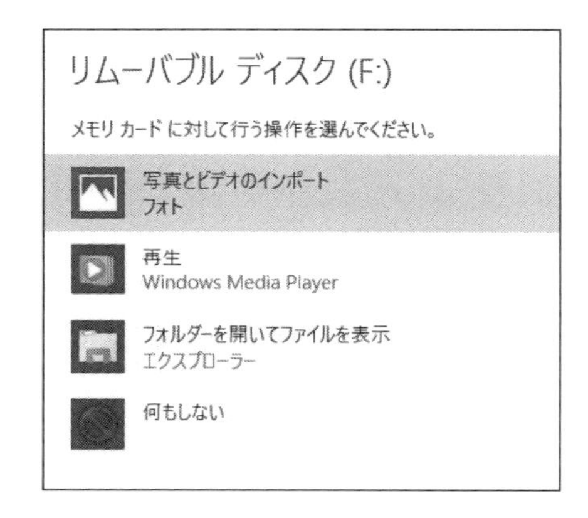

スマートフォンからの取り込み

スマートフォン上に保存されている写真や動画などのファイルをPCに取り込むには3つの方法があります。

ケーブル接続による転送

スマートフォンもデジタルカメラと同様にUSBケーブルやLightningケーブルを利用した接続でデータ転送を行うことができます。一般的にはスマートフォンとPCをケーブルでつなぐと、接続許可および接続方式（充電のみやデータ転送を許可するか）を選択するメッセージがスマートフォン上に表示されます。ここでデータ転送を許可すると、PC側のファイルシステム上でデータをコピーできるようになります。

接続されたスマートフォンは「エクスプローラー」上に、USBメモリなどの外部接続のストレージと同様に一覧に表示されます。コンピューター側が対応していれば、Bluetoothを用いてケーブルを利用しない転送も可能です。

なお、スマートフォン内のすべてのマルチメディアファイルをPCに転送する場合は、接続時に表示されるダイアログボックスから「画像とビデオのインポート」または「写真とビデオの読み込み」を選択することで、一括転送できます。

クラウドサービスを利用した転送

通信機能のあるスマートフォンならではの方法として、クラウドサービスを利用したデータの転送方法もあります。たとえば、「OneDrive」や「iCloud Drive」などのオンラインストレージのファイル保存サービスを利用して、スマートフォンからインターネット上に対象のファイルを保存し、それをコンピューター側からダウンロードして利用することも可能です。

アプリを利用した無線転送

クラウドサービスとは異なり、ネットワークを利用しつつ直接PCにファイルを転送することを可能にするアプリも存在します。アプリをインストールし、スマートフォンと転送先のコンピューターを同じWi-Fi内に接続することで、コンピューターからスマートフォンの内部にアクセスできます。

3-3 ファイルの共有

ファイルやフォルダーを共有すると、同じネットワーク上にある別のコンピューターからアクセスできるようになります。多くのユーザーが関わるような業務では、ファイルやフォルダーを共有することで効率よくデータをやり取りできます。

3-3-1 ファイル／フォルダーの共有

コンピューター内のファイル／フォルダーの共有

共有の設定をするファイルやフォルダーには、別のコンピューターを利用している特定のユーザーを指定することもできます。

【実習】「IC3_CF」フォルダーをユーザー「user02」共有します。

！ユーザーを作成できる環境にない場合は実習の手順を確認してください。本書では「user02」を作成した状態で操作方法を解説します。

①「ドキュメント」フォルダーを表示して、「IC3_CF」フォルダーを選択します。
②リボンの［共有］をクリックします。
③共有グループにある「user02」をクリックします。

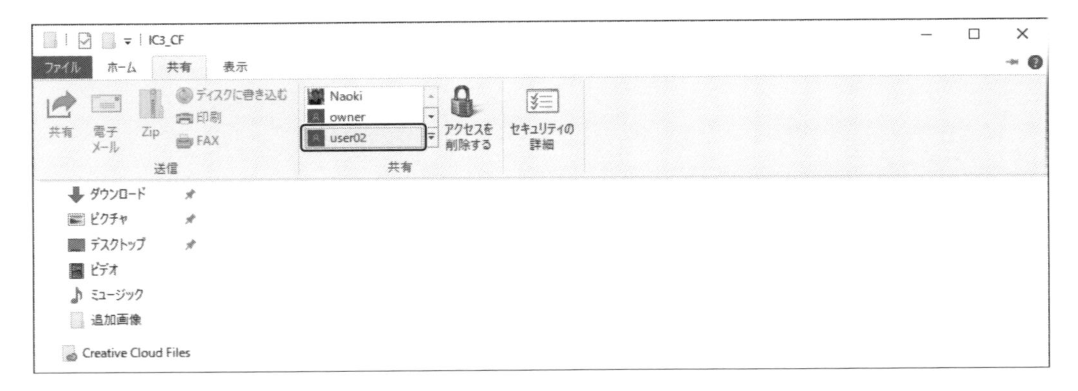

※共有は、接続しているネットワークが「ファイルとプリンターの共有」を許可していなければ利用できません。

ファイルサーバーやネットワークドライブ内のファイル／フォルダーの共有

ファイルをファイルサーバーやネットワークドライブに保存すれば、その記憶領域にアクセス可能なユーザーとファイルを共有できます。パソコン上のハードディスクと同じ感覚でファイルを扱うことができ、ファイルサイズの容量やファイルの数に関係なくやりとりできます。

ネットワークドライブに保存する

アプリケーションで作成したファイルは、ネットワークドライブに保存できます。「ドキュメント」フォルダーに保存する方法と基本的に同じですが、保存先がネットワーク上の別のコンピューター（ネットワークドライブやファイルサーバーなど）に変わります。

［名前を付けて保存］ダイアログボックスで、ナビゲーションウィンドウの［ネットワーク］をクリックし、保存先のネットワークドライブを選択して開きます。ネットワークドライブの共有フォルダーや任意のフォルダーを指定して保存します。

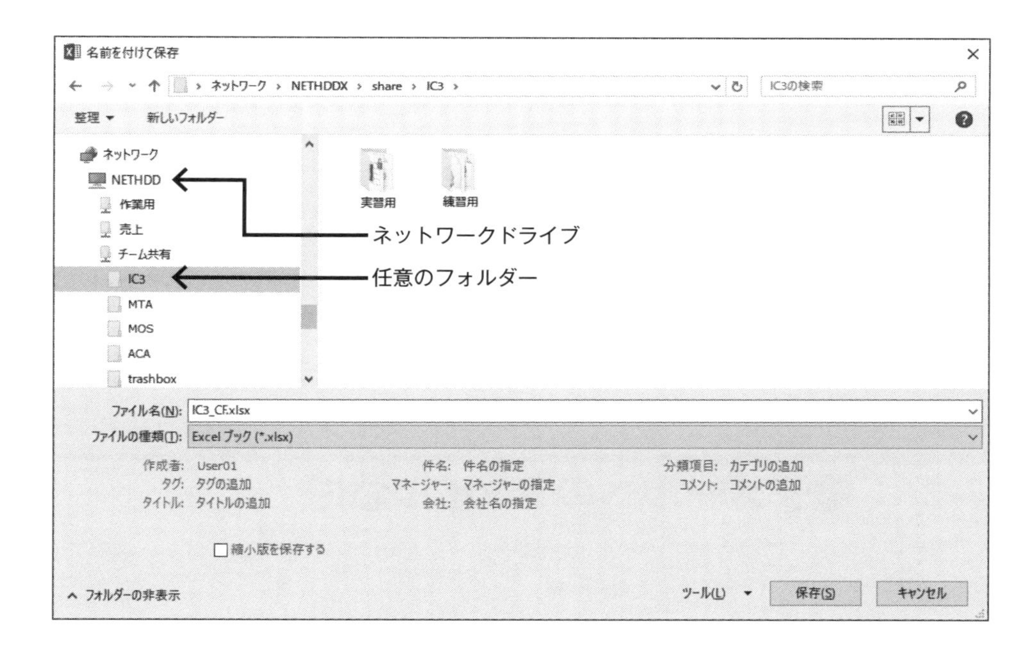

クラウドストレージを利用する

同一ネットワーク上のファイルサーバーを利用できない遠隔地のユーザーとファイルやフォルダーを共有する手段には、「OneDrive」や「Box」などのクラウドストレージサービスを利用して、クラウド上にファイルを保存する方法もあります。

クラウドサービスは、インターネット上のファイルサーバーにファイルをアップロードすることでファイルやフォルダーを共有するだけでなく、アクセスできるユーザーを制限、ファイルの暗号化、データ損失防止など、セキュリティ面を強化しているサービスが増えています。

通常はファイルのダウンロードには、そのクラウドサービスへのログインが必要ですが、クラウドサービスのIDやパスワードを共有せず、共有設定にしたファイルのURL（インターネット上のファイルの所在地）を記した「共有リンク（パブリックリンク）」をメール等で知らせることで、ファイルを共有することもできます。

外部メディアを利用する

そのほかにはアナログな方法ではありますが、USBドライブやCD/DVDなどの外部メディアにファイルを保存して他者と情報を共有する手段があります。セキュリティ面に不安要素はありますが、何百メガバイトのデータやギガバイトを超える動画などのデータをやり取りする場合、DVDや携帯用ハードディスクを使用するケースもあります。このように外部メディアを使用する場合は、保存するファイルにパスワードを設定しておくことが重要です。

ファイルとフォルダーの共有は、同一ネットワーク内のコンピューター同士であれば可能なので、レストランなどで提供されている公衆無線LANを用いることができます。ただし、大きなファイルの転送を行うと、ネットワークを占有してしまいネットワーク速度の低下などほかの利用者に迷惑をかけてしまいます。また、ファイルには個人情報または機密情報が含まれてる場合もあり、不特定多数の人が接続している公衆無線LANは実際に共有を行う環境として不適切です。

「ネットワーク探索」を有効にすればネットワーク内のコンピューターはほかの利用者に表示されてしまうので、公衆無線LANに接続する際はネットワーク探索をオフにしましょう。なお、初回接続時に表示される「ネットワークの場所の設定」で「パブリックネットワーク」を選択することで、ネットワーク探索はオフになります。

3-3-2　電子メールへのファイル添付

アプリケーションで作成したファイルは、電子メールを利用して別のユーザーと共有できます。

アプリケーションからメールで共有する

Word やExcel、PowerPoint といったアプリケーションでは、現在開いているファイルを添付ファイルとした電子メールを作成できます。電子メールは既定のメールソフトで作成されます。

わざわざメールソフトを起動しなくても、アプリケーションから直接作成できるのがメリットです。ただし、メールに添付して共有する方法は手軽な反面、添付するファイルの数が多かったり、ファイルサイズが大きかったりすると、メールソフトに負荷がかかります。ファイルサイズが大きい場合は、ファイルを圧縮してファイルサイズを小さくする必要があります。ただし、圧縮してファイルサイズを小さくしても、メールサーバーや受信側のメールソフトによっては、容量制限を超えた場合は添付ファイルが削除される可能性もあるため注意が必要です。メールの添付ファイルのサイズは、2～3MB以内に抑えるようにします。

PDF/XPSで送信

アプリケーションでは、ファイルをそのままメールに添付する以外にも、PDFやXPSに変換して添付することもできます。[ファイル] タブの [共有] で、[電子メール] をクリックすると、[PDFとして送信] や [XPSとして送信] が表示されます。これらのボタンをクリックすると、現在開いているファイルがPDFやXPSに変換されて、電子メールに添付されます。作成中のファイルを簡単にPDFやXPSに変換することができ、さらに添付ファイルとして送信できるようになりますが、変換されたファイルのサイズはよく確認するようにしましょう。アプリケーションで作成したファイルと同様に、サイズが大きいとメールサーバーや受信者側のメールソフトにはじかれることがあります。サイズを確認して、ファイルを圧縮したり、別の送信手段を考えたりする必要があります。

XPS（XML Paper Specification）は、Microsoft社が開発したXMLベースの電子文書で、PDFのように環境に依存しない文書フォーマットです。XPS形式で保存されたドキュメントは編集できません。「XPSビューアー」などのアプリケーションで閲覧できます。

3-3-3 データ圧縮とファイル圧縮

データ圧縮

ファイルサイズが大きい場合、ファイル形式を変換すると「データ圧縮」をすることができます。データ圧縮は、データを一定の規則でまとめることでファイルのサイズを小さくします。ファイルのサイズを小さくすることで、インターネットでファイルをやり取りする際の転送時間を短縮する、USBメモリにより多くのファイルを保存するなど、多くのメリットがあります。

たとえば、編集作業用の画像ファイルであるビットマップは、GIFに比べて色数など情報量が多いため、画像編集後にGIFに変換することでデータ量を圧縮できます。

可逆圧縮形式と非可逆圧縮形式

一度データ圧縮したファイル形式には、元の状態に戻して再編集ができる「可逆圧縮形式」と元に戻せない「非可逆圧縮形式」があります。たとえば、画像ファイルのGIFやPNGは可逆圧縮形式ですが、JPEGは非可逆圧縮形式です。一般的には元に戻すためのデータを保持しなくて済むため、非可逆圧縮形式のほうがファイルサイズは小さくなります。

ファイル圧縮／ファイル展開（解凍）

ファイル形式の変換によるデータ圧縮とは別に、複数のファイルをまとめて1つの圧縮ファイルとして保存することを「ファイル圧縮」と呼びます。ファイル圧縮は、非常に高い圧縮率のファイルにするほか、複数のファイルを一つにまとめることで、データの共有やメールへの添付が容易になり、アップロードおよびダウンロードの時間も短縮できるようになります。また、ファイル間の関係性（フォルダの階層構造）を維持した状態で共有できるので、複数のファイルから構成されるソフトウェアの配布などでも利用されます。代表的なファイル圧縮には「ZIP（ジップ）」があります。

なお、圧縮されたファイルを元に戻すには、「ファイル展開（解凍）ソフト」が必要です。多くの場合、圧縮したときと同じソフトウェアを使って展開できます。また、「自己解凍形式」で圧縮されたファイルは、自身に展開するためのプログラムを持つため、ダブルクリックするだけで展開できます。PCにファイル展開ソフトがなくても、解凍できるため便利です。

次の例のように、圧縮方法やファイルの種類によって圧縮率が異なります。

	名前	種類	サイズ
①	イラスト1.bmp	BMP ファイル	1,524 KB
	イラスト1.zip	圧縮 (zip 形式) フォ	62 KB
②	イラスト2.bmp	BMP ファイル	1,482 KB
	イラスト2.zip	圧縮 (zip 形式) フォ	432 KB
③	写真.jpg	JPG ファイル	478 KB
	写真.zip	圧縮 (zip 形式) フォ	444 KB

①「イラスト1」はBMP形式のファイルです。圧縮するとサイズが約25分の1になりました。
②「イラスト2」もBMP形式のファイルですが、圧縮するとサイズが約3分の1になりました。
同じBMP形式のファイルでも、色数が少ない場合は圧縮率が高くなります。
③「写真」はJPEG形式のファイルです。圧縮してもサイズはほとんど変わりません。
これは、もともとJPEG形式が画像を圧縮して保存する形式だからです。

Windows10のファイル圧縮と展開

Windows10は「ZIP（ジップ）」という圧縮形式に標準対応しています。したがって、ファイル圧縮ソフトをインストールしなくても、ファイルの圧縮と展開ができます。

圧縮するには、対象のファイルまたはフォルダーを右クリックして、[送る] をポイントして、[圧縮（zip形式）フォルダー] をクリックします。

展開は、圧縮フォルダーをダブルクリックして中身を表示させ、[展開] タブの [すべて展開] をクリックすると、同じフォルダー内に展開後のフォルダーが作成されます。または、圧縮フォルダーを右クリックして、[すべて展開] をクリックしても展開できます。

ネットワークとクラウド

現在ではコンピューターとネットワークは切っても切り離せない関係となっています。インターネットはもちろん、自宅やオフィス内のネットワークであるLANや外出先のモバイル通信に関する知識は必要不可欠と言ってよいでしょう。

ここでは、ネットワークの基本的なしくみや、クラウドをはじめとするインターネットで提供されるサービスについて学習します。

4-1 LANとインターネットの基本

ネットワークとは、情報伝達の連携を示す言葉であり、異なるコンピューターやシステム間での情報のやり取りを実現する技術になります。

ここでは、その基本的なしくみやネットワークを構成する機器について学習します。

4-1-1 ネットワークの概念

ネットワークには、LANやWAN、インターネット、公衆交換電話網などさまざまな構成が存在します。

LAN (Local Area Network) とWAN (Wide Area Network)

「LAN（ラン）」はLocal Area Network（ローカルエリアネットワーク）の略で、企業や学校や家庭など、限られた領域内でのネットワークです。それに対して「WAN（ワン）」はWice Area Network（ワイドエリアネットワーク）の略で、離れた場所にあるLAN同士を接続するための広域ネットワークになります。LANやWANは、主に通信事業者からサービスとして提供されます。ユーザーは専用線やブロードバンド回線などで接続します。

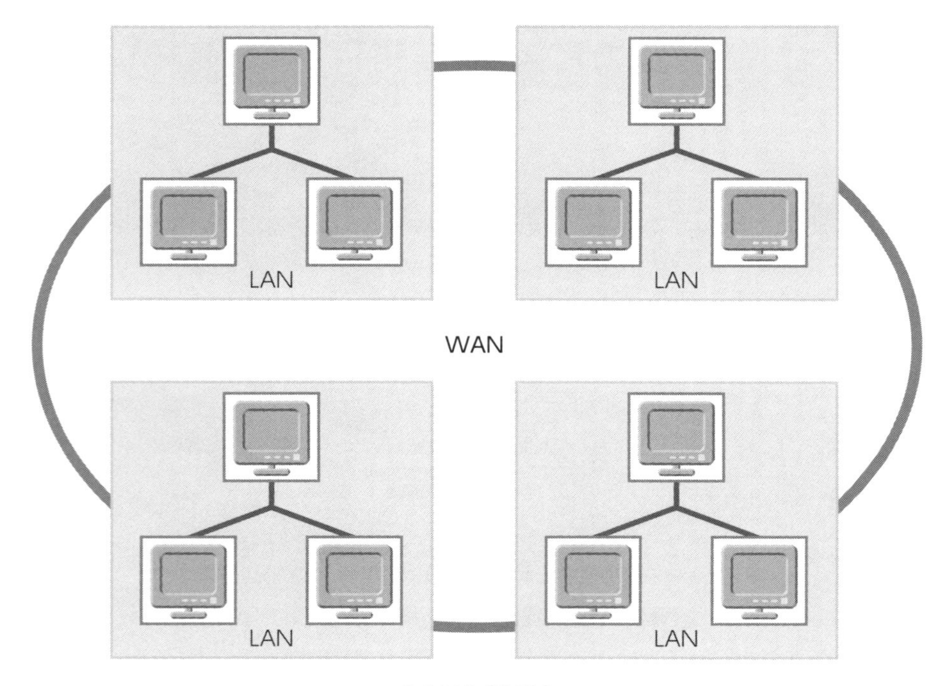

LANとWAN

VPN

「バーチャルプライベートネットワーク（Virtual Private Network）」とは、インターネット回線を専用線のように利用できるネットワークサービスです。頭文字をとって「VPN」と呼ばれます。公衆回線を使用して、専用線の高度なセキュリティと、遠隔地のLAN同士をつなぐ「WAN」やインターネットのコストパフォーマンスを両立しているのが特徴です。利用には専用の機器またはソフトウェアが必要になります。

インターネット

LANやWANと異なり、開かれた世界中のネットワークにアクセス可能な巨大ネットワークがインターネットです。インターネット上では、公開されているWebサイトの閲覧や電子メールの送受信など、さまざまなサービスが利用できます。なお、インターネット技術を利用して、企業や組織など限られた範囲だけで利用するLANを「イントラネット」と呼びます。

公衆交換電話網（PSTN）

「公衆交換電話網」（PSTN：Public Switched Telephone Network）は、固定電話に使われている回線です。通信の開始から終了まで回線を占有する「回線交換方式」によって通信を行います。コンピューターと電話回線の間に接続したモデムによって信号を相互変換することで、データ通信を行うことも可能です。

最近では、携帯電話、スマートフォンの普及が急速に進んだこともあり、総務省は2025年にPSTNを廃止し、固定電話をIP網に移行する計画を発表しています。PSTNの廃止により、従来のアナログ電話やISDN回線は利用できなくなりますが、家庭や職場で利用されている固定電話やFAXは、IP網になってもそのまま継続利用ができるよう対策が進められています。

4-1-2 IPアドレス

IPアドレス

インターネット上のコンピューター同士が通信する際、個々のコンピューターに番号を振って通信相手を特定します。そのような番号を「アドレス」と呼びます。

現在インターネットやLANなどのネットワークでは、「IP（Internet Protocol：インターネットプロトコル）」というプロトコルで通信が行われています。その IP で用いられるアドレスが「IPアドレス」です。

IPv4（バージョン4）

IPアドレスには複数のバージョンがあります。現在、主に使われているのが「IPv4（バージョン4）」です。理論上、2の32 乗の数までコンピューターを識別できます。IPv4 では、IPアドレスは0～255の4つの数値を「.」（ピリオド）で区切った形式で表記されます。

IPv4の表記例
111.122.133.144

IPv6（バージョン6）

近年はコンピューターの急激な増加によって、IPv4では割り当てできるアドレスが将来なくなることが懸念されています。そこで、IPアドレスの長さをIPv4の4倍にしたIPv6（バージョン6）への移行が進められています。理論上、IPv6は2の128乗の数のコンピューターを識別可能で、IPアドレスがなくなる問題はほぼ解消されます。IPv6 では基本的に、IPアドレスは0〜32767の8つの数値を16進数として表し、「:」（コロン）で区切った形式で表記されます。

IPv6の表記例
12ab:34cd:56ef:78ab:90cd:12ef:34ab:56cd

実際の通信の際、番号のみのIP アドレスでは人間には識別が困難なので、通常はドメイン名に対応付けて利用します。その対応付けは「DNSサーバー」が行います。

Windowsで使用中のコンピューターに割り当てられたIPアドレスとDNSサーバーのIP アドレスを確認するには、[Windowsの設定] から [ネットワークとインターネット] を選択し、[接続プロパティの変更] をクリックします。

プロパティ

IPv6 アドレス:	2001:c90:8000:c6d4:da9:20fa:46b2:3632
IPv4 アドレス:	172.16.0.51
IPv4 DNS サーバー:	172.16.0.1
製造元:	Realtek
説明:	Realtek PCIe GBE Family Controller
ドライバーのバージョン:	9.1.406.2015
物理アドレス (MAC):	8C-89-A5-37-7F-E5

「16進数」は16で桁が繰り上がる方式で表された数値です。1〜9までは10 進数と同じ形式ですが、10は「a」、11 は「b」などと、10〜15にはアルファベットが用いられます。

プライベートIPアドレスとグローバルIPアドレス

IP アドレスには、企業、学校、家庭などのLAN内で使用される「プライベートアドレス」とインターネットで使用される「グローバルアドレス」の2種類が存在します。

グローバルIPアドレスはすべての機器に固有で用意できるほど数がないため、通常は、プライベートアドレスを持つコンピューターはLANからインターネットに接続する際に、ルーターを介してグローバルアドレスに変換し、インターネットと通信します。変換するグローバルIPアドレスは「ISP（インターネットサービスプロバイダ）」が大量に保有し、契約会員に貸し出すことで運用しています。そのための処理を行うのがルーターをはじめとするゲートウェイの主な役割となります。

ISP（インターネットサービスプロバイダ）は、インターネットの接続サービスを提供する企業・組織を指します。メールアドレスやホームページ開設、セキュリティ、コンテンツなどのサービスを提供します。一般的には「プロバイダ」と呼ばれます。

4-1-3 外部接続回線の種類

インターネットに接続する外部回線にはさまざまな種類があります。回線の種類によって、通信速度や接続形態やコストが異なり、大きく「有線」と「無線」に分類されます。

有線回線には、主に「アナログ電話回線」や「ADSL」、「CATV」、「光回線」があります。アナログ電話回線は通信速度が遅く、インターネットを使用するたびに接続する必要があります。通信速度が遅いインターネット接続のことを「ナローバンド」、通信速度が速いインターネット接続のことを「ブロードバンド」と呼びます。ISPが提供するブロードバンドのサービスは常時接続であることが特徴であり、個人ユーザーの主流となっています。

企業ユーザーの場合は主に「専用線」が用いられます。また、拠点によっては、光回線やADSLが用いられるケースもあります。

アナログ電話回線

「アナログ電話回線」（一般電話回線）を使い、ISPが提供するアクセスポイントに電話をかけることで、インターネットに接続します。このような接続方法を「ダイヤルアップ接続」といいます。通信速度は56Kbps 程度で、インターネット接続中は電話を利用できません。

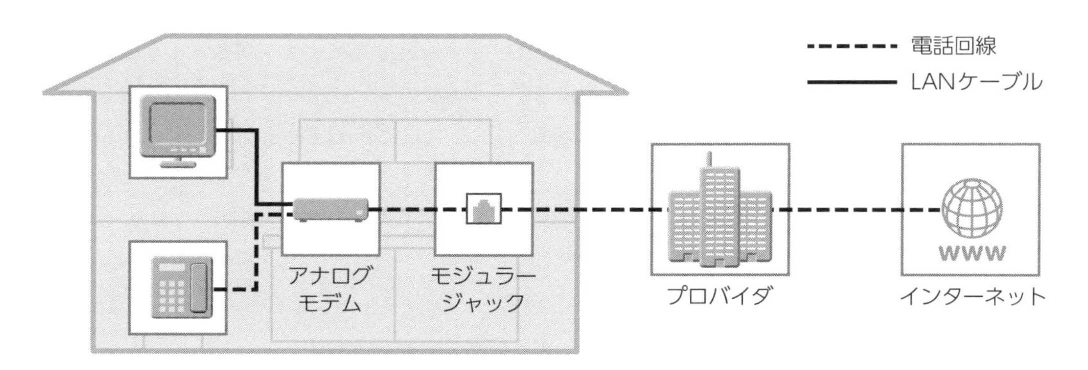

ユーザーのコンピューターには「モデム」を装備する必要があります。モデムは電話回線を接続し電話回線のアナログ信号をPCなどで利用可能なデジタル信号に変換します。インターネットに接続するたびに、ダイヤルアップ接続し直す必要があります。

ADSL

「ADSL（Asymmetric Digital Subscriber Line）」は、アナログ電話回線を利用して通信を実現するデジタル加入者回線（DSL）の技術を使った伝送方法のひとつです。

ADSL は、「ADSL モデム」を通じてインターネットに接続し、通話に使われていない周波数帯を使って通信を行います。この回線はインターネットと電話を同時に利用できます。

「非対称デジタル加入者線」とも呼ばれ、通信速度は「上り」よりも「下り」の方が速くなります。通信速度は1Mbps ～最大50Mbps 前後であり、サービスによって異なります。CATV回線や光回線に比べるとアナログ電話回線を使って通信しているため、最大帯域幅が狭くなります。NTT収容局からの距離による減衰があり、電磁波ノイズの影響も受けやすいため、エリアや環境によって実際の通信速度が低下することがあります。

コンピューターはLANケーブルで「ADSLモデム」と接続します。ADSLモデムは、コンピューターから送られてくるデータ信号をADSLの規格にあった信号に変換する装置です。このADSLモデムからは電話回線用ケーブルで「スプリッタ」に接続します。電話回線はモジュラージャックからスプリッタで2つに分かれ、一方はADSL モデム、もう一方は電話機に接続します。

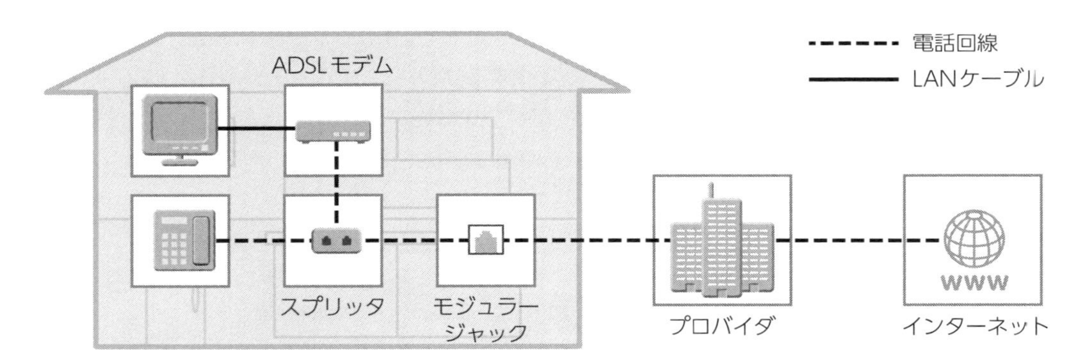

CATV回線

「CATV回線」を使用してインターネットに接続し、テレビ放送に使われていない周波数帯を使って通信を行います。CATV サービスが提供されている地域のみで利用できます。通信速度は数Mbpsから最大160Mbps程度までと事業者によってさまざまです。最近は「上り」よりも「下り」の方が高速なサービスがほとんどです。また、回線収容局からの距離による速度の低下が起こりにくく、電磁波ノイズの影響も受けにくいため、安定した通信が特徴です。

コンピューターをCATV 回線に接続するには「ケーブルモデム」が必要になります。コンピューターはLANケーブルでケーブルモデムと接続し、ケーブルモデムからCATV 回線までは同軸ケーブルで接続します。CATV回線を利用するには引き込み工事が必要です。

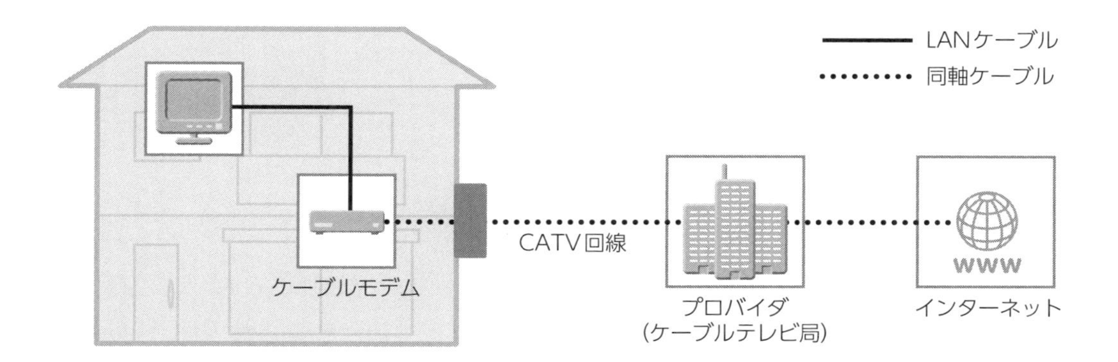

光回線

「光回線（光ファイバー回線・FTTH)」を使用してインターネットに接続します。通信速度はサービスによって異なりますが、おおむね「下り」は最大200Mbpsから1Gbps程度です。また、回線収容局からの距離による速度の低下が起こりにくく、電磁波ノイズの影響も受けにくいため、安定した通信が特徴です。

コンピューターを光回線に接続するためには、「ONU」（Optical Network Unit）という装置が必要です。「光回線終端装置」とも呼ばれ、光信号とLAN信号を変換する装置です。ユーザーのコンピューターとONUはLANケーブルで接続し、ONUからは光ファイバーケーブルを使って光回線に接続します。光回線を利用するには引き込み工事が必要です。マンションなどの集合住宅の場合、建物の中の配線は光回線、LAN、またはVDSLのいずれかが用いられます。

「VDSL」とは、「Very high-bit-rate Digital Subscriber Line」の略です。電話線を用いた通信方式で、ADSLと同様に、上りと下りで通信速度が非対称となります。

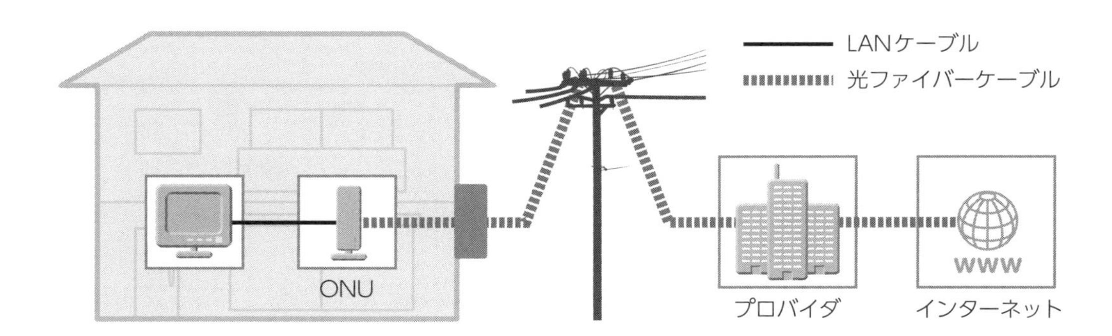

専用線

特定の拠点間を結ぶ専用の回線で、通信速度やセキュリティが保障されているため、主に企業や機密性の高い通信を必要とする団体で利用されています。

4-1-4　ネットワークの構成機器

ネットワークを利用するには、ネットワークの種類や規模、ネットワークの構成によってさまざまな機器が必要になります。

LANケーブル

光通信を実現する光ケーブルやADSLを実現する電話回線などの外部回線とは別に、内部ネットワークにあたるLANに有線接続するには「LANケーブル」を用います。LANケーブルには通常「イーサネット（Ethernet）ケーブル」が利用されます。イーサネットケーブルには、コンピューターと「ルーター」や「ハブ」といった通信機器を接続する「ストレートケーブル」とコンピューター同士を直接つなぐことができる「クロスケーブル」があり、一般的にはストレートケーブルが利用されています。

ネットワークインタフェースカード(NIC)

LANケーブルを接続するポート（穴）を設置する拡張カードです。多くのコンピューターに内蔵されていますが、一部のコンピューターには別途、ネットワークインタフェースカードを追加しなければならないものもあります。

有線接続の場合は「イーサネット（Ethernet）ポート」にLANケーブルを接続して使用します。EthernetポートはRJ-45という8ピンの規格を採用しています。

モデム

電話回線のアナログデータとコンピューターのデジタルデータを変換する機器です。

モデムは、LANからインターネットやWANに接続するために利用する装置で、電話回線などのアナログ信号をデジタル信号に変換します。

ハブ

複数のLANケーブルの集約装置で、複数台のコンピューターをLANに接続するときに利用します。

接続する機器から受け取ったデータを単純に同じハブに接続された全機器に再送信する「リピータハブ」、受け取ったデータの宛先（送信先の機器）を制御し再送信先を指定できる「スイッチングハブ」などがあります。本来は宛先を判断して通信を行う機器を「スイッチ」といい、そのスイッチ機能を有したハブをスイッチングハブと呼んでいます。

ルーター

異なるネットワーク間でのデータ通信を中継する装置を「ルーター」といいます。LAN上のコンピューターが、インターネットなどの外部ネットワークを利用する際に利用します。ルーターは、外部のコンピューターにネットワーク接続するための機器である「ゲートウェイ」の代表的な装置です。

最近では、無線LANを利用するための集積装置にあたるアクセスポイントの機能を有した製品が増えてきています。

また、ルーターには「ファイアウォール」と呼ばれる通信を監視して不正アクセスなどを遮断する機能が搭載されているものや、モデムの役割も果たすものも存在します。

無線LANアダプター・アクセスポイント

無線LAN用の通信機器を「無線LANアダプター」といい、「ワイヤレスネットワークカード」とも呼ばれます。無線LANでは、この機器を子器として利用してネットワークに接続します。親機に当たる無線LANの集積装置は「アクセスポイント」と呼ばれ、独立した機器のものやルーターに内蔵されているものがあります。

無線LANアダプターはノートパソコンで利用されることが多く、最近ではほとんどのノートパソコンに内蔵されていますが、内蔵されていない場合はUSBなどで外付けするタイプのものがあります。

なお、外出先でPCなどを無線LANに接続しインターネットを利用するために、アクセスポイントの機能を有した携帯式の「無線LANルーター」も普及しています。無線LANルーターの利用には、別途携帯通信事業者との契約が必要であり、無線LANルーターに接続した機器は、契約している携帯通信事業者の回線を通じてインターネットへの接続を実現します。

「ゲートウェイ」とは、通信媒体や通信方式が異なるネットワーク同士が通信できるようにするための機器のことです。

4-1-5　帯域幅、速度

ネットワークの通信速度は、「bps（ビーピーエス）」（bit per second）という単位で表します。日本語では「ビット毎秒」であり、1秒間に転送できるデータ量を表します。ビットとはデータ量の単位であり、8ビットが1バイトに相当します。バイトもデータ量の単位であり、ファイルのサイズなどを表すのに用いられます。

インターネット回線やLANなどの速度は通常、「Kbps（キロビーピーエス）」や「Mbps（メガビーピーエス）」の単位で表されます。1bpsの1024倍の速度が1Kbpsであり、1Kbpsの1024倍の速度が1Mbpsになります。最近では、光回線の普及により「Gbps（ギガビーピーエス）」の速度（1Mbpsの1024倍）のサービスも主流になってきています。

このbpsの数値が大きいほど、1秒間に転送できるデータ量が多くなるため、ネットワークの通信速度が速いことになります。たとえば、一般的なLANの通信速度は100Mbps～1Gbpsです。インターネット接続回線のひとつである「光回線」も一般的には100Mbps～1Gbpsです。一方で「ADSL」は速くとも50Mbps程度で光回線の方が高速です。

【実習】有線ネットワークの速度を表示します。

! 以下の実習は、コンピューターが有線でネットワークに接続している環境で実施します。

①[スタート] ボタンから [設定] をクリックして、[Windowsの設定] 画面を開き [ネットワークとインターネット] をクリックします。

②[ネットワークと共有センター] をクリックします。

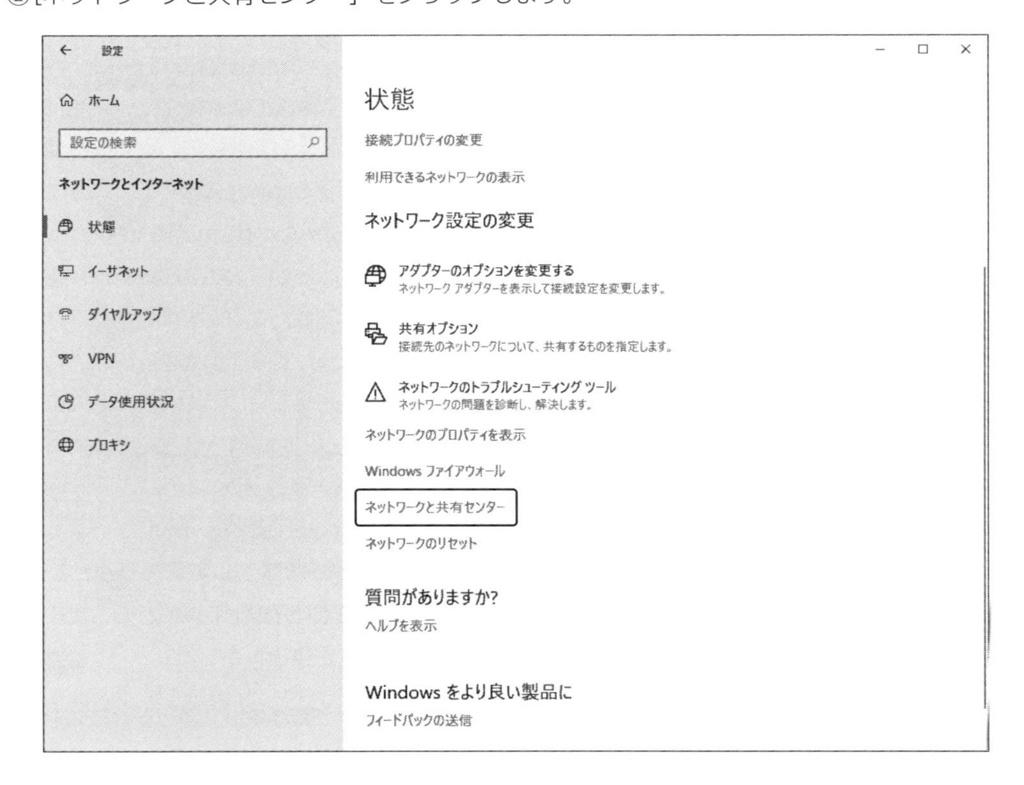

③[アクティブなネットワークの表示] で [イーサネット] をクリックします。

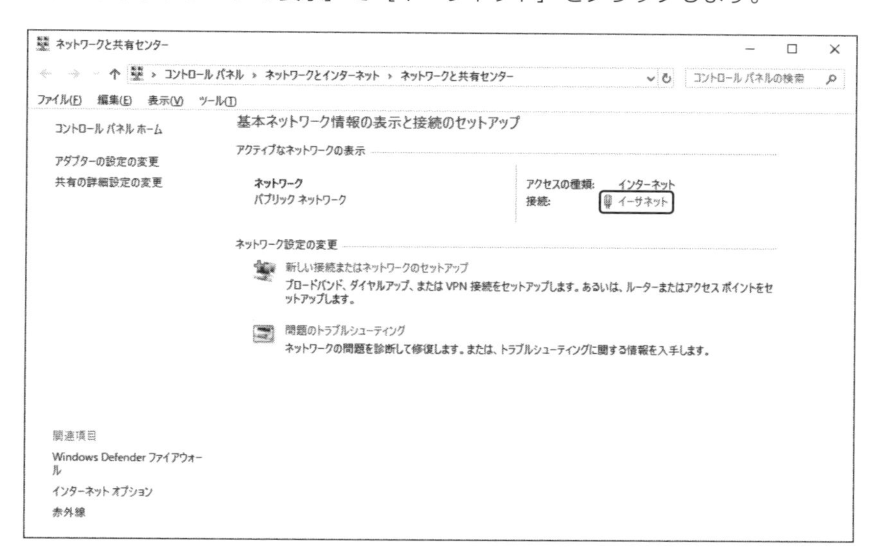

④[イーサネットの状態] ダイアログボックスで速度を確認します。

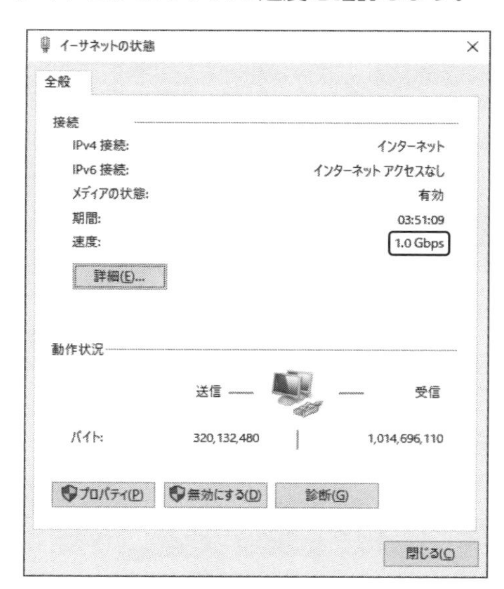

4-1-6 有線LANの利用(イーサネット)

有線ネットワークは、LANケーブルを使って物理的にコンピューターをネットワークに接続するため、通信状況が安定しており、無線LANに比べて通信速度も速く、セキュリティ面も比較的安全といえます。反面、LANケーブルの長さによって移動場所が制限されたり、接続台数を増やすと配線が複雑になったりするデメリットもあります。

有線LANは別名「イーサネット」と呼ばれますが、厳密にはイーサネットは有線LANの規格のひとつです。ただし、イーサネットは世界標準となっており、ほとんどのコンピューターやネットワーク機器が採用しているため、現在ではほぼ同義語として扱われています。

イーサネットではコンピューターの所在をIPアドレスとMACアドレスで管理します。

MACアドレスはネットワーク機器についている世界に一つしかない固有のアドレスで、LAN内の機器の特定などに利用されます。

4-1-7　無線LANの利用（Wi-Fi）

家庭やオフィス、外出先では、無線LAN（ワイヤレスネットワーク）を使ってインターネットに接続するケースが増えてきています。コンピューターにLANケーブルを接続することなく、無線で通信できるため、コンピューターを移動しやすく、配線がすっきりするなどのメリットがあります。

無線LANを使うには、コンピューターに無線LANアダプターを装備し、「アクセスポイント」を介してインターネットに接続します。アクセスポイントは、無線LANによるインターネットへの接続を中継する機器で、インターネット回線にはLANケーブルなど有線で接続されています。

家庭内やオフィス内では、無線LANのアクセスポイントを設置します。外出先では、ISPまたは飲食店やホテルなどの公共施設が設置したアクセスポイントを利用します。商用サービスの場合は、事前に知らされたパスワードなどの情報を設定しますが、無料で利用できるサービスもあります。

なお、無線LANは「Wi-Fi（ワイファイ）」と呼ばれることも多いですが、厳密にはWi-Fiは無線LANの規格のひとつです。ただし、イーサネットと同様に、Wi-Fiは世界標準となっており、ほとんどのコンピューターやネットワーク機器が採用しているため、現在では同義語として扱われています。

Wi-Fiの接続

Windows10には、自動的に無線LANのアクセスポイントを検索する機能があります。そのため、使用していないアクセスポイントがワイヤレスネットワークの一覧に表示される場合があります。公共施設のアクセスポイントの1つを優先する、オフィスで複数のアクセスポイントを使っている場合など、優先的に接続するアクセスポイントを設定しておくと便利です。一度設定した無線LANは、PCやスマートフォンなどに記憶され、自動接続設定をオンにしておくことで自動的に再接続されるようになります。

なお、接続先は「SSID（Service Set Identifier）」を元に選択します。SSIDは、IEEE802.11シリーズの無線LANの混信を避けるために付けられるネットワーク名にあたるもので、ネットワークの識別子で、英数字で最大32文字までを任意で設定できます。

無線LAN（Wi-Fi）にデバイスが接続できない場合などは、使用しているデバイス（PCやスマートフォン）のWi-Fi接続の設定が無効になっていないか確認したり、接続するWi-Fiのパスワードを間違って入力したりしていないか確認するようにしましょう。

【実習】無線LANのアクセスポイントを「WIRETEST02」に切り替えます。

！実習では、サンプルアクセスポイント「WIRETEST02」を使って解説します。無線LANの設定をしていない場合は、[ネットワークとインターネット] の画面にWi-Fiの項目が表示されません。実習の手順を確認してください。

①[Windowsの設定] 画面の [ネットワークとインターネット] から、ネットワークの [状態] を開きます。

②左メニューから、[Wi-Fi] をクリックします。

③「利用できるネットワークの表示」をクリックします。

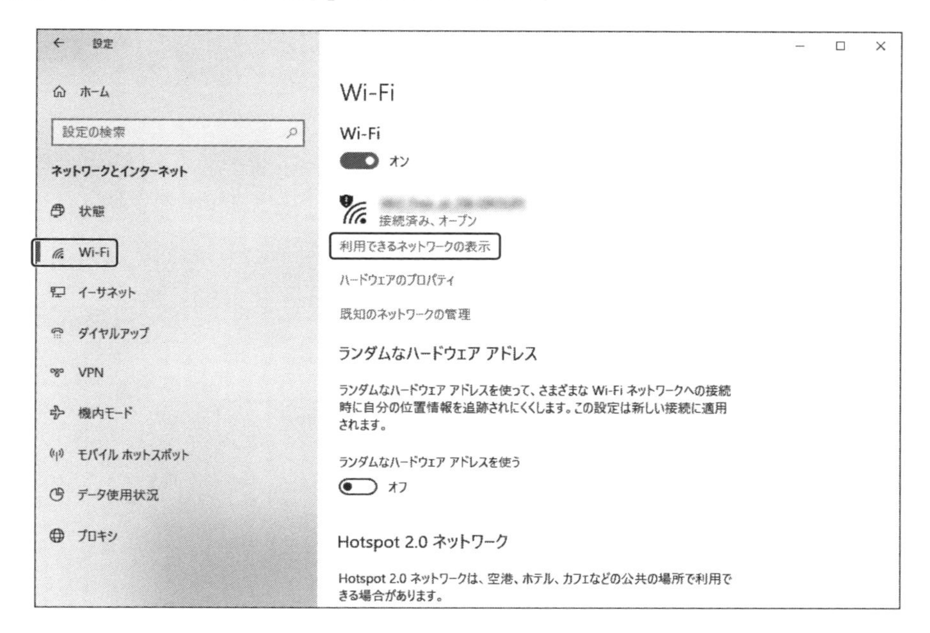

④表示されたアクセスポイントの一覧から「WIRETEST02」をクリックします。

※ネットワークの設定を元に戻して、ウィンドウを閉じます。

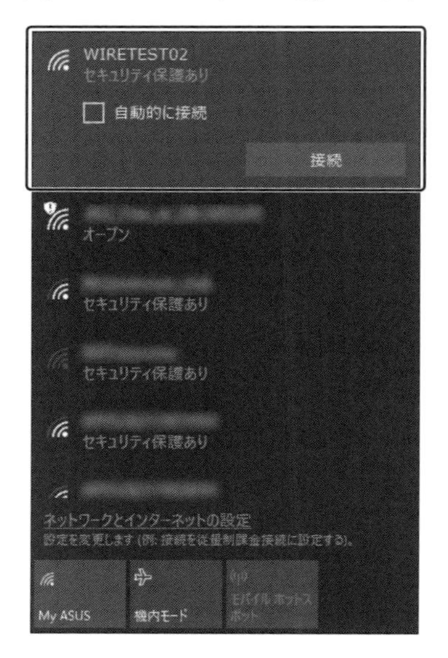

無線LANプリンターの接続

ワイヤレスプリンターの接続には、プリンターをPCと同じ無線LANに接続する必要があります。無線LANへの接続はプリンターメーカーが配布またはプリンターに同梱されている設定ツールを利用します。また、一部のワイヤレスプリンターには、「WPS」（Wi-Fi Protected Setup）または「AOSS」（AirStation One-Touch Secure System：無線LAN簡単設定システム）対応のものがあります。無線LANのアクセスポイントも同じWPSやAOSSに対応している場合は、アクセスポイントの接続ボタンを長押ししたのち、すぐにプリンター側でも接続用のボタンを押すことで自動的に設定が行えます。

プリンターを無線LANに接続したあとは、PCからプリンターの追加設定を行います。

[Windowsの設定] から [デバイス] をクリックして、左メニューから [プリンターとスキャナー] を選択すると、プリンターの設定画面が表示されます。

[プリンターまたはスキャナーを追加します] をクリックすると、追加するプリンターが検索され、ネットワーク上のプリンターが表示されます。プリンター名を選択し、指示に従って接続設定を行います。

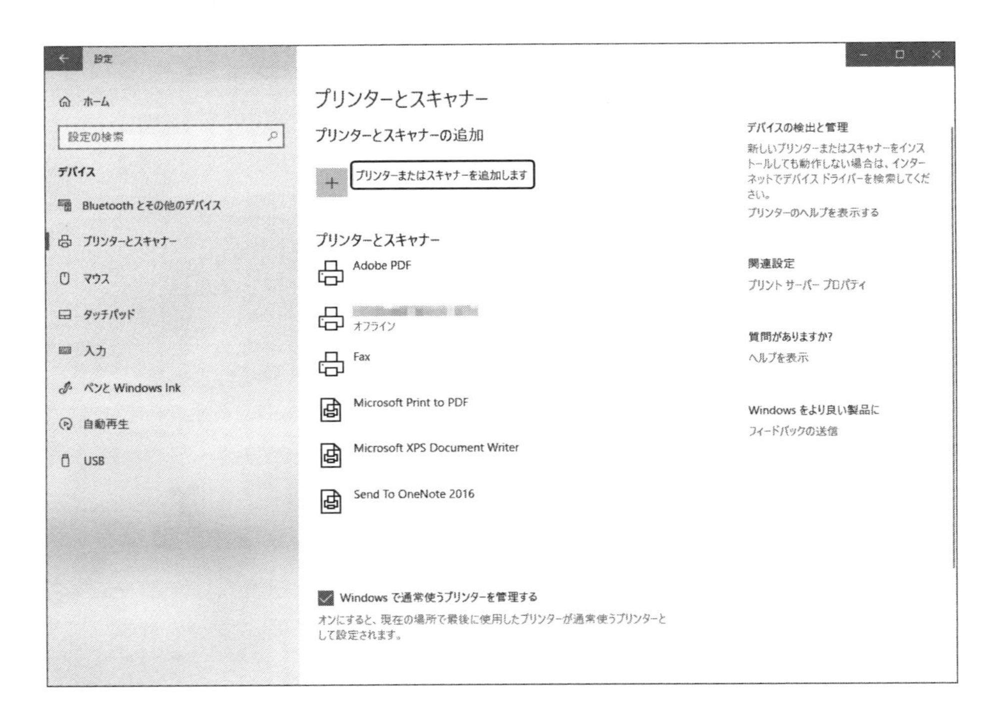

無線LANの通信規格

無線LANには複数の規格があり、それぞれ最大通信速度や電波の周波数帯が異なります。通信を行うには、アクセスポイントと無線LANアダプターが同じ規格に対応している必要があります。現在の主流はIEEE802.11acですが、次世代の規格として、より高速なIEEE802.11axも普及が見込まれています。

規格	最大通信速度	周波数帯
IEEE802.11b	11Mbps	2.4GHz
IEEE802.11a	54Mbps	5GHz
IEEE802.11g	54Mbps	2.4GHz
IEEE802.11n	600Mbps	2.4GHzと5GHz
IEEE802.11ac	6,900Mbps	5GHz

無線LANのアクセスコントロール

無線LANに接続する際には、パスワードを求められる場合とそうでない場合があります。パスワードのない無線LANの場合、誰でも接続できるので情報漏洩や不正アクセスのリスクは高まります。ネットワーク管理者が発行するパスワードを利用して接続する無線LANはセキュリティ対策が施されていると同時に、接続を認められた特定のユーザーしかアクセスできないことになるので、できる限りパスワードを必要とする無線LANを利用しましょう。

無線LANのセキュリティ

無線LANは便利な反面、不正アクセスの対象として狙われやすく、悪意のある第三者に不正に接続されて、重要な情報を盗まれる危険もはらんでいます。そのような被害を受けないよう、アクセスポイントには次のようなセキュリティ対策を施し、不正アクセスを防ぎます。

- 無線LANのネットワークの識別子のひとつである「SSID」が自動で検出されないよう設定する
- データの暗号化を行う
- ネットワーク機器を識別する固有の番号（識別子）「MACアドレス」によるフィルタリングで、接続できる機器を制限する

暗号化規格

暗号化の規格は「WEP」「WPA」「WPA2」の3 種類があります。このうち、WEPは容易に解析されてしまうため、使用は推奨されません。

規格	特徴
WEP (Wired Equivalent Privacy)	無線LAN の第一世代で導入された暗号化方式。 現在、この方式には脆弱性が見つかっていて容易に解析されてしまうため、使用は推奨されない。
WPA (Wi-Fi Protected Access)	ユーザー認証機能や暗号鍵を一定時間ごと変更する機能「TKIP」によって、セキュリティが強化されている。
WPA2 (Wi-Fi Protected Access 2)	WPA の機能に加え、「AES」（次世代標準暗号化方式）の採用で、さらにセキュリティが強化されている。

4-1-8　外出先のネットワーク接続

外出先でPCやスマートフォンをネットワーク接続するには、光回線やCATV回線などの有線のネットワーク接続は原則として利用できません。一部のカフェなどでは有線のネットワークを提供する場合もありますが、ほとんどの場合、外出先でのネットワーク接続には「セルラー」（携帯通信事業者の電話回線）か「Wi-Fi」（無線LAN）を利用します。

外出先のネットワークの違い

セルラーとWi-Fiの一番の違いは、セルラーはセルラープロバイダ（携帯通信事業者が運営するプロバイダ）を通じて直接インターネットに接続するのに対して、Wi-Fiはアクセスポイントの先に別の通信回線が存在し、その通信回線を利用してインターネットに接続することです。これは通信料金や通信速度の違いにつながります。

セルラーの場合、携帯電話のネットワークを利用することから、多くの場所からアクセスできるという利点があります。通信にかかる料金は定額制ではあるものの、通信データの容量に制限が設けられています。1か月や1日単位で上限が設けられており、これを超過すると通信速度に制限がかけられたり、超過料金が発生したりします。また、回線速度も光回線などに比べると遅くなります。

一方で、Wi-Fiの場合、通信料金はWi-Fiサービスによって費用が発生するものもありますが、通信のデータ量に上限はありません。カフェなどの店舗で利用できるWi-Fiには無料で利用できるものもあります。通信速度は、アクセスポイントの先にある通信回線によって決まり、アクセスポイントが光回線につながっている場合は、光回線の通信速度になります。

ただし、モバイルルーターと呼ばれる携帯用のアクセスポイントの場合、Wi-Fi接続の先がセルラーになりますので、セルラーと同様の通信のデータ量の上限や通信速度になります。

スマートフォンをモバイルルーターとして利用し、PCなどをインターネットに接続する機能を「Wi-Fiテザリング」または「テザリング」といいます。スマートフォンはセルラーの通信に接続するため、通信のデータ量や速度はその契約に依存します。

セルラー通信での注意点

前述のとおり、セルラー通信では通信のデータ量に上限が設けられていることがほとんどです。例えば、写真などの大容量ファイルを通信先の相手に送ると、それだけの通信のデータ量を相手に使わせることになるので注意が必要です。特にメールやメッセージングサービスに画像データなどを添付して送ってしまうと、相手は受信の可否を選択できない状態で、半ば強制的にそのファイルをダウンロードすることになります。

対策としては、高画質の画像や動画などを相手に見てもらいたい場合は、直接メールに添付せず、クラウドサービス（4-2参照）を利用してファイルを共有し、そのファイルへのリンクをメールに記載する方法が有効です。多くのクラウドサービスには情報共有の機能とともに、そのファイルにアクセスするためのアドレス（URL）をメール等で送る手段も備わっているので上手に活用しましょう。

　また、自分が大容量のファイルを受信したり、インターネット上の動画を閲覧したりする際は、データ容量に気を付けて、できるだけWi-Fiにつながる環境で利用するように心がけましょう。

4-2 クラウドコンピューティング

PC、タブレット、スマートフォンと、ひとりで多くの端末を扱うようになり、いろいろな場所、どのデバイスからでも、同じファイルを利用したいというニーズが高まっています。また、インターネットを利用した共同作業により業務の効率化が求められており、クラウドコンピューティングへの期待が集まっています。

ここでは、クラウドコンピューティングの基本について学習します。

4-2-1 クラウドの概念

「クラウド」とは、ネットワーク上にあるサーバーやアプリケーションなどのリソースを、インターネット回線を経由して利用できるサービスのことです。ユーザーは必要とするサービスを選んで利用できます。サーバーの運用やアプリケーションの購入にかかるコストを抑えることができます。ユーザー側は、クラウドに接続するためのインターネット環境と、サービスを利用するコンピューター機器を用意すれば、いつでもどこでもクラウドサービスを利用できます。

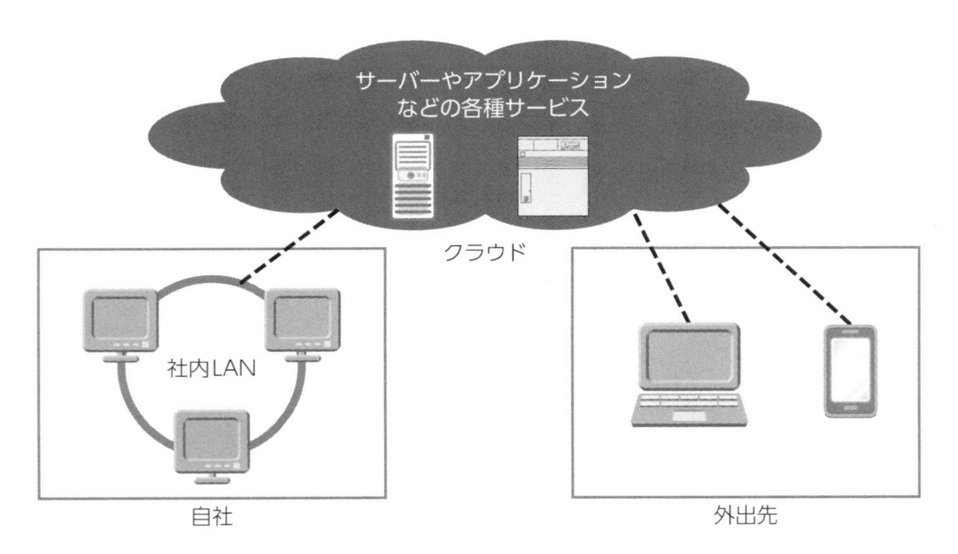

クラウドの利用イメージ

4-2-2 クラウドサービスの特徴、クラウドストレージ

ネットワーク上にあるサーバーやアプリケーションなどのリソースをインターネット経由で利用するサービスを総称して、「クラウドサービス」と呼びます。

主なクラウドサービスには次の分類があります。

分類	呼称	特徴
IaaS (Infrastructure as a Service)	イアース アイアース	システムの稼動に必要な仮想サーバーをはじめとした機材やネットワークなどのインフラ（IT環境）を提供する。
PaaS (Platform as a Service)	パース	アプリケーションソフトが稼動するためのハードウェアやOSなどのプラットフォーム（システムの稼働基盤）を提供する。
SaaS (Software as a Service)	サース サーズ	インターネット経由でサーバーにアクセスし、サーバーに用意されたOfficeソフトやメール機能などを提供する。
DaaS (Desktop as a Service)	ダース	WindowsなどOSのデスクトップ環境や設定をクラウド上に保存しておき、どこでも利用できる「仮想デスクトップ」を提供する。

クラウドストレージ

クラウドサービスの代表的なものが「クラウドストレージ」と呼ばれるインターネット上の記憶領域です。「オンラインストレージ」ともいわれます。作成したファイルをクラウドストレージに保存すれば、インターネット接続環境とノートパソコンを使って外出先から目的のファイルにアクセスできます。ノートパソコン以外にも、編集可能なソフトウェアがインストールされていれば、タブレットやスマートフォンなどの携帯端末からも利用できます。

代表的なクラウドストレージには、Microsoft社の「OneDrive」、Yahoo! Japanの「Yahoo!ボックス」、Google社の「Google ドライブ」、Dropbox社の「Dropbox」などがあります。保存する容量によって無料または有料のサービスが提供されており、第三者がファイルにアクセスできないようにするなどのセキュリティ対策が施されています。なお、一般的にはじめは無料で利用できますが、保存できるデータ容量を増やす場合には有料契約が必要となります。

クラウドストレージには、ほぼすべてのファイル形式に対応したサービスと、写真など一部のファイルに特化したサービスが存在します。例えば、代表的なクラウドストレージであるApple社の「iCloud」は、もともとiPhoneの設定情報や電話帳のバックアップ、写真の共有などを目的としたサービスで、iCloudから Instagram（インスタグラム）やFacebook（フェイスブック）などのSNSに、写真や動画をアップロードすることができます。このiCloudには、「iCloud Drive」という別のクラウドストレージの機能が備わっており、PCで作成したその他のドキュメントファイルを保存できます。

代表的なクラウドストレージには次のようなものがあります。

サービス名	特徴
OneDrive	Microsoft社が提供するサービスで、WindowsやOfficeとのシームレスな連携が可能になっている。
Google Drive	Google社が提供するサービスで、Gmailとの連携や比較的大容量の保存が可能である。
Dropbox	クラウドストレージの草分け的なサービスで、Officeとの連携なども可能なサービスである。
iCloud Drive	Apple社が提供するサービスで、MACだけでなくiPhoneやiPadでのファイル管理に適している。

4-2-3 クラウドストレージの利用

クラウドストレージへのダウンロード・アップロード

クラウドストレージへのファイルの保存や、保存したファイルの利用にはさまざまな方法があります。

ブラウザーから利用

クラウドストレージのWebサイトにアクセスし、ユーザー認証を経て管理ページでファイルを管理します。管理ページではファイルのアップロードやダウンロードのほか、誤って削除したファイルの復元などもできます。

フォルダーの同期（Sync）

クラウドサービスは原則インターネットに接続していないと利用できませんが、一部のクラウドストレージには「同期（Sync）」と呼ばれる機能があります。同期は、指定したフォルダーを利用して、そのフォルダー内にあるファイルをPC上とクラウドストレージ上で最新に保ちます。

オンライン状態で、フォルダー内のファイルを更新した場合は、すぐにクラウドストレージ上にそのファイルをアップロードします。

オフライン状態でファイルを編集・保存した場合は、次回インターネット接続時にクラウドストレージ上へファイルがアップロードされ、逆に最新のファイルがクラウドストレージにある場合には、コンピューターにそのファイルを保存します。

アプリケーションとの連携

「OneDrive」や「Dropbox」は、Microsoft社のOfficeアプリケーションと連携することができ、WordやExcelなどから直接クラウドサービス上のファイルを開いたり、保存先として直接指定したりできます。なお、利用にはあらかじめ利用登録をしておく必要があります。

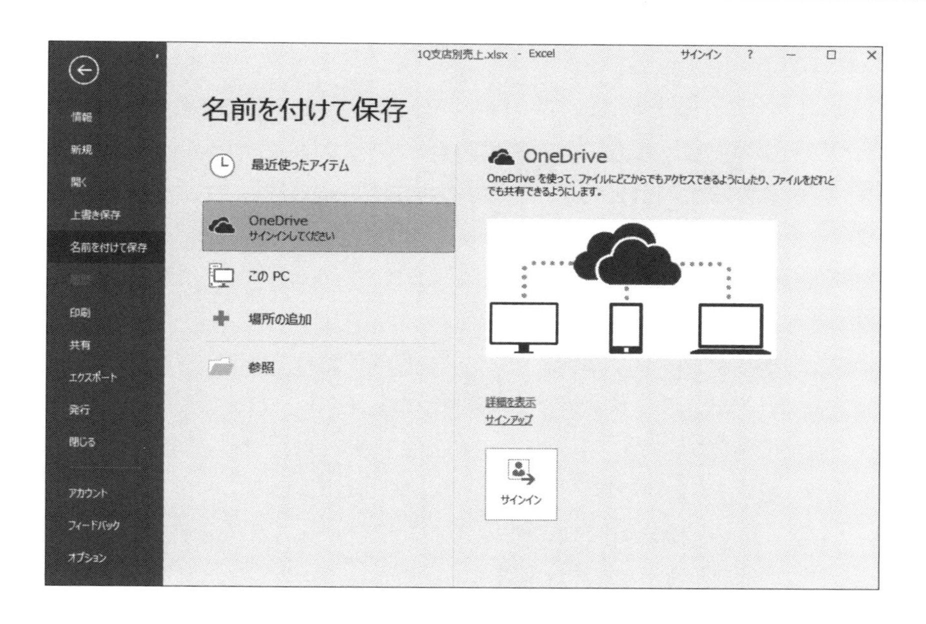

04

4-2-4 クラウドストレージの利点

USBメモリを利用したファイルの移動や、LAN内のファイルサーバーを利用した共有に比べ、クラウドストレージを利用すると次のようなメリットがあります。

共有相手に制限が少ない

USBメモリやLAN上のファイルサーバーでの共有だと遠隔地のユーザーとのファイル共有は不可能です。メールでファイルを送ることもできますが、大量のデータや大きいファイルはメールでは不向きであり、頻繁に更新が発生するファイルや共同で編集するファイルの共有には向いていません。

クラウドストレージは、インターネット上にファイルを保管するため、これらの問題が解消できます。なお、Microsoft Officeなど一部のソフトウェアでは、クラウドストレージ上にあるファイルを共同編集することができます。

利用の容易さ

クラウドストレージはインターネット上で利用するため、コンピューター上で特別な共有設定が不要です。インターネットに接続できる環境であれば使用できるため、LANに参加できない外出時の利用や外部の取引先の人とのファイル共有も容易に行えます。

なお、スマートフォンでもクラウドストレージに接続するアプリが数多く提供されており、これらを利用することで外出先からもファイルを簡単に利用できます。

また、クラウドストレージ上のファイルを公開することで、不特定多数のユーザーに対してファイルを配布するといった利用も可能です。

環境の安全性

クラウドストレージは、物理的に離れたサーバー上でファイルが管理されるため、大切なファイルのバックアップ先としても適しています。バックアップはコンピューターの故障に備えてファイルをコピーするので、同じコンピューター内にコピーを作成してもコンピューター故障時に一緒にファイルを失ってしまう危険があります。DVDなどのメディアや外付けHDDなどの外部メディアにバックアップする方法も有効ですが、万が一災害等が発生した際には外部メディアそのものを失う可能性があります。

その点、クラウドストレージはコンピューターから遠く離れた場所に存在するサーバー上でデータは管理され、またクラウド事業者によるクラウドストレージそのもののバックアップやネットワーク環境の管理が安定して行われるため安全です。また、契約するプランによっては、保存容量も簡単に増やすことができ、長期的な利用にも適しています。

ただし、インターネット経由で不特定多数のユーザーが利用しているため、IDやパスワードの管理は厳重に行う必要があるので注意しましょう。

4-3 Webアプリケーションの利用

クラウドサービスでは、クラウドストレージ以外にもアプリケーションをブラウザーから操作する「Webアプリケーション」が利用できます。

4-3-1 Webアプリケーションとデスクトップアプリケーション

従来、ソフトウェアはコンピューターにインストールして利用するのが普通でした。しかし近年では、ソフトウェアをサービスとして捉え、販売する配布形式も増えてきています。

コンピューターにインストールして利用する従来型のアプリケーションは、「デスクトップアプリケーション」と呼びます。デスクトップアプリケーションはハードディスクに保存され、メインメモリー上に展開して起動するため、コンピューターがインターネットにつながっていない状況で利用できます。

一方で、「Webアプリケーション（オンラインアプリケーション）」は、インターネットを通じてアプリケーションを用意したサーバーにアクセスして、原則としてブラウザー上でアプリケーションを利用します。

たとえば、Microsoft社のOfficeには、Office2016やOffice365といったデスクトップアプリケーションとは別に、「Office Online」というWebアプリケーションがあります。Office Onlineはブラウザー上で動作する簡易版のOfficeで、無料で利用できます。

Office365は、Web上からデスクトップ版の Officeアプリケーションをダウンロードして利用するサービスです。契約期間中は、常に最新のOfficeをインターネットからダウンロードして利用できますが、アプリケーションそのものはハードディスク上にインストールされるためWebアプリケーションには該当しません。

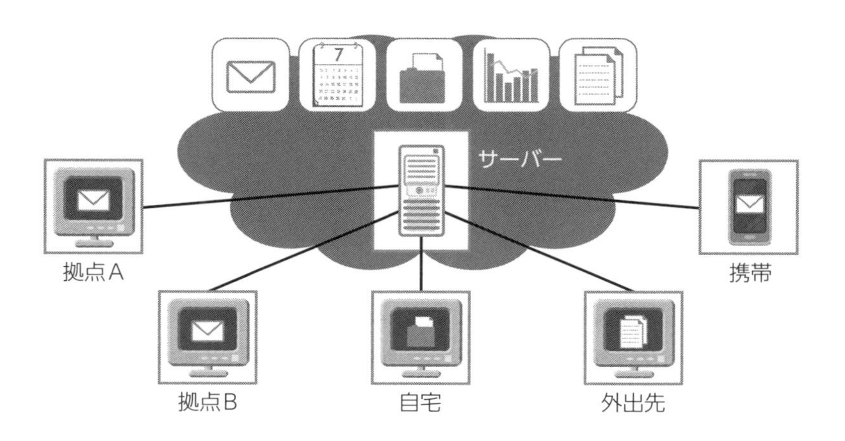

4-3-2 SaaS(サービスとしてのソフトウェア)の概念

「SaaS」は、インターネット上でのみ利用できる「Webアプリケーション」を提供しています。「オンデマンド型ソフトウェア」ともいわれ、ユーザーはWebブラウザーなどを通じてサーバーにログオンし、ソフトウェアの機能を必要な分だけ購入して利用します。

パッケージソフトと比べて、インストールの手間やコストがかからない、インターネットを利用できる環境であればどのコンピューターからでもソフトウェアを利用できる、といったメリットがあります。

以前からインターネット上でソフトウェアを提供するものとして、「ASP（アプリケーションサービスプロバイダ）」といわれるサービスが存在していますが、ASPは一企業ごとにASP用のサーバーを用意しなければならず（シングルテナント方式）、比較的コストがかかっていました。これが技術の進歩にともない1台のサーバーを複数の企業が共有できるようになり（マルチテナント方式）、多くのSaaSで採用されています。

現在では、サービスを提供する側のサーバーが複数台で構成されるように発展したことで、SaaSはクラウドサービスのひとつとして分類されています。

4-3-3 Webアプリケーションの種類

Webアプリケーションは原則としてブラウザー上で操作しますが、一部のWebアプリケーションには、アプリと呼ばれる専用のソフトウェアやほかのデスクトップアプリケーションと連携するものも存在します。

Webメール

代表的なWebメールに、Google社の「Gmail」やMicrosoft社の「Outlook.com」などがあります。

これらのメールサービスは、ブラウザー上からメールサーバーにアクセスしメールの送受信ができますが、タブレットやスマートフォン用の専用アプリからの利用や、PCにインストールされたデスクトップアプリケーション（各種メーラー）でも利用することができます。設定によってメールサーバー上に受信したメールをすべて残すことができるので、PCではメーラーを利用してメールの送受信を行い、外出先ではスマートフォンのアプリでメールを扱うことが可能となります。

PCのメーラー等で、Webメールを送受信する場合は、IMAPと呼ばれる方式で設定するとメールサーバー上にデータを残すことができます。従来のPOP3と呼ばれる方式でメールを受信する際は、メールサーバーにメールが残るように設定しておけばスマートフォンなどからもメールは確認できますが、PCから送信したメールは確認できないので注意が必要です。

オンライン オフィスアプリケーション

代表的なものにMicrosoft社の「Office Online」やGoogle社のG Suiteで提供される「Googleドキュメント」「Googleスプレッドシート」などがあります。

いずれもブラウザー上または、専用のアプリ上で文書作成、表計算を行うためのアプリケーションです。最大のシェアを持つデスクトップアプリケーション「Microsoft Office」と互換性を持ちながら、簡易的な編集作業が可能です。また、作成・編集したファイルはいずれも同社のクラウドストレージ上に保存されます。

特に、スマートフォンやタブレットなどのデスクトップアプリケーションのOfficeが無い環境で、ファイルを確認したり、簡単な修正などを行ったりする際に便利です。

4-3-4 企業・グループ向けクラウドサービス

個人向けのWebアプリケーションのほかにも、さまざまなコンテンツをグループで利用・管理するためのクラウドサービスがあります。

グループウェア

企業などのグループで利用するコンテンツ管理システム（CMS）で、メッセージ機能や掲示板・社内SNSによる連絡、スケジュール管理、施設や備品の予約管理、ファイルの共有、電子決裁機能などを含む総合的なコミュニケーションと共同作業を実現するソフトウェアです。

グループウェアは、グループウェア機能のみを提供しているものもありますが、Microsoft社の「Office365 business」やGoogle社の「G suite」など、Officeアプリケーションと連携しているものも増えています。

学習管理システム(LMS)

クラウドサービスの発展によって、インターネットを通じて講義動画などを視聴して学習する「eラーニング」も社会に定着しつつあります。

eラーニングは講義動画だけでなく、テキストや問題集などのファイル提供や練習問題を実施できる「学習管理システム（LMS：Learning Management System)」を通じて提供されます。LMSは、学習者本人や管理者に対して学習の進捗を管理しレポートで表示する機能や、学習者からの質問に対応するなどのコミュニケーション機能を有しているものがほとんどです。

企業研修や学校などのグループで利用する場合、以前は企業ごとにLMSサーバーを用意する必要がありましたが、最近ではLMSをクラウドサービスとしてグループ単位で提供するものも増えています。

データベース駆動型CRMアプリケーション

「CRM（Customer Relationship Management：顧客関係管理）」は、企業が顧客と長期的に良好な関係を構築するための取り組みであり、そのために顧客情報を「CRMアプリケーション」と呼ばれる情報システムによってデータベース上で適切に管理・活用します。CRM（顧客関係管理）は、「顧客管理システム」といわれることもあります。

「CRMアプリケーション」には、営業の効率化や顧客サービスの強化を図るために利用する「SFA（営業支援システム）」や顧客情報と問い合わせ情報を一元管理し、より良いサポートを実現する「コールセンターシステム」などがあります。

たとえば、訪問型の営業を行う企業などでは、CRMアプリケーション内の顧客情報やこれまでの購買情報をもとに顧客を訪問し、購入品に対するサポートをしつつ新製品を紹介し、販売につなげるといった取り組みを行います。そのため、外出先でスマートフォンなどからCRMアプリケーションを利用するニーズは高く、近年ではインターネットを通じてアクセスできるクラウド型のCRMアプリケーションが登場しています。代表的なCRMクラウドサービスに、salesforce.com（セールスフォースドットコム）社の「Salesforce」や、Oracle（オラクル）社の「Oracle Database Cloud Software」などがあります。

Web会議

Web会議は、インターネットを介して遠隔地と映像や音声をやり取りするシステムです。固定電話回線を使用した電話会議や専用機材を使用するビデオ会議などと比較すると、コストも安く、手軽に導入できメリットがあります。

モバイル
コミュニケーション

スマートフォンやタブレットの普及に伴い、以前は電話やメールに限られていたモバイルコミュニケーションも多様化が進んでいます。

ここでは、モバイルコミュニケーションを支えるモバイル端末の特徴や利用方法について学習します。

5-1 モバイルコミュニケーション

モバイルコミュニケーションは、外出先でネットワークに接続するためのモバイル端末と携帯電話事業者（セルラー）の通信網、さまざまな場所で提供されるようになったWi-Fiなどのネットワークによって実現しています。

ここでは、その機器や通信網について学習します。

5-1-1 携帯電話の概念

携帯電話通信のしくみ

携帯電話とは、「携帯電話キャリア」が保有する基地局との通信によって実現しています。基地局は、電柱などに数多く設置され、もっとも近くの基地局と携帯電話が電波でつながることで通信を実現します。基地局につながった携帯電話の通信は、交換局を通じて相手先に接続されます。現在では、基地局はほぼ日本全体をカバーできる通信網を実現しています。

携帯電話キャリアは、それぞれ独自の基地局を設置しており、携帯電話を利用するには原則としてその携帯電話キャリアとの契約が必要です。近年では、独自の通信網を設置せずに、携帯電話キャリアの通信網を借りる形で携帯電話通信を提供する「MVNO」（仮想移動体通信事業者）と呼ばれる事業者もあります。MVNOは、携帯電話キャリアと比べて設備設置コストがかからないため比較的安い契約が可能ですが、一方で付帯するサービスなどが携帯電話キャリアに比べて少ないなど、コスト重視のサービスになっています。自分に適した携帯通信事業者との契約をするようにしましょう。

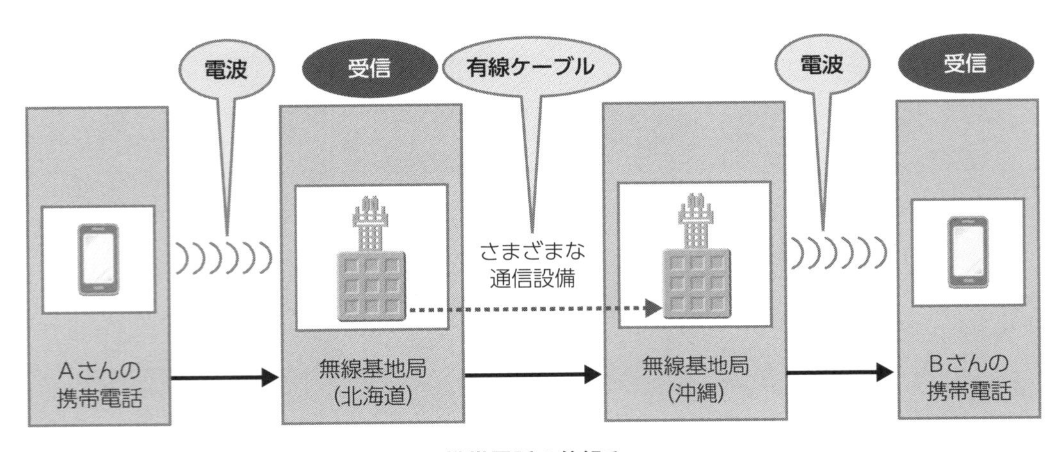

携帯電話の仕組み

「携帯電話キャリア」は、携帯電話の電気通信サービスを行う事業者（会社）のうち、独自に携帯電話通信網も設置・運用する事業者のことです。日本では、大手携帯電話キャリアとして、NTTドコモ、au（KDDIグループ）、ソフトバンクモバイルの３社があげられます。従来は、携帯通信事業者は携帯電話キャリアに限られていましたが、近年は携帯電話キャリアが保有する通信網を利用して携帯通信サービスを提供するMVNOと呼ばれる事業者が増加しています。

携帯電話やスマートフォンからのインターネット接続

携帯電話キャリアが設置する通信網では、携帯電話やスマートフォンは音声通話と同様に、基地局を通じてインターネットを利用できます。

通常、携帯電話キャリアの契約では、通信品質の確保のために通信量の上限を設けており、1か月1GBから数十GBの通信量の契約プランを選択して利用します。それぞれのプランの上限を超えた場合は、通信制限がかかり、低速の通信しか利用できなくなるなどの措置が取られるため、動画など大容量のデータを視聴する際には注意が必要です。

なお、携帯電話やスマートフォンでインターネットを利用する場合は、携帯電話キャリアが通信回線とプロバイダ両方の役割を担います。別途、プロバイダの契約をする必要はありません。

携帯電話の回線の種類

携帯電話回線は、技術開発により高速化や安定化が図られています。現在、広く利用されている通信規格は、「3G」「LTE（4G LTE）」「4G」「VoLTE」です。

3Gは、第３世代移動通信システムの略称で、フィーチャーフォンや一部のスマートフォンで利用されてきた従来型の規格ですが、今後はサービスを終了する予定です。

現在の主流は4G以降の規格です。4G（第４世代移動通信システム）は、3Gと比較して通信速度が５倍以上も高速化しています。ただし、3Gと比べて電波の範囲が狭く、3Gと4Gを併用できる携帯電話やスマートフォンが数多く存在します。

LTEは、3Gと4Gの間に位置付けられていた規格ですが、世界的にも4Gとはあまり区別せず4Gと称して利用されていますが、厳密には4Gの一種という扱いになります。LTEはデータ通信だけを高速化し、音声通話時は3G回線を利用します。なお、3Gの回線速度はダウンロードで最速14Mbpsであるのに対し、LTEでは最速100Mbpsの通信速度を実現しています。

VoLTEは、LTEでは3Gで利用していた音声通話も高速な4G回線を利用できるように改良を加えた規格です。音声をデータに変換し4Gで通信することで、音声品質の改善や、通話時に並行して高速なデータ通信が可能なるといったメリットがあります。

なお、2020年には、次世代にあたる5Gの提供開始が計画されており、現在も研究開発が進められています。5Gは4Gと比較して通信品質の安定と、数十倍の速度を実現するとされ、快適なインターネットの利用やさまざまな機器への安定したネットワーク接続の実現が期待されています。

SIMカードの役割

携帯電話回線を利用するには、通信キャリアが発行する「SIMカード」が必要です。SIMカードは携帯電話の所有者を識別するカードであり、携帯電話やスマートフォン、LTE対応のタブレットに挿入して利用します。同じ携帯電話に対して、別のSIMカードを入れ替えることで別の契約者として利用できますが、異なる通信キャリアのSIMカードは認識できないように制限がかかっている場合があります。そのため変更時の取り扱いは、契約中の通信キャリアに確認する必要があります。

なお、SIMカードには標準SIM、microSIM、nanoSIMと呼ばれるサイズの異なるカードがあります。利用する機器ごとに対応できるサイズが異なりますので注意が必要です。

携帯電話の譲渡・売却

携帯電話やスマートフォンの所有者情報はSIMカードで管理されるため、機器自体は譲渡や売却が可能です。

譲渡や売却の際は、SIMカードを取り外すことはもちろん、携帯電話やスマートフォン内のアプリやデータのバックアップをとったうえで、設定等を工場出荷時の状態に戻さなければなりません。工場出荷時の状態に戻す方法は機種によって異なりますが、個人データを削除するためにも必ず行うようにしましょう。

5-1-2　タブレット

タブレットの特徴

「タブレット」は、本体とディスプレイ、キーボードの機能が一体化している板状のコンピューター機器です。ディスプレイの表面を指や専用のペン（スタイラスペン）でなぞることで文字入力やボタン操作などを行います。

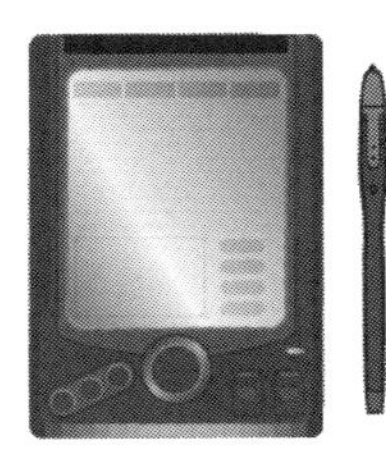

タブレットには、無線LAN「Wi-Fi」のみを使用して通信するモデルと、Wi-Fiに加え「セルラー」と呼ばれる携帯電話キャリアの無線通信回線を利用するモデルがあります。このモデルのタブレットには、SIMカードと呼ばれる通信用カードを挿入するスロット（挿入口）が搭載されています。見た目は同じタブレットでも、SIMカード対応のものとそうでないものが存在するため、購入時には自分の利用方法に合わせて購入する必要があります。一般的に「セルラー」モデルのタブレットの方が、セルラー接続に対応するための機能や部品が必要となるため本体価格が高額になります。また、セルラー接続には携帯電話キャリアとの契約が必要になるため、別途データの通信料もかかります。

タブレットで利用する通信回線

タブレットの通信回線として、Wi-Fi接続のみを利用する場合は、自宅、カフェやレストランなどの店舗、ホテル、空港、駅など大型施設の公衆無線LAN回線で、無料で通信することができます。Wi-Fiサービスには、セキュリティ対策が施されているものもあり、施設から提供されているパスワードを入力するものや利用者のメールアドレスを登録して利用するものもあります。また、通信費用が発生するWi-Fiサービスもあるので、利用時には注意するとよいでしょう。

セルラー接続をする場合は、Wi-Fi接続に加えて携帯電話キャリアの無線通信回線が利用できるため、携帯電話やスマートフォンと同じように通信範囲が広いのが特徴です。

Wi-Fiによるタブレットの利用

Wi-Fiは、主に建物内に設置されている無線LAN回線を使用します。無線接続の先には、そのWi-Fiの所有者が契約している光回線などの固定回線があり、そこからインターネットに接続します。自宅のインターネット用光回線に、Wi-Fiの基地局（アクセスポイント）を設置して利用するほか、オフィス内や店舗内で利用できるWi-Fiも増えており、これらの電波の範囲でタブレットを利用できます。

なお、店舗で提供しているWi-Fiには、利用契約が必要なものが多く、一部有料のものも存在するので必要に応じて契約します。

セルラーによるタブレットの利用

一方でセルラー接続は、携帯電話と同様に、携帯電話キャリアの設置する基地局に接続するため、Wi-Fiに比べて場所の制限がなく、外出先のどこでもタブレットをインターネットに接続することができます。

利用には別途、携帯電話キャリアとの契約が必要です。タブレットには通話機能がないため通話機能のないデータ契約を選択しますが、契約中のプランにより通信のデータ量には上限が設けられているため注意が必要です。ただし、Wi-Fi接続を利用している間の通信のデータ量は、この上限には含まれません。セルラーが利用できるタイプのタブレットでも、Wi-Fiと併用することで通信コストを抑えることができます。また、一般的にはセルラーよりもWi-Fiは通信速度が速く、動画の視聴などはWi-Fiを利用するのが良いでしょう。

5-1-3 スマートフォン

スマートフォンの特徴

もともと通話をするための携帯電話と、電子手帳と呼ばれるスケジュール管理や連絡先管理などが可能な小型の電子端末が普及していましたが、このどちらの機能も搭載した「スマートフォン」が、2007年にApple社が発売したiPhoneをきっかけに爆発的に普及しました。

スマートフォンは、専用のCPUやOSを搭載することにより、Webサイトやファイルの閲覧、写真や音楽、スケジュールの管理、ほかのコンピューター機器との連携、さらには高解像度の動画の視聴といった高度な機能を実現しています。携帯電話としての通話機能を残しつつ、タッチパネルによる操作やアプリの利用など、タブレットとしての機能を付け加えた携帯性に優れるコンピューター機器です。

従来タイプの携帯電話は、スマートフォンが普及したあと「ガラケー」と呼ばれていましたが、最近では「フィーチャーフォン」という呼び名が使われています。フィーチャーフォンは、通話機能が主体でありながら、カメラ、赤外線通信、電子マネーなど、さまざまな機能を持つ携帯電話のことです。

スマートフォンで利用する通信回線

スマートフォンでは、セルラー回線とWi-Fiの両方が利用できます。タブレットと異なり通話できることが前提なので、セルラー回線用のSIMカードスロットは必ず搭載されています。

タブレットと同様に、セルラー回線を利用してネットワークに接続する場合はデータの通信量に上限があるため、Wi-Fiと併用することでさまざまな機能を無理なく利用できます。なお、通話の際はWi-Fi環境がある場合でもセルラー回線を利用することになります。

スマートフォンで利用できる機能

スマートフォンでは、「アプリ」と呼ばれる小さなソフトウェアをインストールすることで、さまざまな機能を追加できます。電話帳やスケジュールといった情報を管理する機能に加え、搭載カメラを活用した写真撮影やギャラリーと呼ばれる写真管理アプリ、ゲームなども多種多様です。

また、WordやExcelに代表されるビジネスソフトウェアやOneDriveといったクラウドサービスのアプリ版も数多く提供されており、それらはPC版のソフトウェアやサービスと連携して便利に利用することができます。

一方で、スマートフォンの処理能力や搭載OSの性質上、PCとまったく同じ機能を利用することはできません。現状は、簡易的な機能のみを提供しているものが多いため、利用の際にはその制限を考慮する必要があります。また、スマートフォンはPCに比べて画面が小さく、キーボードやマウスといった外部装置も原則として利用しないので、長時間の作業や長文の入力、複雑な作業などには向いていません。スマートフォンでキーボードやマウスを利用する場合は、Bluetoothと呼ばれる無線インタフェースを利用しますが、それらは別途購入する必要があります。

5-1-4 固定電話の利用

携帯電話やスマートフォンが普及しても、家庭やビジネスの場では従来通り固定電話も利用されています。通話の相手が不在、または電話に出られない状況の場合に、代理で応答した従業員に伝言を残したり、対応をお願いしたりできるといったメリットから、企業間の電話連絡には、固定電話の利用が基本となっています。

ビジネスフォン（ビジネス用固定電話機）の特別な機能

ビジネスフォン（ビジネス用の固定電話機）では、家庭用とは異なる特別な機能が利用できます。

内線

「内線」は、オフィス内の別の固定電話と通話をする機能です。内線には電話料金がかからず、席に着いたままコミュニケーションが図れるので便利です。内線を利用するには、電話番号の代わりに、「短縮コード（内線番号）」を利用します。

内線転送

家庭用の固定電話にも受け取った電話を子機に転送する機能は搭載されていますが、ビジネス用の固定電話では、短縮コード（内線番号）を指定して、電話を転送することができます。厳密には、外部からの電話を一度保留にし、担当者（電話をつなぐ先）に内線をかけ外部からの電話を保留していることを伝えて、担当者がその保留を解除すると転送が完了します。

ビジネス用固定電話の業務システム

ビジネスフォン単体の機能の外にも、IT技術を活用することで、より高度な電話の活用が可能になります。

コールセンターシステム／CTI

「コールセンターシステム」は、顧客の電話応対システムで、大人数のオペレーターによる業務を可能にします。着信のための電話番号は1つですが、システム上で通話状況を把握し、通話していないオペレーターへ自動的に電話をつなぎます。また、一度システム上で応答し、問い合わせ内容を分岐するための案内をすることで、システム上で自動処理を行うか、問い合わせ内容に詳しく対応できる担当者に電話を転送します。

「CTI」（Computer-Telephony Integration）は、電話やFAXとコンピューターをつなぐシステムで、コールセンターシステムと組み合わせることで、即座に電話番号などを基に顧客情報をオペレーターに表示します。

電話会議システム

固定電話回線を利用して、遠隔地にいる人との会議を実現するシステムを「電話会議システム」と呼びます。

電話会議システムを利用する際には、大人数が同時に会話に加われるように集音マイクを会議机の中央に設置し、スピーカーから相手の音声を流しながら利用します。画像やビデオ映像などは配信できませんが、固定電話回線を利用するため安定した会話が可能な点が特徴です。

ITネットワークの普及に伴い、インターネットや企業向けネットワーク上で実現する「テレプレゼンス会議」サービスも利用されています。テレプレゼンス会議は、「テレビ会議」とも呼ばれ、あたかも同じ会議室にいるような臨場感のある会議ができますが、大きなモニターやカメラ、音響設備などが必要で、システムを導入するにはコストがかかるのが特徴です。

IP電話

「IP電話」は、インターネットを利用して、音声通話を行うための技術（VoIP：Voice over Internet Protocol）を用いた通話サービスです。音声をデータ化し、インターネットなどのネットワークで送受信します。電話機は固定電話と同じものを使い、電話番号は固定電話と同じ番号、または「050」から始まる番号のいずれかを使えます。

IP電話のメリットは、通常の固定電話に比べて、遠隔地への通話や国際電話の通話料金が安価なことです。同じ通信事業者を利用しているユーザー同士なら、通話料が無料になります。一方で110番などの緊急通報や117番などの3桁番号のサービスが、条件によって利用できないというデメリットもあります。IP電話は企業の内線電話にも導入されていますが、回線はインターネットではなく、専用線など企業向けネットワークが利用されています。

5-2 モバイルコミュニケーションの機能

モバイルコミュニケーションには、電話や電子メールのほかにもボイスメールやインスタントメッセージなどさまざまな手段が用意されています。ここでは、その機能について学習します。

5-2-1 ボイスメールの設定と利用方法

ボイスメール（留守番電話）の利用

「ボイスメール」とは、電話に応答できない時に保存された留守番電話メッセージをメールに乗せて送信するサービスです。留守番電話サービスそのものをボイスメールという場合もあります。

ボイスメールは、音声データが保存されたことを知らせるメッセージがメールで届きます。受信者が留守番電話センターと呼ばれる留守番電話の音声データを保管するサーバーに電話をかけて音声データを聞く方式と、メールに直接音声データを添付して送信する２つの方式があります。現在利用されているボイスメールのほとんどは、受信者の通信容量を節約することができる前者の方式です。

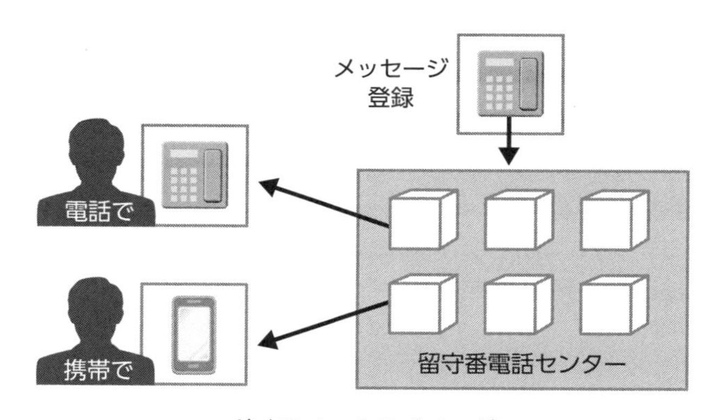

ボイスメールのイメージ

留守番電話の方式

携帯電話やスマートフォンで留守番電話機能を利用する場合、携帯電話そのものに搭載されている留守番電話機能を利用し携帯電話に音声データを保存する方式と、留守番電話センターに着信を転送し、音声データを保存するボイスメールがあります。

携帯電話の留守番電話機能は、相手の携帯電話に直接音声データを保存するため、基本的に相手の携帯電話が通信できる状態（圏内）であることが前提です。電波が届かない状態（圏外）や電源を切っている状況では利用できません。その点ボイスメールは、留守番電話センターに音声データが転送されるので、相手の携帯電話の通信状況を気にすることなく、留守番電話を利用することができます。特にビジネスで電話を利用する場合は、ボイスメールを利用し、折り返しの電話を入れるなどの対応が好ましいといえるでしょう。

なお、最近では、携帯電話が通信できない時に着信した場合、留守番電話の登録がなくても着信があったことを通知してくれるサービスも定着しており、プライベートの携帯電話などではボイスメールを利用しない人も増えています。

ボイスメール利用時の留意点

ボイスメールに音声を録音するときは、以下の点に留意します。

- 自分の所属や氏名を最初に名乗る
- 用件を簡潔に伝える
- 期待するアクション（折り返し電話が欲しい・メールを確認してほしいなど）を明確にする
- できるだけハキハキと聞きやすく話す

ボイスメールの受信者は、外出先で聞くことが多く、また相手の電話番号が確認できない状況で録音を聞く可能性があることを考慮する必要があります。録音したものの、相手が録音内容を聞き取れず、対応に困ることがないように注意しましょう。

5-2-2　モバイルコミュニケーションサービス

メールや電話以外にも簡単にコミュニケーションをとる方法に、短文のテキストや画像・動画によるコミュニケーションがあります。

SMS（ショートメッセージサービス）

SMS（Short Message Service）とは、短いメッセージを携帯電話やスマートフォンで送受信するサービスです。相手の携帯番号を指定して、メッセージを送信します。迷惑メール対策の一環として、SMSには1日当たりの送信数に上限が設けられており、メッセージを送信できる文字数は1通あたり全角70文字を前提とし、それ以上の文字数を送る場合は文字数に応じて2通以上のSMSを送信したことになります。SMSでは、絵文字の送信もできます。ただし、携帯電話やスマートフォンの規格の違いにより、一部の絵文字がうまく表示されない場合があります。

電子メールと異なり、メールアドレスを指定する必要がないので手軽に送信できますが、メッセージの文字数には上限があるので、長い文章には不向きです。なお、メッセージの受信に費用はかかりませんが、送信には費用（3円～30円）がかかります。

MMS（マルチメディアメッセージングサービス）

MMS（Multimedia Messaging Service）は、テキストや絵文字に加え、画像や音声、動画などもあわせて扱うことのできる、携帯電話やスマートフォンといったモバイル通信機器用のサービスです。相手の携帯番号やメールアドレスを指定して、メッセージを送信します。SMSよりも大きなデータの送受信が可能なので、長い文章や、画像、音声なども使ってコミュニケーションする場合に利用します。

インスタントメッセージ（IM）・チャット

インスタントメッセージやチャットは、同じネットワーク上（インターネットを含む）で、ユーザー同士がコミュニケーションを行う機能で、専用のソフトウェアやアプリを使います。多くのサービスでは、相手のオンライン状態やメッセージの開封状態がわかります。リアルタイムにやり取りができるため、友人や仕事仲間などとの打合せや意見交換に適しています。インスタントメッセージには、音声やビデオによる会話、画像ファイルの転送などが可能なサービスもあります。近年では、専用のソフトウェアがなくても利用できるサービスがあり、また、スマートフォンの普及に伴い、LINE 、Facebook Messenger、Twitterのダイレクトメッセージなど、チャット機能を持つSNSもあります。

「SNS（ソーシャルネットワーキングサービス）」とは、ブログや掲示板などのサービスを組み合わせた総合的なコミュニケーションサービスです。プロフィール機能やユーザー間のメッセージやチャットのやり取り、友達登録機能、趣味嗜好などを元にしたコミュニティ機能などが含まれています。最近のWebコミュニケーションの中心的な存在になってきています。

代表的なモバイルコミュニケーションサービス

ここでは、電話番号を利用するSMS以外のコミュニケーションサービスを確認します。元々はIMサービスとして開始したものも、近年ではそのほとんどがMMSに対応しています。代表的なメッセージングサービスには次のようなものがあります。

サービス名	特徴
Skype	Microsoft社が提供するチャットサービス。音声通話やビデオチャットも可能である。
Facebook Messenger	Facebook社が提供するSNSと連動したチャットサービス。
LINE	LINE社が提供するテキストチャットサービス。グループチャットや通話も可能である。
Twitterダイレクトメッセージ	Twitter社が提供するチャットサービス。フォロワー同士が非公開でメッセージを送受信する。
Instagramダイレクトメッセージ	写真共有サービス「Instagram」で利用可能なチャットサービス。グループチャットや動画も送信できる。

5-2-3　通知の設定方法

通知機能の用途

PCやスマートフォンでは、さまざまな情報を通知する機能を有しています。

たとえば、メールやインスタントメッセージを受信すると、画面上に受信通知が表示されるだけでなく、着信音やバイブレーション（振動）でも知らせるように設定できます。

また、携帯電話やスマートフォンでは通話の着信についても通知され、電話をかけてきた相手が電話帳に登録されている場合は、電話番号だけでなく氏名も表示することができ、折り返しの電話をかけるといったアクションの選択肢も合わせて表示されます。

また、スケジュール管理機能では、Microsoft社のOutlook.comやGoogleカレンダーなどのインターネット上で予定を管理するサービスを利用することで、PCとスマートフォンの両方で予定を管理したり、予定が近づいたタイミングで通知を表示したりすることもできます。

予定表（スケジューラー、カレンダー）に限らず、現在は多くのPC用のアプリケーションやインターネットサービスと連動するスマートフォン用のアプリが提供されており、例えばFacebookアプリをインストールすることで、友人の更新情報やメッセージの着信通知などを利用することも可能になっています。

通知機能の設定

メールやメッセージは、ソフトウェアやスマートフォンのアプリ上から利用しますが、これらを起動した際にメッセージに気づくのでは応答が遅くなる恐れがあります。そこで、適切なタイミングでメッセージに対応するためには、通知機能の設定を行うとより便利になります。

通知機能は、ソフトウェアやアプリによって異なる通知方法が用意されていますが、「通知領域」または画面前面への「ポップアップ表示」が一般的です。

スマートフォンの通知設定

スマートフォンで、メッセージを受信したときや予定の日時が近づいたときの通知を表示するには、画面がオフの状態でも気が付けるように、通知領域やポップアップでの表示に加えて、音やバイブレーション（振動）、ランプの点滅等を追加することが可能です。

アプリによっては、セキュリティ面を考慮して、通知にはメッセージの相手や内容を非表示にして着信があったことのみを表示できるものもあります。また、メッセージの送信者ごとに通知の有無を変更できるなど細かな通知設定が可能です。

スマートフォン（Android系）の通知

トラブル シューティング

PCやスマートフォンなどのコンピューターを利用していると、予期せぬトラブルに見舞われることは避けられません。それため、生活のIT化が進む現代において、機器の不調やネットワークの接続不良などのトラブルに対応する基礎知識は必須であるといえます。

ここでは、トラブルシューティングと呼ばれるトラブル対応と、バックアップや復元について学習します。

6-1 トラブルシューティング

コンピューターやネットワークのトラブルは、保存したデータやソフトウェアなどの環境を維持するために、可能な限り購入時の状態に初期化しないことが望ましく、ユーザー自身で解決するための知識が必要です。

ここでは、そのトラブル解決について学習します。

6-1-1 基本的な問題解決の方法

ソフトウェアアップデートの管理

コンピューターやネットワークを安全、快適に利用するには、コンピューターを最新の状態に保つことが重要ですが、一方で、コンピューターシステム全体でみるとそれが不具合の原因になる場合があります。

たとえば、Aというソフトウェアの機能向上のためにアップデートしたところ、システムファイルが書き換えられて、BやCというソフトウェアに問題が発生する、ということがあり得ます。このような場合は、Aのアップデートを取り消したり、BやCをアップデートしたりすることで問題を解決します。

ソフトウェアのバージョン

ソフトウェアを改訂した版を「バージョン」と呼びます。多くの場合、「1.22.333」のようなバージョン番号と呼ばれる複数桁の数値でバージョンを管理しています。小さな改訂の場合は下の桁の数値が増え、大きな改訂になるほど上の桁の数値が増えます。そして、最上位の桁が変わるほどの大規模な改訂では、多くのソフトウェアが製品名を変え、新しいバージョンのソフトウェアとして発売します。

OSのバージョン管理

多くのソフトウェアは、OSが提供する機能を土台として動作しています。OSのアップデートやアップグレード（新バージョンのソフトウェアをインストールすること）などでは、土台としている機能が大きく変わり、ソフトウェアが正しく動作しなくなることがあります。特にOS のアップグレードは、OS のバージョンが新しく変わるため、ソフトウェアの不具合が出やすくなります。

Windowsの歴史

Windowsは、セキュリティや安定性を重視したビジネスユーザー向けのWindows NT系と、操作性やマルチメディア機能を重視した個人ユーザー向けのWindows 9x系に分かれて進化してきました。しかし、Windows NT系では、操作性の難解さと対応する周辺機器の少なさ、Windows 9x系では、安定性の低さという問題点がありました。これらを改善したOSが「Windows XP」で、Windows NT系と9x系が統合された初めてのOSです。現在は最新の後継OSとして「Windows10」が発売されています。

Windowsの進化

年	個人用Windows	年	ビジネス用Windows
1992年	**Windows3.1** MS-DOS 上で動作するOS。		
		1993年	**Windows NT 3.1** Windows 3.1のGUIを継承したOS。
1995年	**Windows 95** 新たな GUI が採用され、より直感的な操作が可能になった。ネットワーク機能やマルチメディア機能も強化された。		
		1996年	**Windows NT 4.0** Windows 95のGUIを継承したOSで安定性が強化。
1998年	**Windows 98** Webブラウザーが OSに統合され、インターネット機能が強化された。USBなどの新しい機器をサポート。		
2000年	**Windows Me** マルチメディア機能やヘルプ機能が充実し、より一般向けのOSとなった。	2000年	**Windows 2000** 安定性やセキュリティの向上を図るために設計されたOS。
2001年	**Windows XP** Windows 2000をベースにしたOSで、Windows NT系の安定性やセキュリティ機能、Windows 9x系の使いやすさやマルチメディア機能といった両方のメリットを持つ。		
2007年	**Windows Vista** Windows XPの後継OSで、信頼性やセキュリティ機能がさらに強化された。特徴的なユーザーインターフェイスであるWindows Aeroが搭載された。		
2009年	**Windows 7** Windows Vistaの後継OSで、処理速度の向上や安定性の強化が図られた。また、Aeroシェイク、Aeroスナップ、ジャンプリストなどの新機能により、直感的な操作で効率よく作業が行えた。		
2012年	**Windows 8** PC、タブレット、スマートフォンを一つのWindowsでシームレスに利用することを目指し開発されたOS。Windows7の立体的なデザインやスタートボタンを廃し、フラットなデザインで文字の読みやすさに重点を置いており、OSが起動するとスタート画面が最初に表示されるのが特徴であった。以前のOSにあったスタートボタンが削除され、賛否両論を生む結果となった。		
2013年	**Windows 8.1** Windows 8の改良版としてリリースされたOS。Windows 8の利用者はWindowsストアから無償でアップデートできた。Windows 8で廃止されたスタートボタンを復活した。		
2015年	**Windows 10** Windows 7以前に搭載されていたスタートメニューとWindows 8/8.1で採用されたスタート画面の両方の機能を持つスタートメニューを搭載。音声認識アシスタントの「Cortana」、新しいWebブラウザー「Edge」などを搭載。2019年現在、最新のWindows OSである。		

Windows Update

Windowsの更新には、「Windows Update」という機能を利用します。通常は、自動的に更新ファイルをダウンロード・インストールしますが、ダウンロードや更新をするタイミングの変更や更新履歴の確認などはWindows Update画面から行えます。

Windows Updateの状況を確認するには、[Windowsの設定] 画面から [更新とセキュリティ] をクリックして、「Windows Update」の画面を表示します。

手動で更新する設定にしている場合は、この画面から [今すぐインストール] を選択するか、タスクバーの通知からインストールを選択します。

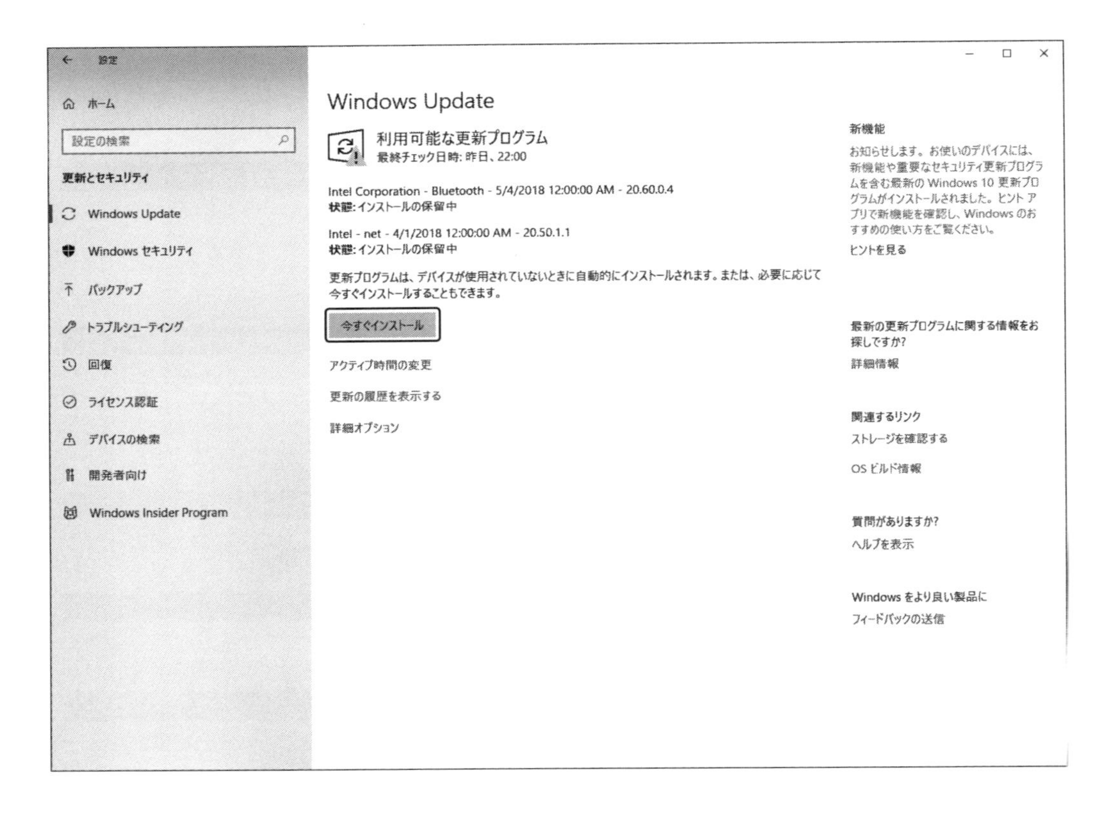

また、Windows10では更新プログラムによる問題が発生した場合、原因となる更新プログラムをアンインストールすることで問題を解決できます。更新プログラムのアンインストールは、[Windows Update] 画面の [更新の履歴を表示する] を選択して、表示された画面の [更新プログラムをアンインストールする] から行います。なお、OSだけでなく一部のアプリの更新プログラムも、ここからアンインストールできます。

ただし、OSの重要なファイルに影響する更新プログラムは、アンインストールできない場合があります。このような場合は、不具合を修正する次のアップデートを待つ必要があります。

設定

更新の履歴を表示する

更新プログラムをアンインストールする

回復オプション

更新の履歴

> 機能更新プログラム (1)

> 品質更新プログラム (5)

> ドライバー更新プログラム (4)

> その他の更新プログラム (2)

質問がありますか?

ヘルプを表示

互換モード

新しいバージョンのOSを利用する際は、使用するソフトウェアが新OSに対して互換性があるかどうかを十分に確認する必要があります。互換性がない場合は、新OSに対応しているソフトウェアの購入や、新OSに対応するためのアップデートなどで問題を解決します。

Windows10には、以前のWindows の設定を用いて実行する「互換モード」を利用して問題解決を図る機能があります。

アプリを互換モードで利用するには、アプリのアイコン上で右クリックし、表示されたサブメニューから［プロパティ］をクリックします。アプリのプロパティの［互換性］タブを表示して、［互換モードでこのプログラムを実行する］にチェックを入れ、アプリが動作するWindowsのバージョンを選択して設定します。

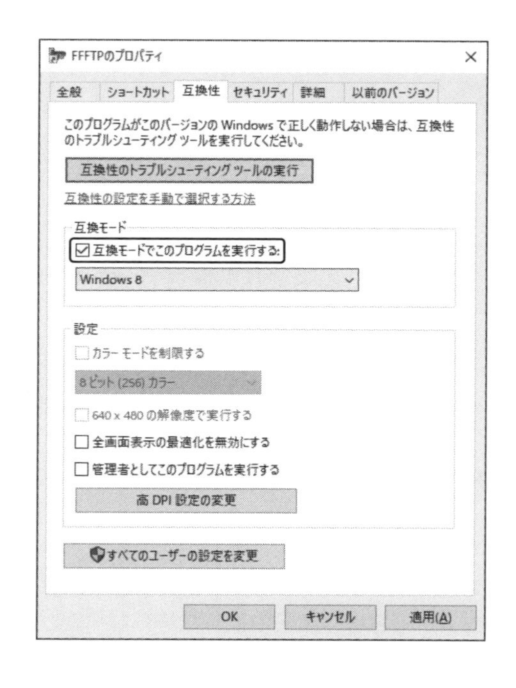

タスクとプロセスの管理

実行中のアプリケーションのトラブルシューティングは、「タスクマネージャー」を使うと便利です。「タスクマネージャー」では、現在実行中のプログラムの実行状態を確認し、場合によっては終了させることができます。また、CPUやメモリの使用率からコンピューターのパフォーマンスを監視することもできます。たとえば、アプリケーションが応答しない場合、タスクマネージャーから問題のあるアプリケーションだけを強制的に終了させてトラブルに対応します。

タスクマネージャーを起動するには、タスクバーを右クリックして表示されたメニューから［タスクマネージャー］を選択する方法や、［Ctrl］＋［Alt］＋［Delete］キーを同時に押して、表示された画面で［タスクマネージャー］を選択する方法などがあります。Windows10では、タスクマネージャーを表示すると、最初に簡易表示の画面が表示されます。より詳細な状態を確認するには［詳細］をクリックします。

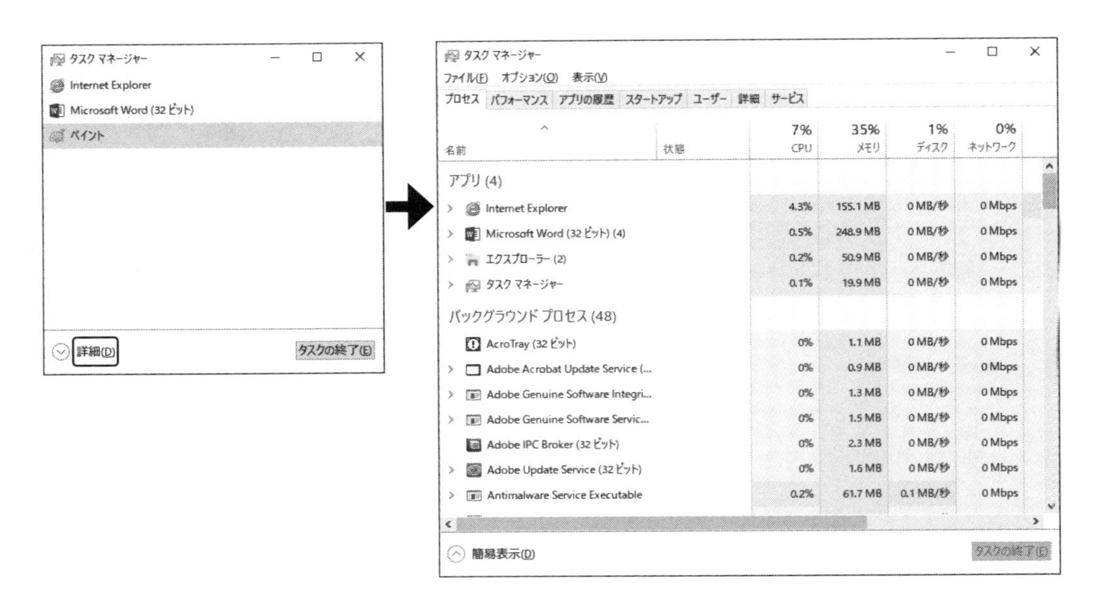

なお、OSの反応がなくタスクマネージャーも起動できない場合は、［Ctrl］＋［Alt］＋［Delete］キーを同時に押して、画面下の をクリックして表示されたオプションからコンピューターを再起動します。メニュー画面も表示されない場合は、コンピューター本体の電源ボタンを長押ししてコンピューターを強制的にオフにします。

プロセスの終了

OSやアプリケーションにさまざまな機能を提供するプログラムを「プロセス」と呼びます。

タスクマネージャーの［プロセス］タブでは、実行中のアプリケーションに加え、バックグラウンドで待機中のプロセスの詳細な情報が表示されます。実行中のプログラム、CPUやメモリの使用率などを参考に、使用しないプロセスを終了することでメモリが開放され、コンピューターのパフォーマンスが向上します。ただし、コンピューターの動作に必要なプロセスを終了してしまうと、コンピューターが正常に動作しなくなるため、むやみに終了しないよう注意が必要です。

ウイルス、マルウェアの除去

突然コンピューターの画面や動作がおかしくなった場合、ウイルスやマルウェアに感染した可能性が高いと考えられます。ネットワーク感染を防ぐため、コンピューターからLANケーブルを外す、あるいは無線LANの接続を無効にするなどの早急な対応が必要です。さらに、ウイルス対策ソフトでコンピューターをスキャンしてウイルスやマルウェアを検知、除去するなどの対策をとりましょう。

しかし、ウイルスには潜伏期間を持つものがあり、その期間中は悪意のある攻撃を仕掛けません。また、スパイウェアの多くは、表立った動きを見せずにひっそりと個人情報などの重要なデータを外部に送り続けます。感染に気付かず何も対策をしないまま放置すると、どんどん被害が広がるため危険です。

感染を早期発見するためにも、ウイルス対策ソフトを使って定期的にウイルス、マルウェアのスキャンを実行しましょう。あらかじめスケジュールを設定しておくと、それに従って自動でスキャンしてくれます。また、コンピューターの動作に少しでも不調を感じたら手動でのスキャンを実行します。なお、スキャンは定義ファイルを最新のものにアップデートしてから実行しましょう。

スキャンの結果ウイルスやマルウェアが検出された場合、危険なウイルスはすぐに削除され、ユーザーの判断が必要なアドウェアなどはいったん隔離されます。隔離されたアドウェアは削除したり、ユーザーが安全と判断した場合は復元したりできます。

トラブルシューティングツールの利用

Windows10には、トラブルが発生した際にOSの機能を用いて対応をするためのツールが用意されています。

トラブルシューティングツールの表示には、［Windowsの設定］画面から［更新とセキュリティ］をクリックして、左メニューから「トラブルシューティング」を選択します。

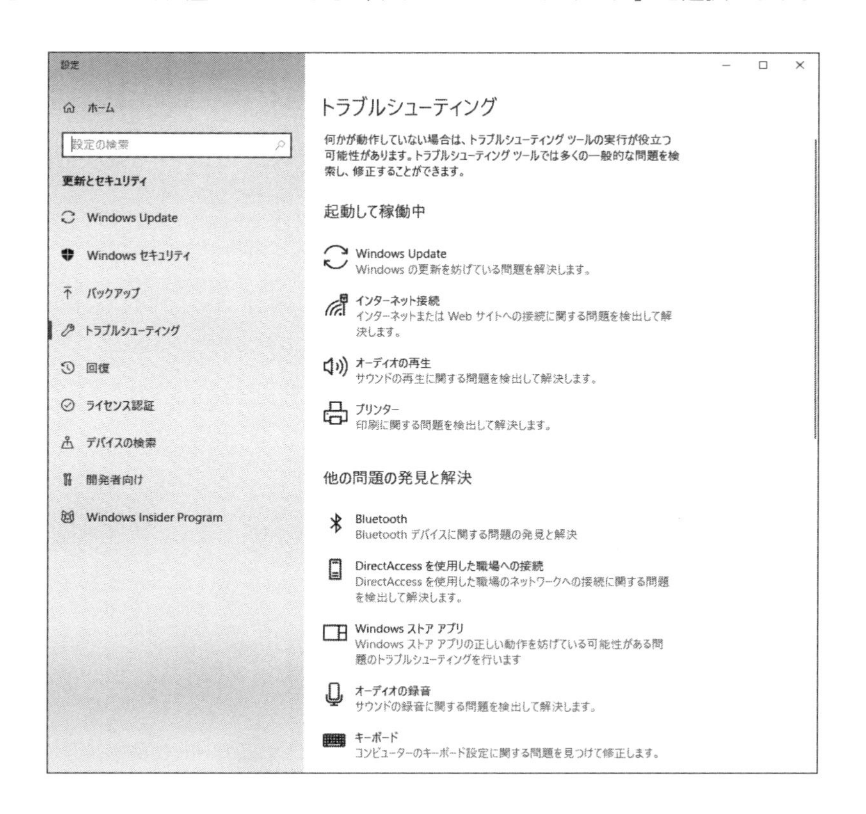

トラブルシューティングツールには、Windows Updateやインターネット接続、オーディオの再生、プリンターなどのトラブルを解決するための機能が用意されています。該当するトラブルの種類を選択して、トラブルシューティングツールを実行したら、画面の指示に従って操作します。

サポート情報、ヘルプ

サポート情報やヘルプは、Windowsの操作方法や用語などがわからないとき、ユーザーの手助けをする機能です。キーワードを直接入力して必要な情報を調べたり、トピックから項目をたどって操作方法を調べたりできます。

検索ボックス

[スタート] ボタンの右にある検索ボックスに、質問やキーワードを入力するとコンピューター内やインターネットを検索し回答を得ることができます。

Windows10に搭載されている「Cortana」と呼ばれるパーソナルアシスタント機能は、検索ボックスに入力されたキーワードを検索するほかに、音声を認識して検索を実行します。Cortanaは、検索以外にも次のような機能を通じてユーザーをサポートします。

- ファイル、場所、情報を検索する
- システム内のアプリケーションやWindowsアプリを開く
- カレンダーやToDoリストを管理し、時刻、場所に応じたリマインダーを表示する
- ニュースなど関心事の最新情報やお気に入りのチームの試合結果などを表示する
- メールやメッセージを送信する

ヒントアプリ

Windowsの新機能や活用方法に関するヒントを確認できます。ヒントアプリを起動するには、[スタート] ボタンの右にある「検索ボックス」に、「ヒント」と入力して結果の一覧の上部にある [ヒント] を選択します。

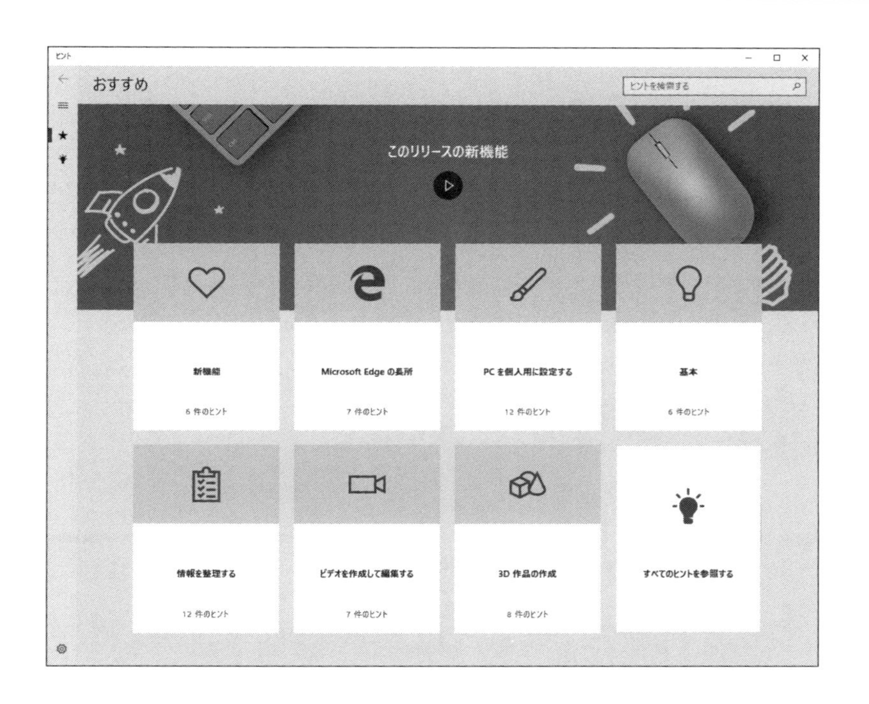

Microsoft サポート

「Microsoft サポート」は、Microsoft 社の製品に関するさまざまなサポートを受けられるWeb サイトです。自分で必要な情報を調べたり、コミュニティに質問を投稿して回答を得たり、Microsoft 社のサポート担当者に問い合わせたりして、問題解決に必要な情報を得ることができます。

ソフトウェアのサポート

Microsoft社以外のソフトウェアメーカーもそれぞれ独自のサポートを提供しています。特にGoogle社やFacebook社など無料で利用できるサービスを提供している企業は、FAQと呼ばれるよくある質問と回答をまとめた情報を公開したり、サポートフォーラムという掲示板を用意し、ユーザー間でコミュニケーションをとりながら問題解決を図る場を提供したりしています。これらの情報を問い合わせの前に一度確認することで、従来通りのメーカーへ問い合わせる形のサポートよりも、問題を早く解決できる可能性があります。

FAQやフォーラムで問題が解決できない場合は、直接メーカーやサービスの提供元に電話やメールで問い合わせをするようにします。最近では、チャットによる問い合わせに対応している場合もあります。

6-1-2 ハードウェアに関するトラブルシューティング

コンピューターのハードウェアに関するトラブルシューティングを適切に行うには、トラブルの要因がソフトウェアとハードウェアのどちらの問題なのかを見分けなければなりません。

もし、トラブル対応をコンピューターの管理者やメーカーサポートに依頼する場合は、トラブルの状況を的確に伝えるための知識も必要になります。

ハードウェアに関するトラブルシューティングの基本的な手順

コンピューターは非常に複雑な精密機械で、多くのハードウェアとソフトウェアの組み合わせで動いています。したがって、周辺機器のトラブルの原因として、周辺機器そのものの故障、ケーブルの接触不良、デバイスドライバーの不具合、OS のバージョンアップなどさまざまな要因が考えられます。

周辺機器のトラブルを解決するためには、まずその原因を突き止めなければなりません。次のような基本的なトラブルシューティングの手順に従い、段階的に原因を探り、解決策を見つけることがトラブル解決の最良の方法です。

①トラブルの確認

どのようなトラブルなのか確認します。できれば、トラブル発生時の画面のキャプチャを撮っておくとよいでしょう。

②トラブルの再現

トラブル発生時の状況を思い出しながら、そのトラブルを再現します。たとえば、コンピューターを起動しても常にモニターに何も表示されない場合は、モニターに原因がある可能性が高いと考えます。また、再現できないようなトラブルのときには、いつまで正常に動いていたかを思い出して、書き留めておきましょう。

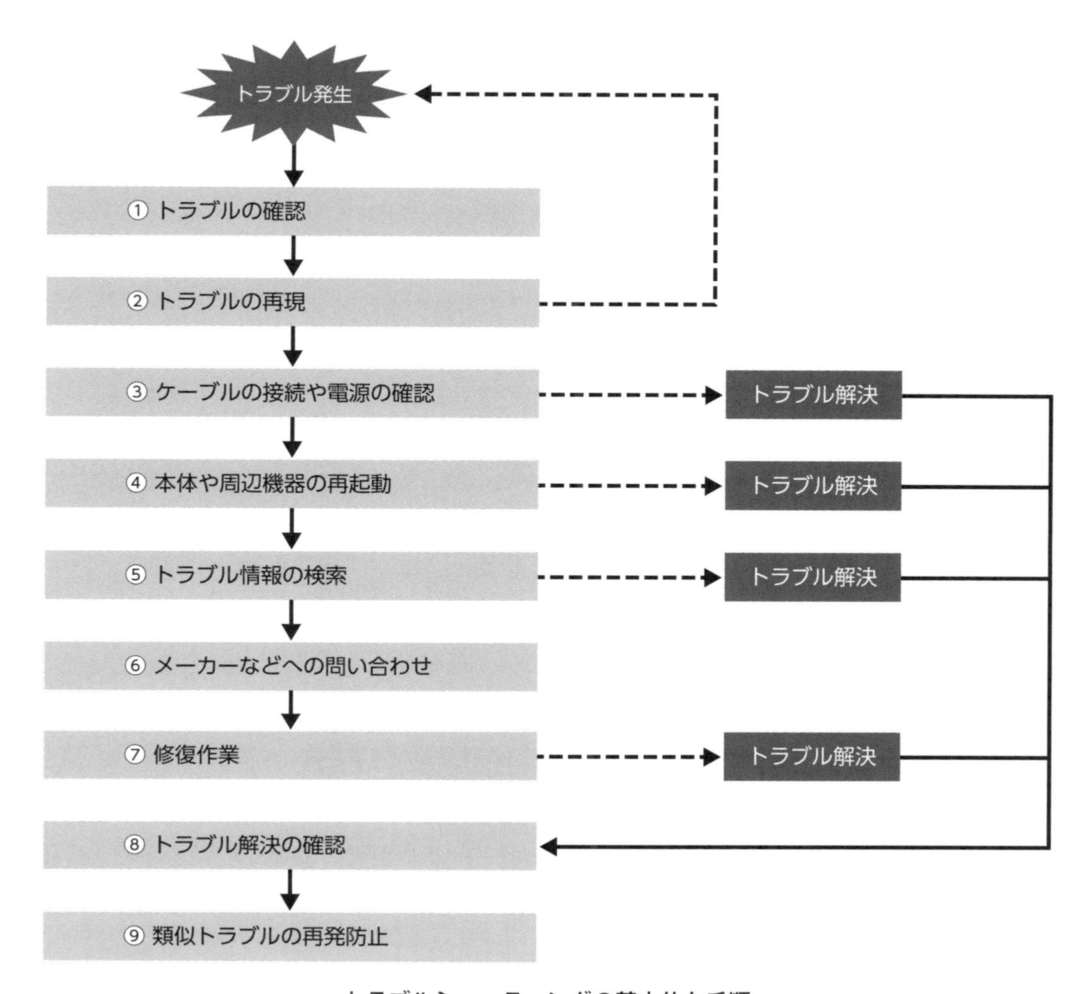

トラブルシューティングの基本的な手順

③ケーブルの接続や電源の確認

トラブルが発生した本体や周辺機器のケーブル類が、きちんと接続されているか確認します。一見、きちんと接続されているようでも、緩んでいたり、外れていたりすることがあります。基本的なことですが、電源が入っているかどうかも確認しましょう。

④本体や周辺機器の再起動

ケーブルや電源に問題がなければ、本体や周辺機器を再起動してみましょう。再起動することで、トラブルが解決することもあります。

⑤トラブル情報の検索

取扱説明書やヘルプ、インターネットなどでトラブルについての情報がないか検索します。多くのメーカーのWebサイトには、よくあるトラブルとその解決方法が公開されているので活用しましょう。周辺機器のファームウェアやデバイスドライバーの更新情報もチェックします。

⑥メーカーなどへの問い合わせ

それでも解決できない場合は、メーカーなどへ直接問い合わせます。トラブル内容や今までの経緯を正確に説明できるよう準備しておきましょう。

⑦修復作業

問い合わせの結果、トラブルがこちらで解決できるものであれば、メーカーの指示に従って修復作業を行います。修理が必要と診断されたら、メーカーやショップに修理を依頼しましょう。

⑧トラブル解決の確認

トラブルが解決したかどうか、トラブル発生時の状況を再現して確認します。

⑨類似トラブルの再発防止

トラブルが解決し、原因が判明したら、類似トラブルが発生しないように対処します。また、同じトラブルが発生した場合、すぐに解決できるようトラブル情報を整理しておきましょう。

画面のキャプチャは、キーボードの［Print Screen］キーを押すと画面をクリップボードにキャプチャできます。キャプチャした画像はペイントソフトなどに貼り付けて保存します。

ハードウェアトラブルの一般的な問題解決の方法

トラブルの発生箇所がコンピューター本体や周辺機器などハードウェアにある場合の一般的な問題解決方法は、ハードウェアを管理しているソフトウェアの更新になります。これで解決しない場合はハードウェアそのものの故障となり、ハードウェアの修理や新たな機器の購入が必要となります。

ファームウェアとドライバーの更新

「ファームウェア」と「ドライバー」は、いずれもハードウェアを制御するためのソフトウェアです。ファームウェアはハードウェア内のROMやフラッシュメモリに書き込まれていますが、ドライバーはコンピューターごとにインストールして利用します。

周辺機器のファームウェアやドライバーを最新の状態にすることで、コンピューターの不具合が解決する場合もあります。OSを再インストールする前に更新を試してみるとよいでしょう。

ファームウェアの更新は、ハードウェアメーカーのWeb サイトに掲載してある手順に沿って行います。一般的には、ダウンロードしたファームウェアの更新ファイルを使って更新したり、ハードウェア側にあるファームウェア更新ボタンを使って更新したりします。なお、ファームウェアの更新は、非常にデリケートな作業なので十分な注意が必要です。たとえば、停電などのトラブルでファームウェアの更新に失敗すると、ハードウェアが動かなくなってしまいます。

ドライバーを更新するには、［コントロールパネル］の［ハードウェアとサウンド］から［デバイスマネージャー］を選択します。なお、ドライバーの更新をするには、OSの管理者権限が必要です。

更新するデバイスを右クリックして、[ドライバーの更新] を選択したら、画面に従ってドライバーを更新します。

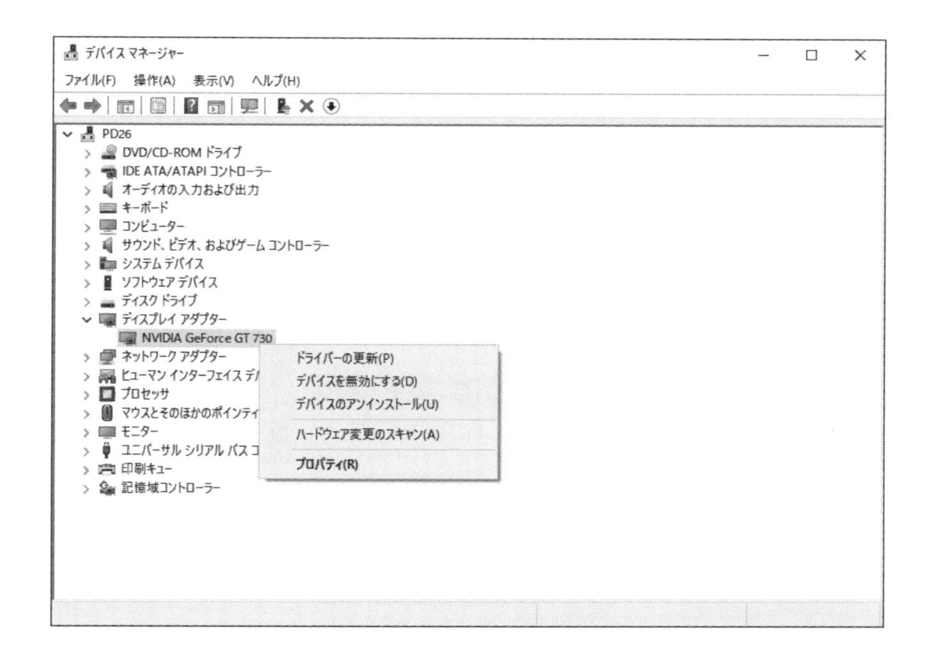

OSのバージョンアップによるトラブル

OSをバージョンアップすると、今まで利用していた周辺機器が利用できなくなることがあります。これは、コンピューターにインストールされている周辺機器のデバイスドライバーが、新しいOSに対応していないためです。メーカーのWebサイトから新しいOSに対応しているデバイスドライバーをダウンロードして更新することで、周辺機器を利用できるようになります。また、デバイスマネージャーからドライバーを更新する方法で、新しいOS に対応できる場合もあります。

BIOS (UEFI) の更新によるトラブル

「BIOS：バイオス (Basic Input／Output System)」はファームウェアの一種で、コンピューターを起動させるために必要な最低限のハードウェアを制御するためのソフトウェアです。コンピューターを起動するとマザーボードに搭載されたBIOSが最初に読み込まれ、ディスクドライブやキーボードなどのハードウェアが利用できるようになります。その後、ハードディスク内に保存されたOS やデバイスドライバーが読み込まれ、その他の周辺機器を利用できるようになります。

このため、BIOSの更新に失敗するとディスクドライブなどが認識できず、コンピューターが起動しなくなります。こうしたリスクがあることを知った上で、BIOSの更新が必要かどうかの判断をしましょう。

なお、近年はBIOSを進化させた「UEFI（Unified Extensible Firmware Interface）」が普及しています。UEFIは、BIOSと同様の役割を果たしますが、画面のデザインの自由度が高く、マウスで操作できる、OSの起動に利用するHDDの容量上限が大きいなど、さまざまな部分で進化を遂げています。

ハードウェアの故障によるトラブル

減価償却資産におけるコンピューターの耐用年数は4 ～ 5年と定められているように、コンピューター機器を長く利用すると、ハードウェアの劣化やホコリ、静電気などいろいろな要因により故障が起きやすくなります。

一般的なハードウェアの故障時の現象は次のとおりです。

ハードウェア	故障時の現象
ハードディスク	• コンピューター起動時に異音がする。 • 頻繁にフリーズする。 • ファイルの読み書きに時間がかかる。
電源	• 電源が入らない。 • 焦げたような異臭がする。 • 本体が異常に熱くなる。
ビデオカード	• モニターに何も映らない。 • モニターの映像が乱れる。 • モニターに縦横の線が入る。
マザーボード	• 警告するビープ音が鳴る。 • OS 起動時のロゴ画面から先に進まない。
CD／DVD ドライブ	• CD/DVD ドライブのトレイが開かない。 • 光メディアを入れても読み込めない。

6-1-3 インターネット接続に関するトラブルシューティング

インターネットへの接続トラブルも、コンピューターを利用する中でよく起こるトラブルです。ここでは、インターネット接続に関するトラブルシューティングについて学習します。

ネットワークの接続状況や接続速度を確認する方法

インターネット接続でトラブルが発生した場合も、まずはコンピューターの再起動やケーブルの接続不良などを確認します。これらの初期対応でもトラブルが解消しない場合は、ネットワークの接続状況や接続速度の大幅な低下などを確認する必要があります。

Windowsの「コマンドプロンプト」では、ネットワークの接続状況や接続速度の確認に役立つコマンドがいくつか用意されています。その代表が「ipconfig」と「ping」です。

コマンドプロンプトを起動するには、［スタート］ボタンのよく使うアプリから、［Windows

システムツール］を展開して［コマンドプロンプト］を選択します。

ipconfig

コマンドプロンプトに「ipconfig」と入力して［Enter］キーを押すと、そのコンピューターのIPアドレスを確認できます。また、「ipconfig /all」とオプションを付けて実行すると、MACアドレスをはじめ、より詳細なアドレスを確認できます。コンピューターが正しくIPアドレスを取得できているかの確認などに用います。

「ipconfig /all」を実行したコマンドプロンプトの画面

ping

「ping」を実行すると、相手のコンピューターと通信できているかを確認できます。pingのあとに、相手のIPアドレスまたはドメインを指定して実行します。相手と正しく通信できれば、「"通信先"からの応答」という形で返事が得られ、同時に応答時間なども確認できます。

通信はできているものの通信速度が非常に低下しているのか、通信そのものが利用できない状況になっているのかを確認することができます。

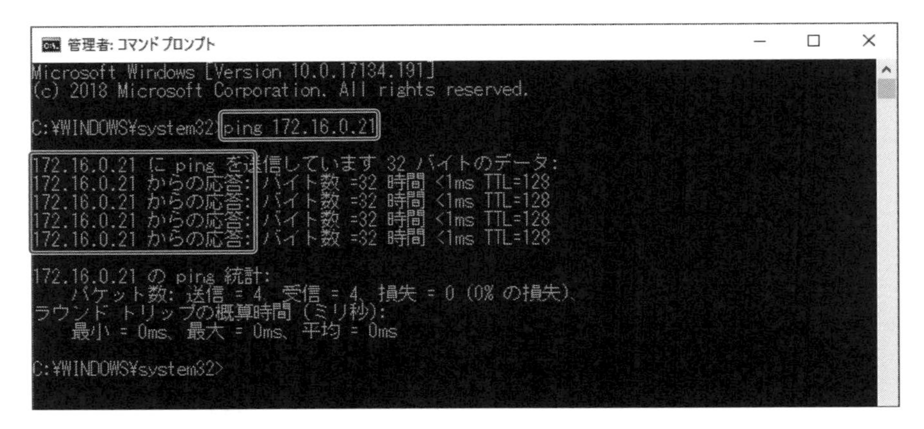

「ping」を実行したコマンドプロンプトの画面

IPアドレスのトラブル

PCのIPアドレスの設定が不適切な場合、インターネットやLANに接続できません。IPアドレスは通常、自動的に取得するよう設定します。

パソコン上でIPアドレスの設定を確認する方法

PC上でIPアドレスの設定を確認する方法として、コントロールパネルから確認する方法があります。

[コントロールパネル] の [ネットワークとインターネット] にある [ネットワークと共有センター] を選択します。左メニューの [アダプターの設定の変更] をクリックします。

接続中のネットワークを選択して右クリックメニューから［プロパティ］をクリックすると、接続しているネットワークのプロパティが表示されます。このプロパティダイアログボックスの「インターネット プロトコル バージョン4（TCP/IPv4）」を選択したら、［プロパティ］をクリックしてIPアドレスを自動的に取得しているかどうか確認できます。

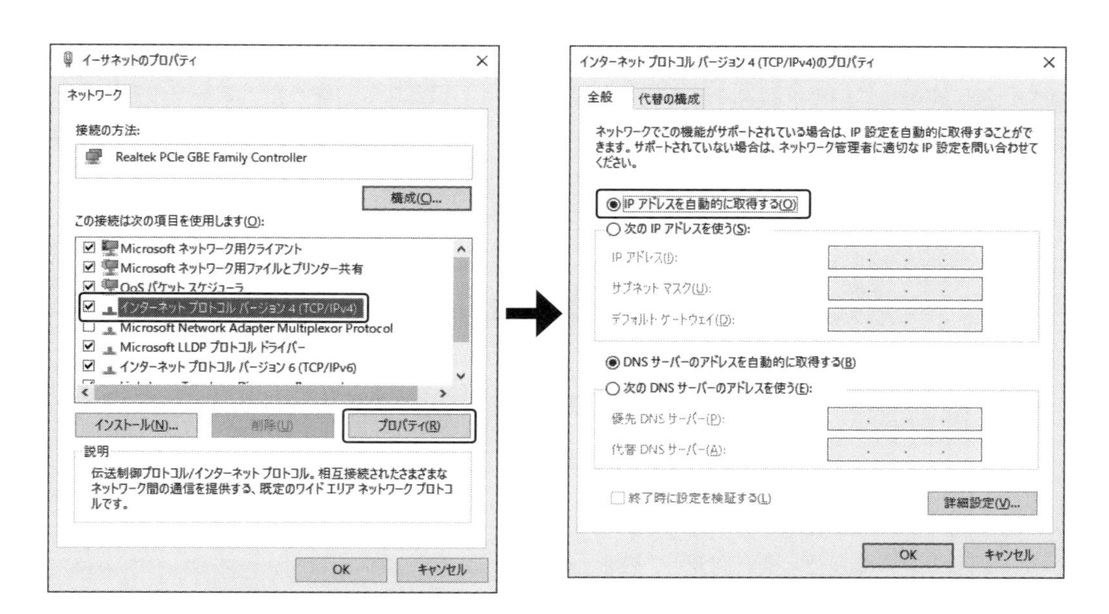

社内LANなどでは、IP アドレスを自動的に取得するのではなく、直接設定する場合があります。その際には、［次のIP アドレスを使う］をオンにして、管理者から指定されたIP アドレスを入力して設定します。

DNS サーバーが原因となるケース

インターネットに接続し、ブラウザーに正しいURLを入力しているにもかかわらず、Webページが閲覧できないときは、DNSサーバーの設定に問題がある可能性があります。ISPや社内LAN管理者の指示どおりに設定されているかを確認し、必要に応じて設定し直します。

「DNS」（Domain Name System）はインターネットを支える重要なしくみです。数字の羅列であるIPアドレスだけでは目的のWebサイトなどを指定することが難しいため、インターネットを利用する際には、IPアドレスと対応したドメイン名（○○.comなど）を使用します。そのIPアドレスとドメイン名の対応付けを行うのがDNSです。

コンピューターからドメイン名の問い合わせがあれば、DNSを構成するDNSサーバーと呼ばれるコンピューターが対応するIPアドレスを返します。DNSは世界中のDNSサーバーが連携した階層構造となっており、各DNSサーバーは問い合わせのあったドメイン名が管理外のものなら、ほかの階層のDNSサーバーに問い合わせていくことで、目的のIPアドレスを取得します。

6-2 バックアップと復元

コンピューターのトラブルがトラブルシューティングで解消できない場合は、ファイルを失う前や正常に稼働していた状態まで遡る復元を利用します。復元には、失った「データの復元」と正常稼働しなくなった「システムの復元」があります。これらを復元するには、元の状態を保存したバックアップデータが必要です。ここでは、バックアップと復元について学習します。

6-2-1 バックアップの概念

通常、ソフトウェアやファイルなどのデータは、使用するコンピューターに保存されています。しかし、ハードウェアのトラブルやウイルスの攻撃でコンピューターが壊れたり、盗難や災害などでコンピューター自体が失われたりすると、作成したファイルや写真データなどの大事なデータがすべて消失してしまいます。

トラブルには、ハードウェア上の故障はなくファイルやデータだけを失う場合と、ハードウェアごと利用ができなくなる場合があり、可能な限りどちらの状況にも対応できるバックアップ環境を整える必要があります。特にハードウェア故障に対応するには、システムを構成するコンピューターや部品の予備を用意しておき、トラブル発生時に代替えをさせる「冗長化」と呼ばれる対策が必要です。冗長化されたシステムでは、ファイルやデータだけでなく、システムを構成するソフトウェアやプログラムもバックアップの対象となります。

バックアップの場所

バックアップは、コンピューターの不具合発生時に利用するためのもので、同じコンピューター内に保存しておくと、ハードディスクの空き容量にも影響し、いざというときに利用できない恐れがあります。そこでバックアップは通常、コンピューター内のハードディスクとは別の場所に保存しなければなりません。

外部記憶装置

個人用のデータや比較的小規模なシステムなどはデータのサイズが小さいため、外付けハードディスクや光メディア、USBメモリなどの外部記憶装置をPCに接続してバックアップを取るのがもっとも手軽で簡単な方法です。

ファイルやフォルダーを、外部記憶装置内へドラッグ＆ドロップすることで簡単にバックアップができ、外部記憶装置からコンピューター内へドラッグ＆ドロップすることで簡単に復元できます。

ただし、外部記憶装置は紛失や盗難のリスクがあるため、重要なデータは金庫への保管やバックアップソフトを利用した暗号化などの対策が必要です。

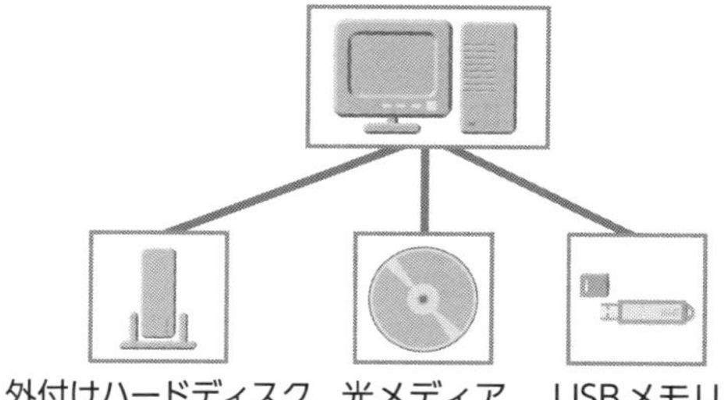

外部記憶装置へのバックアップ

オフサイト（遠隔地）

自社にサーバーを導入して、大規模なシステムを運用している場合、同じ現場（オンサイト）にバックアップ用のサーバーを導入しても安心できません。火災や水害などでその現場が被害を受けると、システム用のサーバーと共にバックアップ用のサーバーも駄目になってしまうからです。

このような場合、遠隔地（オフサイト）にあるデータセンターなどと契約して、バックアップデータを預けます。専用のバックアップシステムを利用できるので、データを安全にバックアップでき、障害発生時でも簡単にデータを復旧できます。

オンサイトのバックアップ

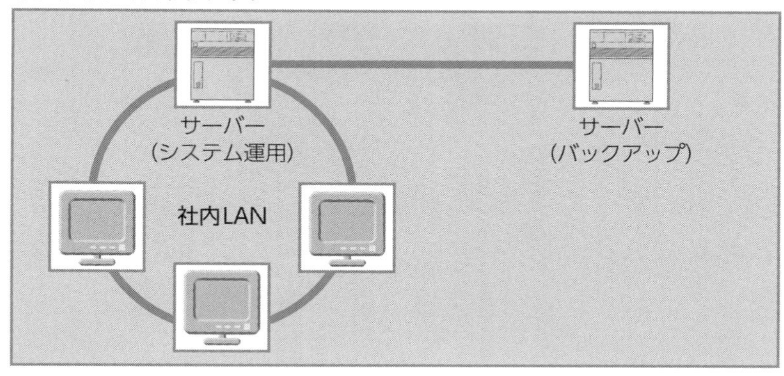

オフサイトのバックアップ

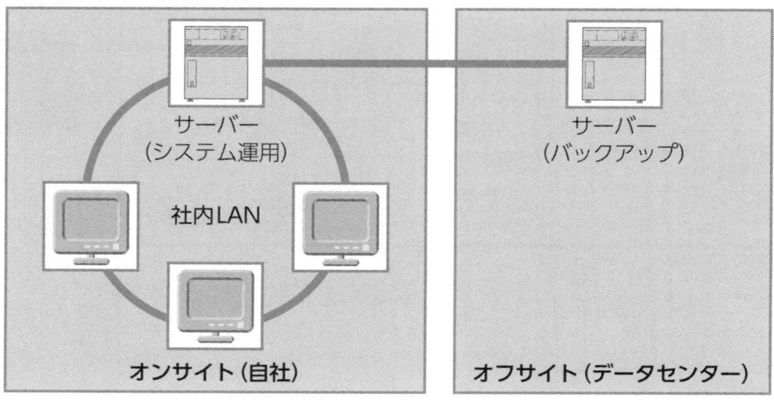

06

データセンターは、顧客のデータを預かったり、サーバーの運用を代行したりする物理的な施設です。災害対策やセキュリティ対策がとられており、堅牢な作りでデータを守ります。

クラウド

「クラウド」とは、ネットワーク上にあるサーバーやアプリケーションなどのリソースを、インターネット回線を経由して利用できるサービスのことです。

ファイルの保存先をクラウドにすることで、ファイルのバックアップや復元はクラウド事業者が行うことになり、データ管理の手間が軽減されます。ユーザー側は、クラウドに接続するためのインターネット環境と、サービスを利用するコンピューター機器を用意すれば、いつでもどこでもクラウドサービスを利用できます。

バックアップのバージョン管理

通常、バックアップデータは何世代か前の分まで残しておきます。バックアップデータが最新の1つだけだと、バックアップデータが壊れたら復元できない、データの破損に気づかずにそのままバックアップすると正常なデータに復元できない、などのリスクがあるからです。複数のバックアップデータがあれば、正常な状態に復元できる可能性が高くなります。

複数のバックアップデータを残すには、次のようなやり方があります。

完全バックアップ

データを完全にバックアップしたものを残していくやり方です。回を重ねるにつれ、バックアップデータの容量がどんどん増えていくのが欠点ですが、1回の操作で全データを復元できるメリットがあります。

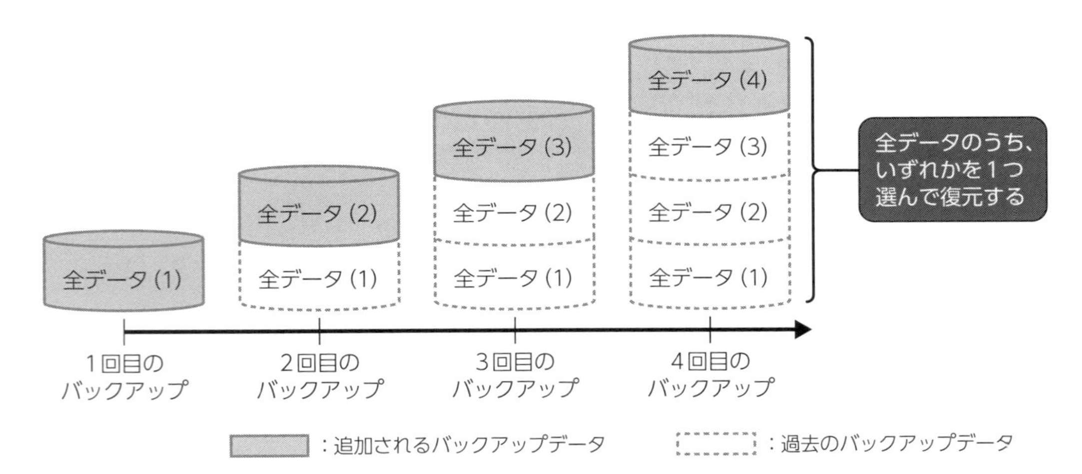

完全バックアップのイメージ

増分バックアップ

「増分バックアップ」は、1回目のバックアップだけを完全バックアップして、以降は前回のバックアップから変更のあったデータだけを毎回残していくやり方です。バックアップデータの容量を最小限に抑えることができます。ただし、復元する際には複数の操作が必要になります。

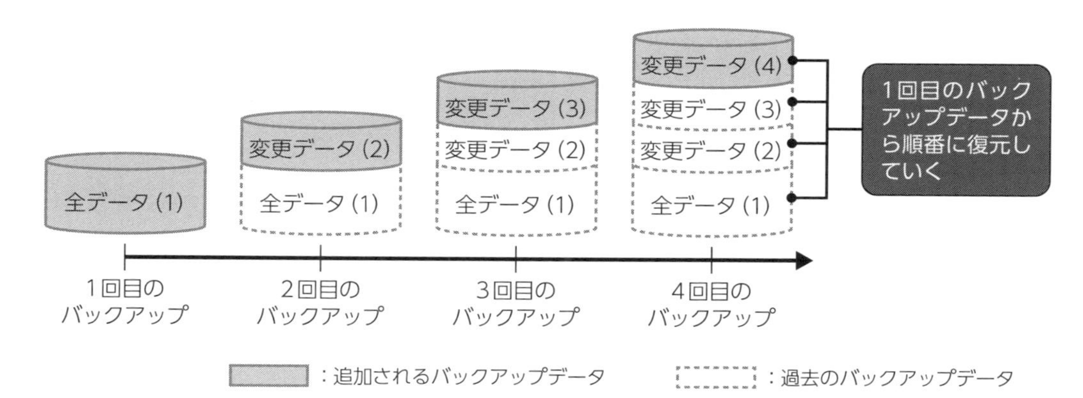

増分バックアップのイメージ

差分バックアップ

「差分バックアップ」は、1回目のバックアップだけを完全バックアップして、以降は1回目のバックアップから変更のあったデータをまとめて残していくやり方です。完全バックアップに比べるとバックアップデータの容量を抑えることができます。また、2回の操作で復元できるので、増分バックアップより簡単に復元できます。

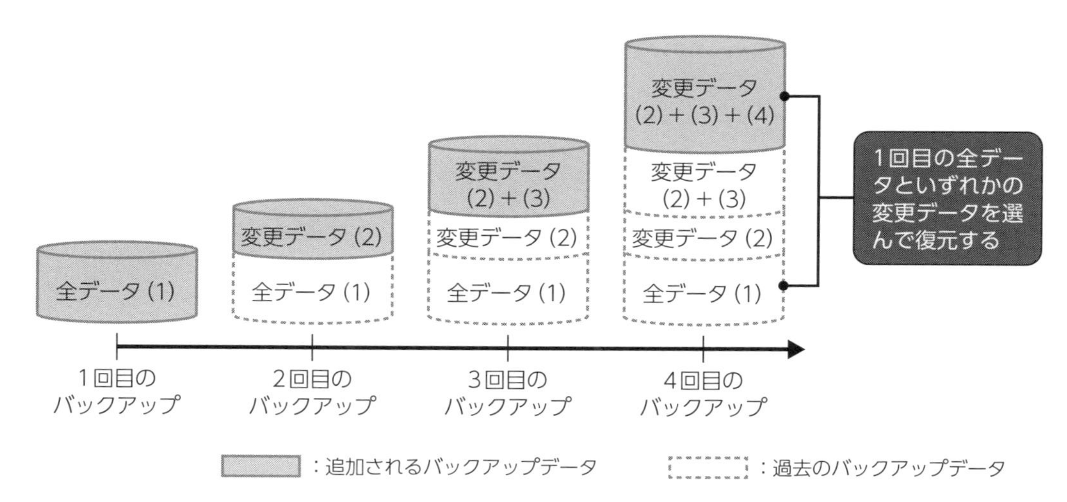

差分バックアップのイメージ

6-2-2 バックアップと復元の方法

Windowsのバックアップ

Windowsでは「バックアップと復元」機能を利用するとデータとシステム両方のバックアップを取ることができます。スケジュールに沿って、指定したデータを外部記憶装置にバックアップします。

初回のバックアップ

Windows導入後、はじめてバックアップを利用する際は、次の方法でバックアップを設定します。

【実習】「バックアップと復元」を使ってバックアップします。

①コントロールパネルを開きます。
②[システムとセキュリティ] をクリックして、[バックアップと復元(Windows 7)] をクリックします。
③[ファイルのバックアップまたは復元] 画面にある [バックアップの設定] をクリックします。
※管理者権限のないユーザーの場合、管理者用のパスワードの入力を求められます。

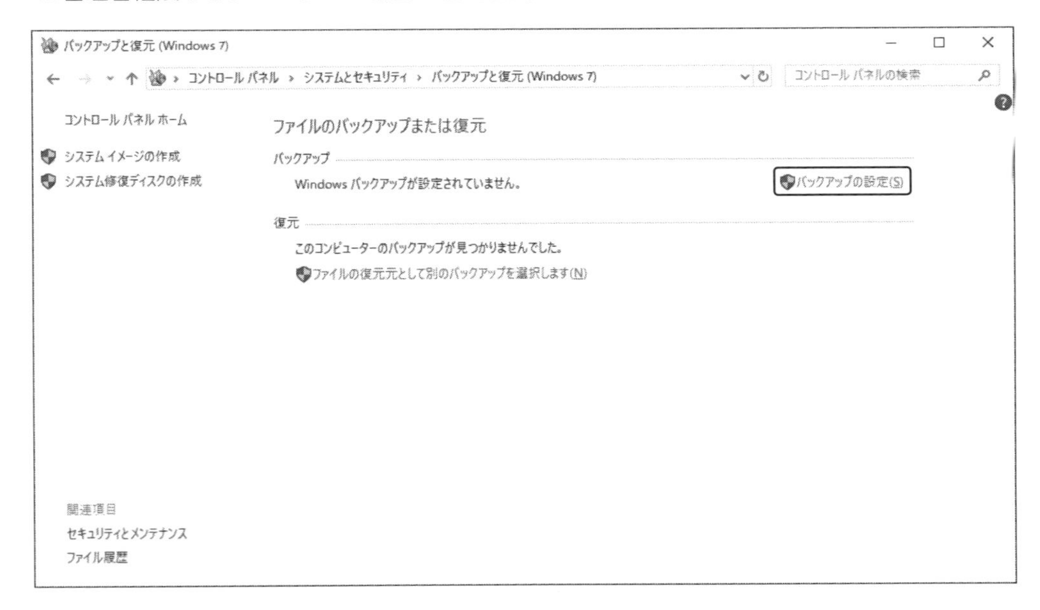

④[バックアップを保存する場所の選択] でバックアップを保存する外部記憶装置を選択します。
※コンピューターに接続されている外部記憶装置の一覧が表示されます。

⑤[次へ] をクリックします。

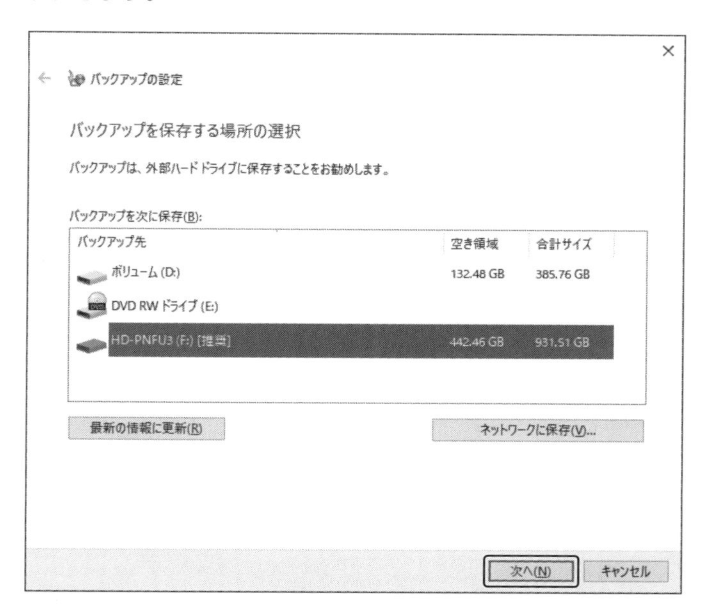

⑥[バックアップの対象] でバックアップする対象を選択します。
⑦[次へ] をクリックします。

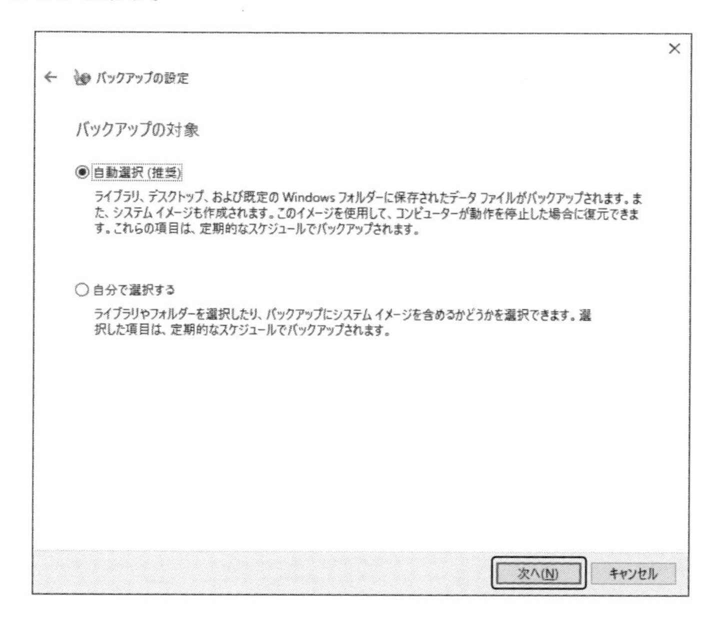

⑧[バックアップ設定の確認] でバックアップの場所や対象、スケジュールを確認します。

※[スケジュールの変更] をクリックすると、バックアップの頻度や曜日、時刻を変更できます。

⑨[設定を保存してバックアップを実行] をクリックします。

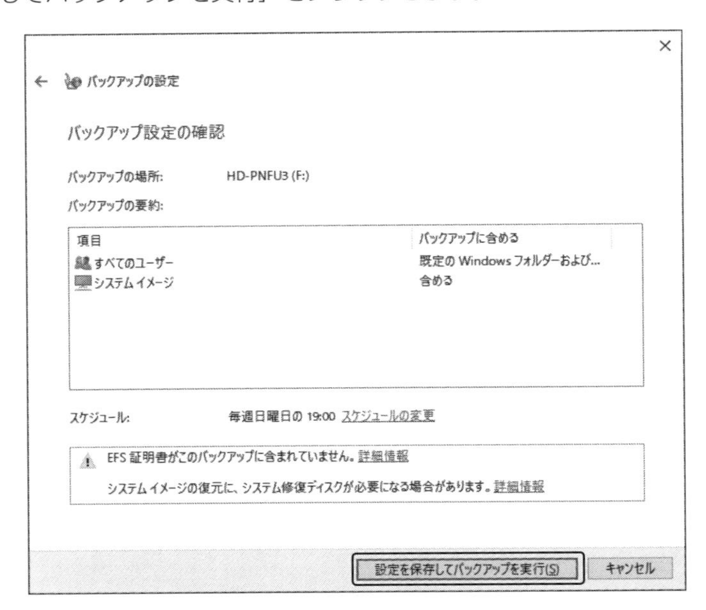

⑩バックアップの設定が保存され、バックアップが実行されます。

システムイメージとは、ハードディスク内のデータをコピーしたものです。OS のシステム設定、インストールしたソフトウェア、ユーザーが作成したデータなどが含まれます。コンピューターが動作しなくなったときでも、回復ツールの「高度な回復方法」からシステムイメージを復元できます。
システムのイメージを含むバックアップは、PC故障時にも利用できるように外付けHDDなどの外部記憶装置に作成しましょう。

2回目以降のバックアップ

1度バックアップを実行すると場所や対象などの設定が保存され、[ファイルのバックアップまたは復元] 画面に [今すぐバックアップ] ボタンが表示されます。クリックすると、前回と同じ設定でバックアップを実行します。

また、バックアップデータを削除するには [領域を管理します] から、バックアップの設定を変更するには [設定を変更します] からそれぞれ実行します。

バックアップデータ（ファイル）の復元

バックアップデータの復元は、「バックアップと復元」の［ファイルの復元］から実行します。任意のフォルダーやファイルを選択して、元の場所や別の場所に復元することができます。

【実習】「バックアップと復元」を使って復元の手順を確認します。

①コントロールパネルを開きます。

②[システムとセキュリティ] をクリックして、[バックアップと復元(Windows 7)] をクリックします。

③[ファイルのバックアップまたは復元] 画面の [ファイルの復元] をクリックします。

④[ファイルの参照] または [フォルダーの参照] をクリックして、復元するファイルやフォルダーを追加します。

⑤[次へ] をクリックします。

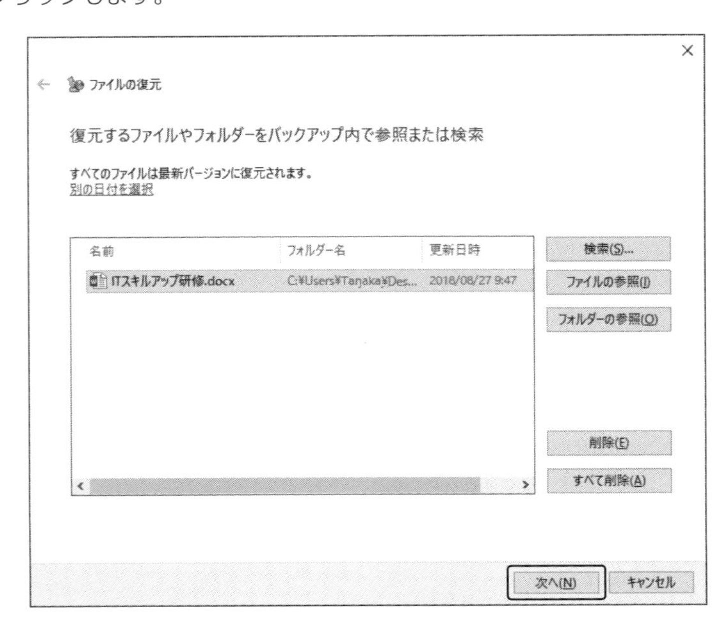

⑥[ファイルを復元する場所] で復元場所を選択します。

※以降の操作は実際には行わないでください。復元が実行されます。

⑦[復元] をクリックします。

※操作方法を確認したら [キャンセル] をクリックしてください。

OSの復元と回復

OSは「システムファイル」や「設定ファイル」などの基本ファイルで構成されています。これらのファイルが、ウイルスの攻撃で壊れたり、アプリケーションやデバイスドライバーのインストールで想定外の変更が加えられたりすると、コンピューターが不安定な状態になります。そうなると、エラーメッセージが頻繁に表示されたり、アプリケーションやOS の動作が停止して応答がなくなったりしたりします。また、コンピューターの起動時に読み込むファイルが破損すると、そこでOSの読み込みがストップしてしまい、コンピューターが起動しなくなります。

アプリケーションやOSの動作が停止して応答しなくなることを「フリーズする」ともいいます。

システム回復オプション

電源を入れても、コンピューターが起動しない場合は「システム回復オプション」メニューから「セーフモードの起動」や「システムの復元」などの回復ツールを実行します。
Windows10の場合、OSが正常に起動しない場合、最初に「スタートアップ修復」が自動的に行われ、システムファイルや設定ファイルの破損や不足などを修正します。

操作手順を以下に紹介しますが、これは【実習】ではありません。ご利用中のコンピューター環境に影響を及ぼす可能性があるため、実際の操作は行わないでください。

①起動処理中に「電源ボタン」を押すなどを繰り返し、2回連続でWindowsの起動に失敗させます。
②「スタートアップ修復」が自動的に行われます。
③スタートアップ修復ができないという内容の画面が表示されたら、[詳細オプション] をクリックします。

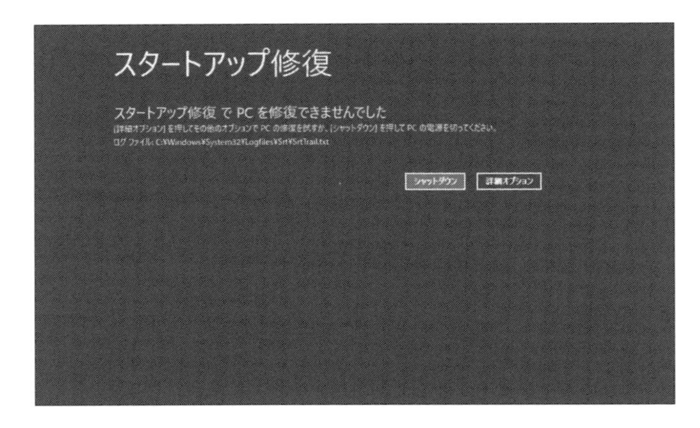

④[オプションの選択] 画面が表示されたら、[トラブルシューティング] をクリックします。

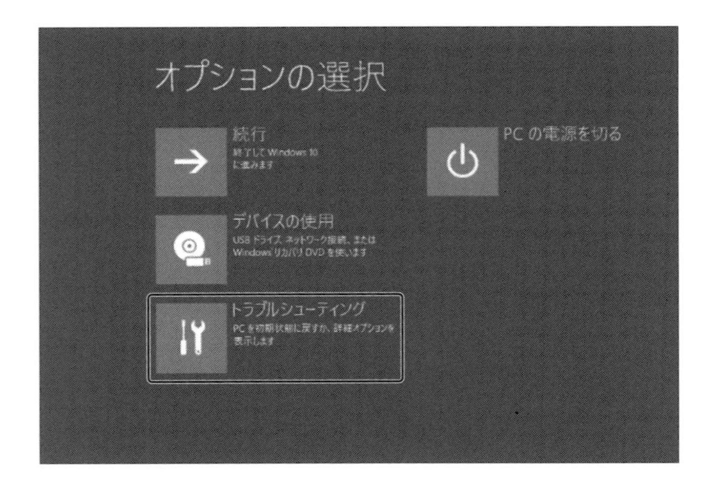

⑤[詳細オプション] をクリックします。

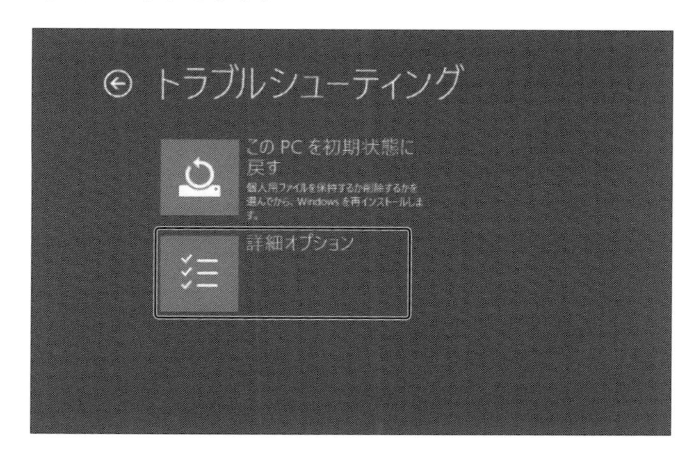

⑥[スタートアップ設定] から [再起動] をクリックします。

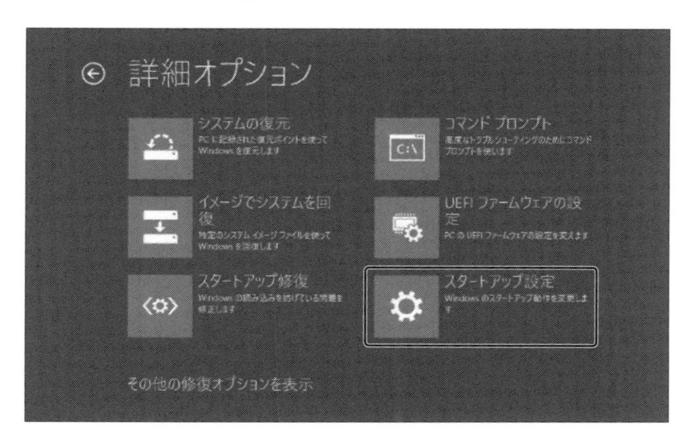

セーフモードの起動

「スタートアップ修復」でもコンピューターが正常起動しない場合は、「セーフモード」を利用してOSを起動します。セーフモードとは、OSを実行するのに必要な最小限のファイルとドライバーを読み込んで起動するモードです。問題のあるファイルの読み込みを回避できれば、コンピューターを起動できる可能性が高くなります。

特に、Windowsの起動と同時に有効になる機能については、通常起動中には修復ができないことがあり、このような場合には、セーフモードでの起動を試みます。セーフモードで起動できたら、「システムの復元」などの回復ツールを使って問題解決を図ります。それでも解決しないときは、OSの再インストールを考えます。

システムの復元

Windows10ではシステム保護の機能により、システム環境を保存した「復元ポイント」が定期的に作成されます。また、アプリケーションやデバイスドライバー、更新プログラムのインストール時など、システムに重要な変更が加えられる直前にも、復元ポイントが自動的に作成されます。

「システムの復元」では、これらの復元ポイントを使ってコンピューターが不安定になる前のシステム環境に戻すことができます。それまでにインストールしたアプリケーションなどは削除され、システムの設定も元に戻りますが、ユーザーが作成したドキュメントや受け取った電子メールなどには影響を与えません。

【実習】システムの復元を実行します。

①コントロールパネルを開きます。

②[システムとセキュリティ] をクリックして [システム] をクリックします。

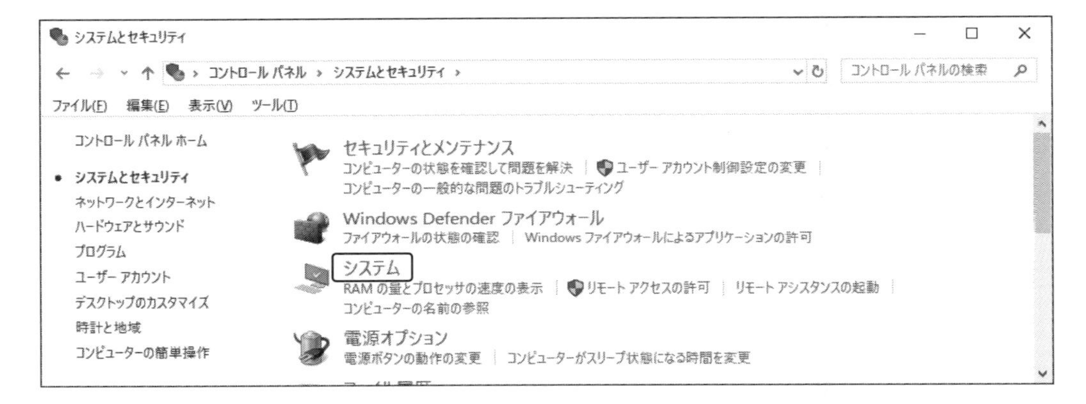

③左メニューの [システムの保護] をクリックします。

④[システムのプロパティ］ダイアログボックスの［システムの保護］タブが表示されたら、[システムの復元］をクリックします。

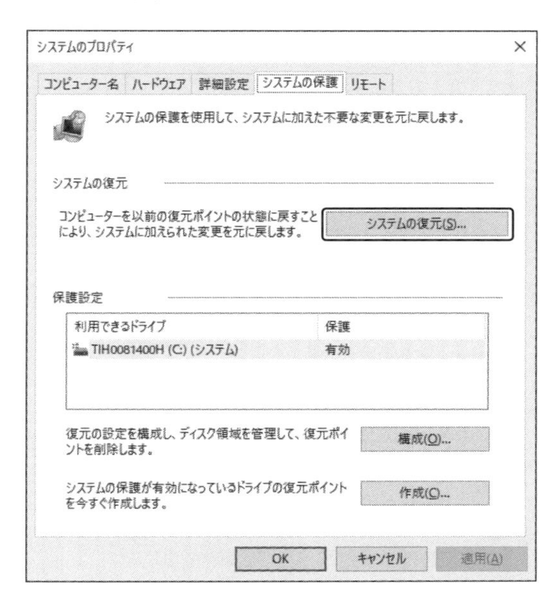

⑤[システムの復元］ウィザードが起動したら［次へ］をクリックします。

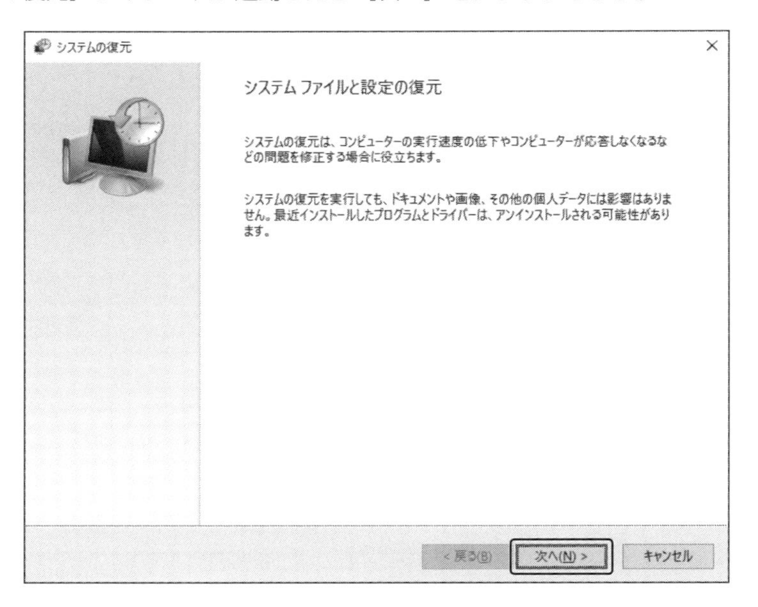

⑥任意の「復元ポイント」をクリックし、[次へ] をクリックします。

※復元ポイントが作成された日時や説明、種類を参考に復元ポイントを選びます。

※以降の操作は実際には行わないでください。システムの復元が実行されます。

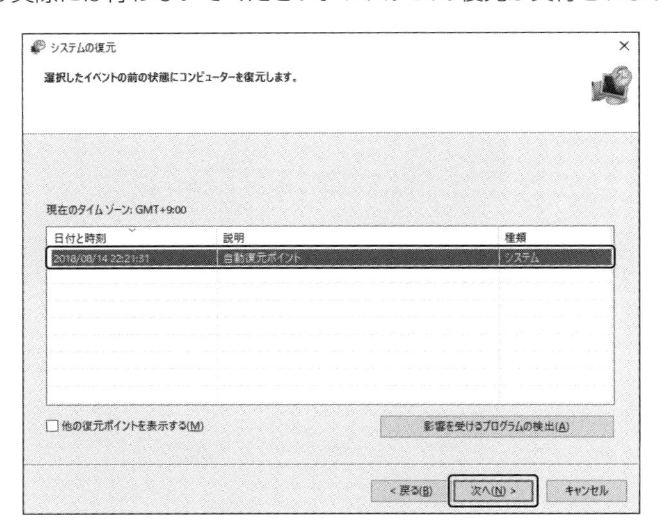

⑦[復元ポイントの確認] 画面が表示されたら [完了] をクリックします。

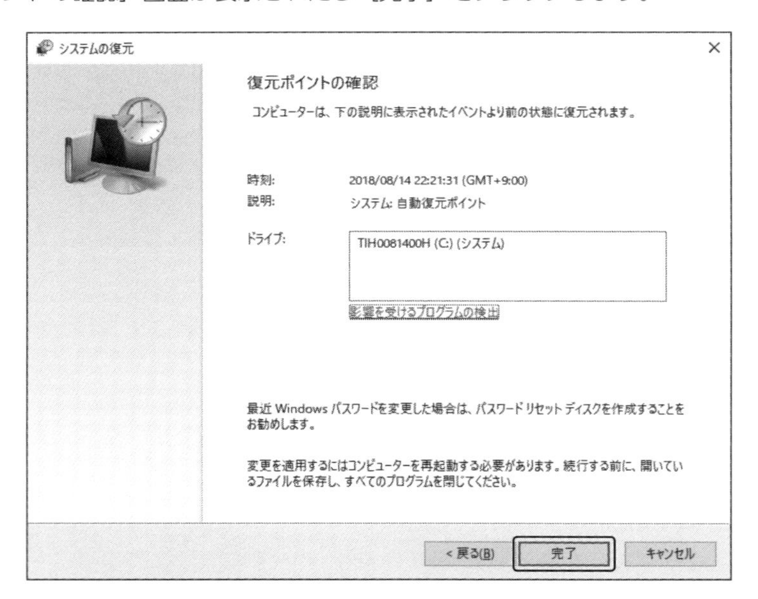

※[完了] ボタンが表示されるのを確認したら、[キャンセル] をクリックしてウィザードを閉じておきましょう。

※「システム回復オプション」の [詳細オプション] 画面からも [システムの復元] が利用できます。

復元ポイントの作成

システムの復元に利用する復元ポイントの作成は、コントロールパネルの［システムとセキュリティ］にある［システム］から行います。

操作手順を以下に紹介しますが、ご利用中のコンピューター環境に影響を及ぼす可能性があるため、実際の操作は行わず手順を確認してください。

①コントロールパネルの［システムとセキュリティ］にある［システム］をクリックして、左メニューから［システムの保護］をクリックします。

②［システムのプロパティ］ダイアログボックスの「システムの保護」タブが表示されたら、［作成］をクリックします。

③任意の名前を入力し、[作成] をクリックして復元ポイントを作成します。

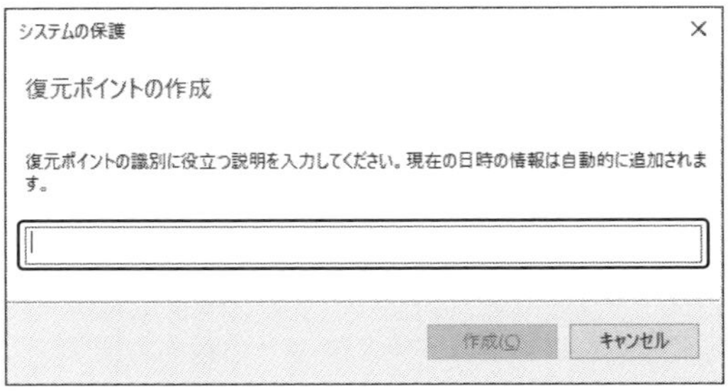

システムの保護
復元ポイントの作成
復元ポイントの識別に役立つ説明を入力してください。現在の日時の情報は自動的に追加されます。
作成(C) キャンセル

6-2-3 個人用デバイスのシステムの復元方法

OSの修復や再インストールでもトラブルが解決しない場合は、コンピューターを工場出荷状態に戻すことで状況を打開する方法もあります。

ただし、工場出荷状態に戻すとHDDが再フォーマットされ、ユーザーが保存したデータは失われるので、事前にデータのバックアップができていないとすべてのユーザーデータが失われることがあるので注意が必要です。

OS の再インストール

OSを再インストールするとコンピューターを初期状態に戻すことができます。OSを再インストールする流れは次のとおりです。

① 必要なデータをバックアップします。

OSを再インストールすると、すべてのデータが削除されます。
必要なデータは、外部メディアにコピーしておきましょう。

② OSのインストールディスクをセットします。

コンピューターにOSをインストールするためのディスクをセットします。
メーカーによっては専用のリカバリーディスクやハードディスク内の回復イメージからOSをインストールします。

③ 再インストールを開始します。

インストールディスクをコンピューターにセットしたら、コンピューターを再起動します。OSのセットアップに関するウィザードが表示されたら、画面に従って再インストールを開始します。
※PCによっては、メディアドライブから起動できない場合があります。その場合は、ドライブの起動順を変更する必要があります。

④ 再インストールが完了します。

再インストール後、OS の設定、アプリケーションやドライバーのインストール、バックアップファイルの復元などを行います。

※上記の手順は、OSやメーカーによって異なります。

リカバリーディスクと回復イメージ

メーカーによっては、OSのインストールディスクの代わりに、「リカバリーディスク」が付属している場合や、ハードディスク内に回復イメージが保存されている場合があります。リカバリーディスクや回復イメージには、そのコンピューター専用のOS、アプリケーション、ドライバーなどが含まれています。これらを使って再インストールすると、コンピューターを工場出荷時の状態に戻すことができます。再インストールの手順はメーカーによって異なることがあるので注意が必要です。

タブレットや携帯電話でフルシステムリストア／リセット

さまざまなアプリや電話帳、写真などを利用するスマートフォンやタブレットでもバックアップや復元は重要です。

コンピューターとは異なり、外付けHDDやDVDなどのメディアにバックアップを取ることが難しいため、通常は次のような方法でバックアップを行います。

- コンピューターへデータ転送する
- SDカードなどのメディアにバックアップを取る
- バックアップ用のアプリを利用する

ただし、SDカードのバックアップは、機種によってSDカードを利用できないものがあったり、SDカードそのものを紛失したりする可能性もあります。そのため、コンピューターへのデータ転送かアプリを用いてクラウドサービスを利用する方法が一般的です。

スマートフォン全体のバックアップに用いる代表的なアプリに、Apple社の「iCloud」や、情報スペース社の「JSバックアップ」などがあります。また、写真であればGoogle社の「Googleフォト」、ファイル全般であれば、Microsoft社の「OneDrive」、Apple社の「iTunes Drive」、Google社の「Google Drive」などのクラウドストレージもバックアップ先として利用できます。

なお、スマートフォンが故障した場合にはアプリの再インストールを試し、それでも解決しない場合はスマートフォンを工場出荷状態にリセットして、リストア（復元）して解決を試みます。

リセットとリストアの方法は機種によって異なりますが、通常はスマートフォンの設定画面に「バックアップとリセット」などのメニューがあるので、指示に従ってリセット処理を行います。

セキュリティ

コンピューターやスマートフォンを安全に利用していくうえでセキュリティの知識は必要不可欠です。最近では、多くのサービスがインターネット上で提供されるため、ID・パスワードの管理や安全なネットワークの利用、コンピューターウイルスや不正アクセス、サイバー攻撃などの脅威への対応を自身の責任で行う必要があります。

ここでは、インターネットを安全に利用するための基本について学習します。

7-1 コンピューターやネットワーク利用に潜むリスク

セキュリティを考えるとき、その利用環境にはどのような「リスク」が存在しているのかを理解する必要があります。リスクは、外部からの攻撃である「脅威」と自らが持つ危機にさらされる要因である「脆弱性（ぜいじゃくせい）」を含み、これらは技術的リスク、人的リスク、物理的リスクという3つの側面から整理することができます。ここではそれぞれのリスクの内容を整理します。

7-1-1 技術的リスク

情報技術を悪用して、ユーザーに不利益を及ぼすことや、技術的に危機にさらされる可能性があるものを総称して「技術的リスク」と呼びます。ここでは、代表的な技術的脅威について学習します。

不正アクセス・ハッキング（クラッキング）

正式な認可を持たないユーザーが不正な手段によって、コンピューターやネットワークにアクセスすることを「不正アクセス」と呼びます。不正アクセスを含め、広い意味でコンピューターやネットワークに入り込んで操作を行うことを「ハッキング」といいます。もともとハッキングは高度な技術を使ってシステムを操作する行為を意味しており、不正な操作を示す言葉ではありません。そのため、悪意のあるハッキングを「クラッキング」、悪意のないハッキングを「ホワイトハック」と呼んで区別するケースも増えています。

インターネットに接続しているコンピューターには、不正アクセス、およびハッキングのリスクが常につきまといます。不正アクセスによって機密情報や個人情報の盗聴・改ざんをされると、経済的な損失だけでなく社会的な信用を失うなどの大きな被害を受けることになります。

不正アクセスの手口は、コンピューターやネットワーク機器の脆弱性や設定ミス、パスワード管理の不備を突いたものがほとんどです。不正アクセスの主な手口は次のとおりです。

手口	説明
遠隔操作	標的とするコンピューターに特殊なプログラムを埋め込むことで、遠隔地にある別のコンピューターから操作すること。遠隔操作によって掲示板への反社会的な書き込みなどが行われると、標的とされたコンピューターのユーザーが犯人と見なされる可能性がある。 コンピューターの管理者に気づかれないように、不正侵入を行うための侵入経路を確保することを「バックドア」と呼ぶ。
DoS攻撃 DDoS攻撃	第三者が大量のパケットをサーバーに送信し、サーバーが処理しきれなくなって停止状態に陥ってしまうこと。 第三者が直接自分のPCから行うDoS攻撃に対し、第三者が乗っ取ったPCから行う方法をDDoS攻撃と呼ぶ。

手口	説明
盗聴	ネットワークを流れるデータを第三者が不正に取得すること。情報の漏えいにつながる。
なりすまし	盗んだID やパスワードを使ってネットワークに不正侵入し、本人のふりをして情報の改ざんや破壊など不正にシステムを利用すること。
踏み台	侵入者が特定のシステムを攻撃する際に、別のコンピューターを不正に経由すること。踏み台にされると本来は被害者であるにもかかわらず加害者とみなされ、管理責任を問われる可能性がある。
パスワードクラック	他人のパスワードを不正に取得すること。想定されるパスワードの文字と英数字を組み合わせて試行を繰り返す「総当たり攻撃」や辞書にある単語を端から入力してアクセスを試みる「辞書攻撃」、不正入手したID・パスワードをリスト化し、ほかのWebサイトなどへのアクセスを試みる「パスワードリスト攻撃」などの手法がある。

マルウェア

コンピューターに対してなんらかの被害を及ぼす、悪意のある不正なプログラムを総称して「マルウェア」と呼びます。マルウェアには数多くの種類があり、行動や感染経路もさまざまです。

コンピューターウイルス

コンピューターに侵入して自己増殖をしながらファイルの破壊活動などを行います。

コンピューターウイルスに感染すると、意味のない画像や文字を画面に表示したり、ハードディスクのデータを削除したり、保存してあるファイルをWeb 上に公開したり、再起動を繰り返したりといったユーザーの意図しない操作が行われます。

感染経路としては、Web サイトや電子メールなどネットワークからの感染が主ですが、USBメモリなどの記憶媒体を介して感染する場合もあります。

コンピューターウイルスには、以下のような種類が存在します。

種類	説明
ワーム	ほかのファイルに寄生せずに自己複製して破壊活動をする。狭義ではコンピューターウイルスと区別することもある。
トロイの木馬	正体を偽って侵入し、データの消去やファイルの外部流出、ほかのコンピューターの攻撃といった破壊活動を行う。ほかのファイルに寄生したりせず、自分自身での増殖活動も行わない。一定期間後に発症するものも多くある。
マクロウイルス	文書作成ソフトや表計算ソフトに搭載されているマクロ機能を利用したコンピューターウイルスで、文書ファイルなどに感染して自己増殖や破壊活動を行う。
ガンブラー	Webサイトを改ざんして感染用プログラムを仕掛けることで、Webサイトの閲覧者が感染する。感染したコンピューターは、「バックドア」と呼ばれる不正侵入のための仕掛けが埋め込まれるなどの被害にあう。

スパイウェア

コンピューターに潜み、ユーザーが入力する情報などを不正に取得してインターネットにアップロードします。スパイウェアの多くは、ソフトウェアやファイルなどに仕込まれており、ソフトウェアのインストール時やファイルの実行時にコンピューター内に侵入します。そして、ユーザーが気づかないうちにデータ収集やデータ送信などの不正な活動を行います。

ランサムウェア

コンピューター内のファイルを勝手に暗号化したり、コンピューターそのものをロックしたりして、使用できなくします。暗号の解除に必要なパスワードを提供する代わりに金銭の支払いを要求します。

マルウェアによる代表的な症状と発見

コンピューターがマルウェアに感染しているときの代表的な症状には、次のようなものがあります。

- データファイルやシステムファイルが削除される
- 余計なツールバーが表示されたり、デスクトップに見慣れないアイコンができたりする
- アプリケーションの動作が異常に遅くなったり、操作中に強制終了したりする
- 見慣れないアプリケーションが起動する
- OS が頻繁にフリーズする
- コンピューターが勝手に再起動を繰り返す

コンピューターの不調にはさまざまな要因がありますが、このような症状が見られるときは、マルウェアに感染している可能性があります。いったん感染してしまうと、自分のコンピューターだけでなく、同じネットワーク上のほかのコンピューターにも被害を拡大させる恐れがあるので、早急に対処しなければなりません。何より、マルウェアに感染しないような対策が必要です。

フィッシング

「フィッシング」とは、悪意ある第三者が本物そっくりに作成した偽のWebページにユーザーを誘導し、個人情報を入力させて盗み出す詐欺行為のことです。悪意ある第三者が正当な事業者になりすまし、「トラブルが発生したので、ログインしてください」などの警告を伝える文章に、偽のURLを記載したメールを送ってきます。ユーザーが正当な事業者からのメールと勘違いし、記載されたURLをクリックして偽のWebページを開き、促されるままにユーザーIDやパスワードを入力してしまうことで、大切な個人情報が盗まれてしまいます。

フィッシングの被害にあわないためには、不審なメールを受け取ったら、送り主や記載されたURLが本物かどうかを必ず確認しましょう。送信者名やURLは本物と似ていることが多いので、

検索エンジンなどで本物を検索し、正しいかどうかを確かめます。一般にパスワードやクレジットカード番号などの再入力を求めるメールは、フィッシングメールである確率が高いといえます。

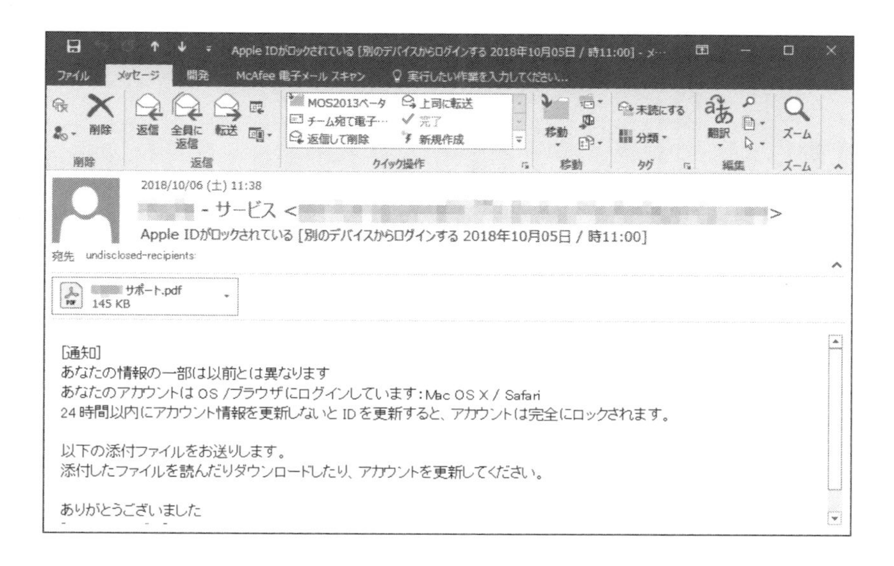

7-1-2 人的リスク

人的リスクとは、人が原因となって起こる危機を指します。

情報漏洩

「情報漏洩」はユーザーが誤って外部に情報を公開、送付してしまう人的リスクです。情報漏洩の代表的なきっかけには、次のようなものがあります。

- メールを誤送信する
- 誤操作でWebサイトに情報を公開する
- PCやスマートフォンを紛失する

また、悪意のある第三者が意図的に不正な方法で情報を得ることもあります。代表的な手法は次のとおりです。

- PCやスマートフォンの画面を背後から「盗み見」する
- 話術や盗み聞きなどの社会的な手段で、情報を入手する
- ゴミ箱を漁り、ユーザーIDやパスワードが書かれたメモを入手する

管理者やユーザーに対する社会的な手段により情報を不正に入手することを「ソーシャルエンジニアリング」といいます。アンケート調査と称して家族の情報を引き出し、誕生日や電話番号などパスワード解析のヒントを得るなどの手段を用います。

なりすまし

「なりすまし」は、悪意のある第三者が情報漏洩によって得た他人のユーザーIDやパスワードを用いて、情報を引き出し、ユーザー本人に成り代わって不正な操作を行う人的リスクです。

なりすましをされたユーザー本人への被害だけでなく、なりすましたIDから情報の不正流出やネット詐欺など周囲のユーザーへの被害も拡大します。

ネット詐欺

インターネットを活用した詐欺行為を総称して「ネット詐欺」と呼びます。ネット詐欺には、Webサイトやメールアドレス内のハイパーリンクをクリックしたことで、サービスの契約や商品の購入をしたことを警告し利用金額を請求する「ワンクリック詐欺」や、eコマース（ネットショップ）で購入した商品を送らない、または偽物の商品を送る「ネットショップ詐欺」などがあります。

7-1-3 物理的リスク

物理的リスクとは、有形資産が直接的に利用できなくなるような危機にさらされる事態を指します。

災害

「災害」は、火事や地震によって有形資産が利用不可能になる脅威です。悪意のある行為ではありませんが、事前に対策を用意する必要があります。

破壊活動

「破壊活動」は、第三者によって有形資産が破壊され、業務を妨害する行為です。強盗や営業妨害を目的とした侵入者が、PCなどの機器を破壊する行為がこれにあたります。

7-2 コンピューターのリスク対策

多様化するリスクに対応するためにさまざまな対策があります。ここでは、コンピューター上で対応可能なリスク対策について学習します。

7-2-1 アカウントの適切な管理

「アカウント」とは、コンピューターやネットワーク、インターネット上のサービスを利用する権利のことで、ユーザーの識別やユーザーの情報を管理するために用いられます。コンピューターやインターネットサービスを利用する際に、「ユーザーID」と「パスワード」を用いて認証を行う方法が一般的です。安全なコンピューターの利用のためには、アカウントを適切に管理する必要があります。

ユーザーID

「ユーザーID」は、利用するコンピューターの管理者やサービスの事業者によってアカウントを割り当てられる場合と、自分の登録したメールアドレスやアカウント名がユーザーIDとなる場合があります。いずれも、個人を識別するうえで重要な情報となるため、忘れないように管理することが重要です。

また、管理者を示す「admin」や「root」など他人から推測されやすいものは、不正ログイン攻撃の対象となりやすいため、ユーザーIDとして使用しないようにしましょう。

パスワード

「パスワード」は、ユーザー自身が決めて登録するもので、管理者を含め誰にも分からない状態で管理されます。つまり、コンピューターやサーバー側にパスワード情報は存在するものの、管理者であってもそのパスワードは見ることができないしくみが一般的です。

そのため、パスワードはユーザーID以上に厳重な管理が必要であり、万が一忘れた場合は、管理者やシステムの指示に従って再設定をする必要があります。

なお、サイトやサービスごとに異なるIDやパスワードを管理するのは難しいため、複数のパスワードを管理できる「パスワード管理ソフト」を使用すると便利です。

パスワード制御、パスワード保護

パスワードを決める際は、他人に推測されにくいものを設定します。そのためには、次のことに注意します。

- 一定以上の文字数にする（一般的には6 ～ 8文字以上）
- 大文字、小文字の英字と数字や記号を混在させる
- 氏名や生年月日など本人の情報と同じにしない
- ランダムな文字列にする（辞書に載っているような単語は使用しない）

サービスやシステムによっては、事業者や管理者からパスワードを発行されることがあります。その場合は、発行直後に自分で変更しておくと、より安全性が高まります。万が一パスワードが漏洩した時に備え、パスワードはすべてのサービスやシステムで同じものを使いまわさないようにする必要があります。

作成したパスワードは、第三者に決して知られないよう、適切に管理する必要があります。付箋などにメモして、人目につく場所に置いてはいけません。

なお、パスワードの文字数が長くなったものを「パスフレーズ」と呼ぶこともあります。

情報の過剰共有（安全面での懸念）

たとえ信頼のおける友人や家族であっても、個人情報の過剰な共有は、情報漏えいなど、安全面でのリスクを抱えることになります。特にユーザーIDやパスワード、クレジットカード番号などの重要な個人情報は、原則共有してはいけません。

また、複数人で1台のコンピューターを共有する環境では、コンピューターを使い終わったら、きちんと「ログオフ」または「シャットダウン」するように心がけます。コンピューターの管理状況によっては、ログイン時に情報をコンピューターに記憶しないようにしたり、コンピューターの終了時に履歴等を削除したりする必要もあります。

Cookie（クッキー）の管理

過去にアクセスしたサイトを利用するとき、Cookieが有効になっていると前回の情報が引き継がれ、ユーザーの利便性が高まります。一方で、複数のユーザーでコンピューターを共有している場合は、他者がログインしていたサービスを利用できてしまい不正アクセスにつながる恐れがあります。それを防ぐため、Cookieをブロックすることもできます。

ほとんどのブラウザーには、Cookieをブロックする機能が用意されています。通常、ブラウザーの詳細設定の画面からCookieの処理方法（すべてをブロックする、または特定のサイトのみをブロックする）を選択できます。

オートコンプリートの管理

ブラウザーには、フォームに前回入力したデータを自動で入力できる「オートコンプリート」

という機能が搭載されています。オートコンプリート機能によって、自分のID やパスワードが漏れてしまう可能性もあります。共用パソコンでは、自分以外のユーザーがブラウザーを利用する場合に備えて、オートコンプリート機能を無効にしておくとよいでしょう。

ほとんどのブラウザーでは、オートコンプリートの有効/無効を設定できます。通常、ブラウザーの詳細設定を行う画面からオートコンプリート機能の利用方法を選択できます。なお、一部のブラウザーでは、オートコンプリートは「自動入力」という項目から設定する場合があります。

アカウントの基本的な設定と管理方法

インターネットを利用したコミュニケーションサービス、特に利用者の個人情報を登録したソーシャルメディアではセキュリティ面での配慮が重要です。

ソーシャルメディアでは、アカウント情報に個人の氏名や連絡先を登録するほか、写真や日々の行動を公開することが多いため、プライバシー情報を不特定多数の利用者から見られる恐れがあります。

なりすましや盗難を防ぐために、アカウント（ログインID）やパスワードを盗まれないようにすることはもちろん、プライバシー設定で情報の公開範囲を限定するなどの対策が必要です。

また、知らない人からのリクエストを承認しない、簡単に自分の連絡先などを会ったことのない人に教えない、ソーシャルメディア上で知り合った人と実際に会う場合は、1対1では会わずに人目の多い場所で会うようにするなど、自身のふるまいにも注意しましょう。

7-2-2 データの損失回避とデータ保護

コンピューターへのリスクが発生した場合、コンピューターそのものの故障や悪用のほかに、保存されているデータの損失や流出の可能性があります。

データの消失回避

コンピューターウイルスの感染、不正アクセス、故障や停電トラブル、自然災害によるコンピューターの破損などによって、重要なデータを消失する恐れがあります。

データの消失を回避するには、外部記憶装置やメディアなど安全な場所に「バックアップ」を取るという対策が有効です。バックアップを取っておけば、トラブルによってコンピューター本体のデータが消失しても、保存先からデータを復旧できます。バックアップの方法と主な保存場所は次のとおりです。

- バックアップ対象のデータをほかの記憶メディアに手動でコピーする
- バックアップ専用のアプリケーションを使う
- Windows のバックアップ機能を使う
- 自動バックアップシステムを利用する
- クラウド上にデータを保存する

データの保護

個人情報などの重要なデータの流出に備えるには、不必要なデータはできるだけ残さないことが重要です。

個人情報

「個人情報」とは特定の個人を識別できる情報を指します。主に次のようなものが個人情報として定義されます。

- 個人の氏名や住所、電話番号、生年月日、勤務先、メールアドレス
- 個人の顔や自宅（周辺含む）の写真、映像
- eコマース（電子商取引）やSNSなどのユーザーID とパスワード

個人情報を悪意のある第三者に知られて（盗まれて）しまうと不正にお金を使われてしまったり、アカウントを奪われSNSへ勝手に書き込みされたりして、金銭的にも社会的にも被害を受ける可能性が非常に高くなります。コンピューターでは個人情報につながるデータはできる限り保存しておかないこと、インターネットを利用する際には、個人を特定できる情報を安易に公開しないことが重要です。

ハードディスク、フラッシュメモリなどのデータ廃棄

ハードディスクのデータを「ごみ箱」に移動して［ごみ箱を空にする］を実行しても、さらにはハードディスクそのものをフォーマットしても、データは完全に消去されません。専用の復元ツールを利用すればデータを復旧することができます。そのため、コンピューターを廃棄する際に、他者に中身を読み取られてしまう危険が残っています。

重要なデータを保存していたコンピューターやハードディスクを廃棄するには、データを完全に消去するための専用ツールを使うか、物理的に破壊するなどして、データを読み取れないようにする必要があります。

USBメモリやSD カードなどのポータブルフラッシュメモリ、外付けハードディスクなどの記憶装置、CDやDVDなどの記憶メディアに保存していた場合も、廃棄する際は、記録面に傷をつけるなどデータを読み取れないように物理的に破壊して処理するとよいでしょう。

安全な環境の確保

データの消失や流出に備えるには、コンピューター環境を常に最新に保ち、適切な設定を行うことで安全な環境を確保することも重要です。

修正プログラムの導入

セキュリティソフトを使用していても、OSやアプリケーションにセキュリティホールが残っていると、悪意ある第三者に不正アクセスされ、重要なデータを盗まれたり改ざんされたりするなど、さまざまな脅威にさらされます。

このような場合、各ソフトウェアメーカーからセキュリティホールを修正するためのプログラム（パッチ）が提供されます。修正プログラムが提供されたら、ソフトウェアメーカーのWebサイトからダウンロードするなどして入手して、早めにインストールしましょう。

「セキュリティホール」とは、OSやアプリケーションの設計上のミスやプログラムの不具合が原因で発生する情報セキュリティ上の欠陥のことです。

個人用ファイアウォール

コンピューターの不正アクセスによるデータの漏えいや改ざんを防ぐために、個人用ファイアウォール（パーソナルファイアウォール）を利用しましょう。

個人用ファイアウォールはセキュリティソフトに付属しているものか、Windows10に標準搭載されているWindows Defender ファイアウォールを使います。

07

7-2-3　マルウェア対策

ウイルス感染によるデータの漏えいや改ざんなどの脅威からパソコンを守るには、「ウイルス対策ソフト」または「マルウェア対策ソフト」の導入が効果的です。さまざまなソフトメーカーから有料または無料のウイルス対策ソフトが提供されています。

ウイルス対策ソフトとマルウェア対策ソフト

ウイルス対策ソフトは、コンピューターウイルスを検出、駆除する対策ソフトです。メールに添付されたウイルスを検出して削除したり、ダウンロードしたファイルにウイルスが感染していないかを調べたりする機能があります。

一方、マルウェア対策ソフトは、ウイルス対策に加え、スパイウェアやアドウェアなどの不正なプログラムに対応している対策ソフトです。ソフトウェアのインストール時にスパイウェアを検出して侵入を未然に防いだり、すでに侵入しているアドウェアを駆除したりする機能があります。

多くのウイルス対策ソフトは、マルウェア対策ソフトとしての機能を備えています。また、スパイウェア対策ソフトのように、あるマルウェアに特化した対策ソフトもあります。いずれにせよ、それぞれの対策ソフトがどのマルウェアに対応しているのかを認識した上で、運用することが重要です。

「アドウェア」とは、有益なソフトウェアを無償で利用できる代わりに広告を表示させる、ということをユーザーが承諾したうえでインストールするソフトウェアです。安全なアドウェアもありますが、不正に情報を収集して外部に送信するスパイウェアと同じ動きをするマルウェアもあります。

ウイルス対策ソフトを維持管理し更新する方法

ウイルス対策ソフトは基本的に、ウイルスのデータベースである「ウイルス定義ファイル」（またはパターンファイル）を用いて、ウイルスかどうかを判別します。ウイルス定義ファイルを最新の状態にしていないと、新しいウイルスを検知できなくなります。一般に、ウイルス対策ソフトには、ウイルス定義ファイルをインターネット経由で自動更新する機能が用意されているので、有効化しておきしょう。

最近のウイルス対策ソフトはウイルス定義ファイルに加えて、未知のウイルスであっても、その「ふるまい」からウイルスかどうかを検知する機能を備えているものもあります。また、ウイルス対策に加え、個人用ファイアウォールやスパイウェア対策など、総合的なセキュリティ機能を提供する製品も数多くあります。

7-2-4　人的リスク・物理的リスクへの対策

人的リスクや物理的リスクへの対策は、コンピューター内部の設定とは異なり、ユーザー自身の普段からの心構えやオフィスなど利用環境の整備が重要になります。

人的リスクへの対策

人的リスクへの対策でもっとも重要なのは、「教育・研修」によるユーザーのセキュリティ意識の向上です。

企業における情報セキュリティポリシーや各種社内規定の徹底、業務マニュアルの遵守に関する教育や研修の実施などがこれにあたります。

また、不正アクセスの被害を拡大させないために、フォルダーやファイルへの適切なアクセス権の管理や暗号化、パスワードを設定してロックすることも重要な人的セキュリティ対策のひとつといえます。

物理的リスクへの対策

物理的リスク対策では、ハード面（設備、施設、機器などの物理的な要素）や環境面の対策、特に災害対策や情報を扱うコンピューターが設置されている場所への入退室管理が重要になります。

災害対策

さまざまな災害は、コンピューターの破損や停電などの被害につながります。主な対策方法は次のとおりです。

対策	説明
耐震器具	サーバラックやキャビネットの上部と天井を棒で突っ張るように固定する転倒防止器具、モニターや精密機器の転倒を防ぐ耐震マットなどがある。
UPS（無停電電源装置）	停電時にハードウェアへの電源供給が停止しないようにするためのシステム。通常の電源とハードウェアの間に取り付ける。通常時は内部バッテリーに電力を蓄積しておき、停電発生時にバッテリーからの電源供給に切り替えることで、ハードウェアへの電源供給を確保する。
サージ防護（雷サージ）	雷などによる異常な電流・電圧によってコンピューターやシステムなどに障害が発生しないように防護する装置。おもに電源タップに内蔵されている。

入退室管理

入退室を管理することで、部外者がオフィスへ入ることを防いだり、機密情報などを保管している特定の部屋への入室を制限したりします。具体的な方法としては、監視カメラの設置、施錠、入退室記録などがあります。社員証などのIDカードでの施錠管理や、人間の顔や網膜、指紋、手形、血管、声紋といった個人を特定する「生体認証(バイオメトリクス認証)」を取り入れる組織も増えています。

7-3 ネットワークのリスク対策

年々、複雑巧妙化するネットワークを経由して起こりうるリスクに対応するために、ネットワーク環境の設定などによって行える対策について学習します。

7-3-1 通信の暗号化

インターネットなどの通信では、通信を盗聴される危険性があります。盗聴されないように専用線などを利用できる場合を除き、その危険性はどうしても存在します。そこで、仮に通信が盗聴されたとしても、その内容が第三者にわからないようにする「暗号化」は有効な手段です。

通信の暗号化方式

「暗号化」とは、ネットワークで送受信する情報を第三者が理解できないかたちに変換し、暗号化された情報を理解できるかたちに再変換（復号）する技術のことです。情報を暗号化または復号するには、「暗号鍵」と呼ばれる鍵が必要になります。暗号化された情報は、たとえ通信自体を盗聴されても、暗号鍵を知られない限り復号できないので、情報が漏えいする可能性が低くなります。

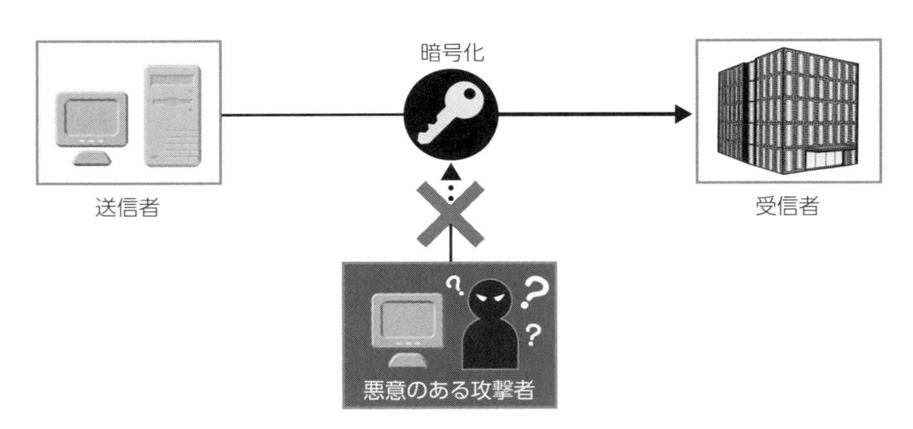

通信の暗号化のイメージ

暗号化には、「共通鍵暗号方式」「公開鍵暗号方式」「ハイブリッド暗号方式」の３つの方式があります。

暗号方式	説明
共通鍵暗号方式	暗号化と復号で同じ鍵（共通鍵）を使用する。共通鍵は「秘密鍵」ともいう。通信する相手と同じ鍵を使うため、処理速度は速い反面、相手ごとに鍵を用意する必要がある。なお、暗号鍵そのものが漏洩すると情報が盗み見られてしまうため、秘密鍵は厳重に管理する必要がある。
公開鍵暗号方式	暗号化には公開鍵、復号には秘密鍵とそれぞれ異なる鍵を使用する。公開鍵には、公開鍵を発行する機関である「認証局」から鍵の正当性を保証する証明書が発行される。 「電子証明書」や「デジタル署名」などにも使われ、多数の相手と情報をやり取りするときに有効な方式である。 なお、各署名での利用における本人確認の点からも、秘密鍵は鍵の作成者のみが保有し、厳重に管理する必要がある。
ハイブリッド暗号方式	共通暗号方式と公開鍵暗号方式を組み合わせた方式。データの暗号化には共通鍵を使用し、その共通鍵を公開鍵方式で暗号化して通信相手に送信する。

デジタル署名

「デジタル署名」とは、本人が作成した情報であること、送信途中で改ざんされていないことを証明する技術です。なりすましや改ざんなどによる不正アクセスに有効な対策で、電子商取引や機密性の高い情報をやり取りする電子メールなどで使われています。

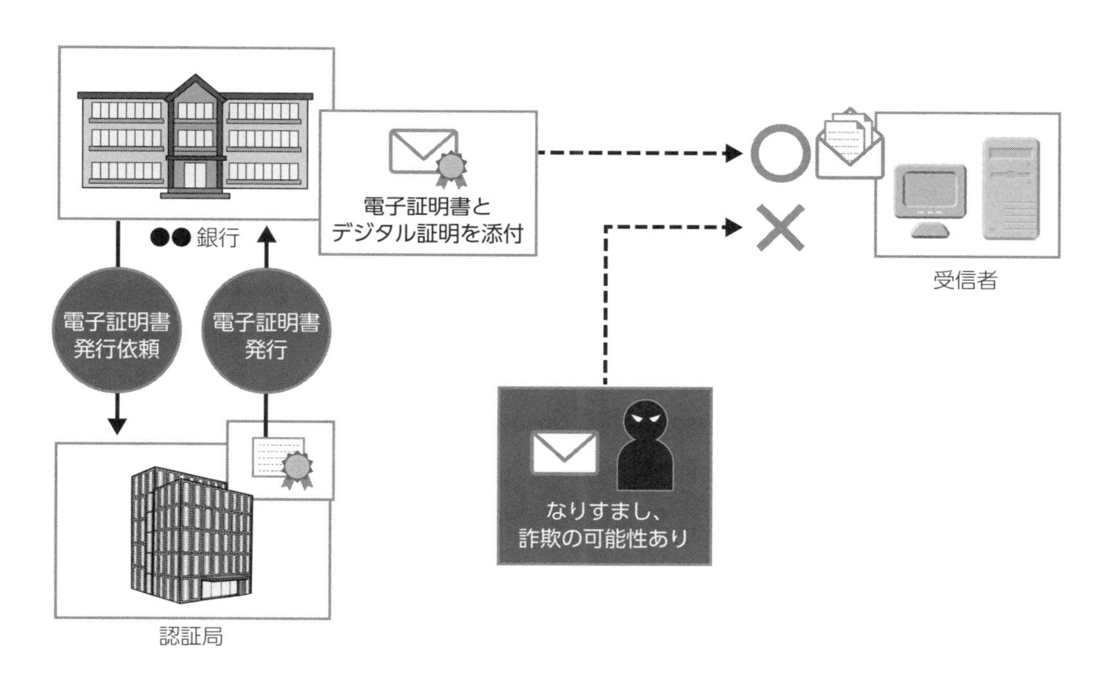

デジタル署名のイメージ

7-3-2　ネットワーク接続の管理

コンピューターを接続するネットワークを正しく選択することでも、ネットワークリスクを軽減することができます。

ネットワークの違い

Windows10では、新しいネットワークに接続する際にネットワークプロファイルを指定します。

ネットワークプロファイル

ネットワークプロファイルには、次の2つの種類があります。それぞれのネットワークで、情報の共有やセキュリティの設定が異なります。利用方法に応じて変更すると良いでしょう。

ネットワークプロファイル	特徴
プライベート	ホームネットワークまたは社内ネットワークに利用。 ネットワーク上にあるすべてのコンピューターを相互認識する「ネットワーク探索」や、ファイル共有が簡単に行える。
パブリック	空港やホテルなど公共の場所で利用するネットワーク。 コンピューターをほかのコンピューターから見られないように、インターネット上の悪意のあるソフトウェアからコンピューターを保護するよう設計されている。

ネットワークプロファイルを変更する

家庭で使用していたノートパソコンを外出先で使用する時にネットワークの場所を切り替える方法を覚えておくと便利です。

ネットワークプロパティは、Windows10の［設定］から［Windowsの設定］画面を開き、［ネットワークとインターネット］の［状態］画面の「接続プロパティの変更」から変更できます。「ネットワークプロファイル」にある［パブリック］または［プライベート］を切り替えます。

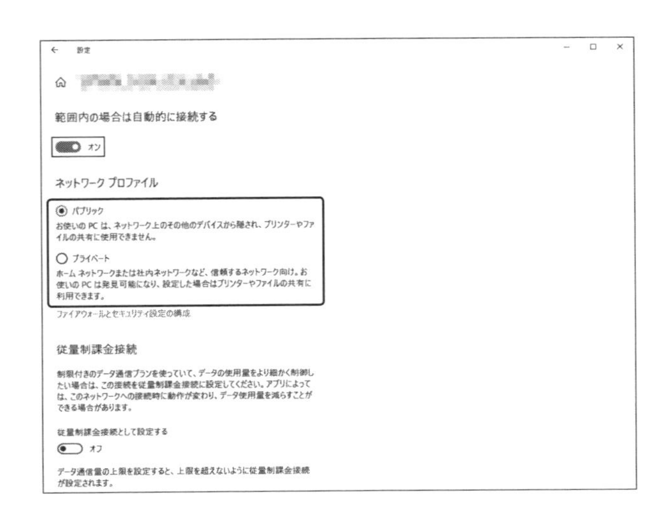

7-3-3 インターネット閲覧時の残留情報の管理

インターネットを利用していると、コンピューターにはさまざまな履歴情報が保存されます。これらの情報は、インターネットをスムーズに利用するために使用されますが、悪意のあるユーザーからターゲットにされる危険もあるため、状況に応じて削除する必要があります。

Webページを最新の状態に更新する方法

「Webキャッシュ」は「インターネット一時ファイル」として、ブラウザーが一度表示したWebページのデータをコンピューター内のハードディスクに保存しておく機能です。ブラウザーがWebページにアクセスするとき、まずWebキャッシュを確認し、すでに保存されていたら、Webキャッシュからデータを読み込んで表示します。そのため、過去に表示したことがあるWebページは、インターネットを介した通信を省略でき、すばやく表示されます。

ただし、インターネット一時ファイルは、ハードディスクに蓄積されるため、古い情報をそのまま保存している場合があります。ブラウザーの［更新］ボタンからWeb ページを更新したり、インターネット一時ファイルを削除したりすると、最新の情報に更新されたWeb ページを閲覧できます。

Cookie（クッキー）

「Cookie」は、Webサーバーがユーザーを識別するためのテキスト情報です。ユーザーごとにカスタマイズされたサービスの提供などに利用します。ユーザーがアクセスすると、WebサーバーがCookieを生成し、ユーザーのブラウザーに送り、コンピューター内に保存します。次回アクセス時には、保存されているCookieをWebサーバーに転送するというしくみでユーザーを識別します。

Cookieの情報は不正利用される恐れがあるため、ユーザーはブラウザーの設定によって、Cookieの受け入れをどのように制限するか指定できます。

履歴情報の削除

複数のユーザーで同じコンピューターを利用する場合や、不正アクセスへの対応を強化する場合は、インターネットの利用を終了する際に閲覧データを自動的に削除するように設定します。

Windows10に搭載されているブラウザー「Microsoft Edge」では、［設定］を開いて［プライバシーとセキュリティ］の設定画面を表示します。［クリアするデータの選択］ボタンをクリックすると、ブラウザー終了時に自動的に削除するデータ項目を選択できるようになります。Microsoft Edge以外に、Safari、Google Chrome、Firefox、Internet Explorerなどのブラウザーにも、閲覧履歴を自動的に削除する機能があります。利用しているブラウザーで対策するようにしましょう。

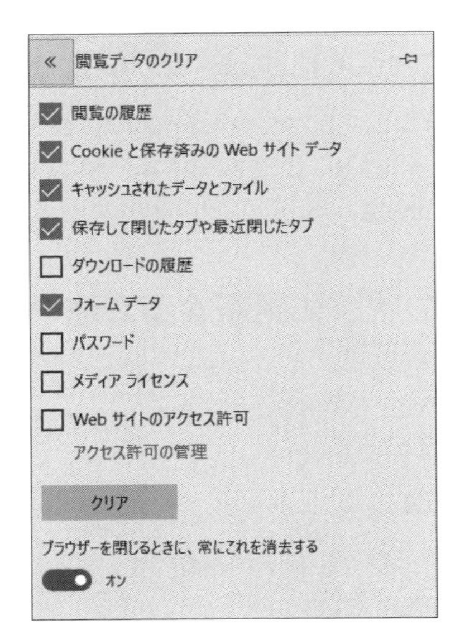

Microsoft Edgeの閲覧データを削除する画面

7-3-4 不正アクセスやハッキングの防止

不正アクセスやハッキングの被害を回避するには、コンピューターのユーザーおよびネットワークの管理者が、適切な対策を講じる必要があります。対策は、守りたいポイントや手口の種類などに応じていろいろな種類があります。

ファイアウォールの利用

「ファイアウォール」とは、外部からの不正なアクセスを防ぐためのシステムです。ソフトウェアとハードウェアのいずれかの形式で提供されます。設定したルールに基づき、ネットワーク経由で外部からアクセスされた通信の内容を調べ、不正な通信を検出したら遮断します。

一般的に企業の場合は、インターネットと社内ネットワークの境界にハードウェア型のファイアウォールを設置することで、社内ネットワーク全体を守ります。

個人ユーザーの場合は、コンピューターにソフトウェア型のファイアウォールを導入するケースがほとんどです。個人ユーザー向けのファイアウォールのソフトウェアは「パーソナルファイアウォール」と呼ばれており、Windows10に標準搭載されているWindows Defender ファイアウォール や、ほとんどのマルウェア対策ソフトにもパーソナルファイアウォールの機能が搭載されています。

Windows Defender ファイアウォール

前述したように、WindowsではWindows XP SP2以降、「Windowsファイアウォール」がOSに標準搭載されるようになりました。Windows10には、「Windows Defender ファイアウォール」というOSで設定できるパーソナルファイアウォールの機能があります。

Windows Defenderファイアウォールでは、使用するネットワークの種類によってファイアウォールの有効、または無効を選択できますが、コンピューターをできるだけ安全に保つためにはネットワークの種類にかかわらずファイアウォールを「有効」にします。
なお、外部からのすべての接続をブロックすることもできますが、必要な特定のアプリだけは通信できるように設定することもできます。
ハッカーや悪意のある不正アクセスを未然に防ぐためにも、OS側でもファイアウォールを設定しておくとよいでしょう。ただし、複数のファイアウォールを利用するとネットワーク接続にトラブルが発生することが多いため、ファイアウォール機能が搭載された別のセキュリティソフトを導入した際には、Windows Defenderファイアウォールの機能はオフになります。

7-3-5 eコマース（電子商取引）の適切な利用方法

eコマースの安全性の確認

インターネットショッピングをはじめとするeコマースを利用する際は、そのWebサイトの安全性を確認します。多くのユーザーが利用するようなオンラインショップは、取引の実績も豊富で評価も高いことが多く、Webサイトの安全性を判断する基準のひとつになるといえます。ただし、それだけでは安全性が確保されるとは言い切れません。eコマースを利用する時には、氏名、住所、クレジットカード番号などの個人情報の入力が必要となるため、それらのデータを具体的に誰がどのように扱うのかを確認することが非常に重要です。
利用するeコマースサイトやWebページの安全性を、客観的に見分ける主な方法は、次の3通りです。

SSL

SSLを使っているWebページかどうかを確認します。SSLを使用していれば、クレジットカード番号などの個人情報を送信する際にデータが暗号化されるため、悪意ある第三者に盗聴される危険性が低くなります。
SSLを使っているWeb ページは、URLのプロトコル名が「https」になります。そのため、表示したWebページやリンク先のWeb ページのURLが「https://」から始まっていれば、個人情報が送られる際に暗号化されるので、安全性が高いと判断できます。逆にURLのプロトコル名が「http」なら、暗号化されないため、安全性は低いと言えます。なお、多くのブラウザーでは、SSLを使用している場合、URLの脇などに鍵のマークなどが表示されます。

電子証明書

Webサイトを運営している事業者が本物かどうかは、電子証明書で確認できます。電子証明書は、Webページが正当な事業者のものであること、改ざんされていないことを証明するデータで、発行先や発行者、有効期間などの情報が記されています。

なお、正式な電子証明書であると確認できたWebサイトでは、URLの脇にある鍵マークが白色から緑色に変化します。

電子証明書を表示するには、アドレスバーの鍵のマークをクリックし、[証明書の表示] をクリックします。

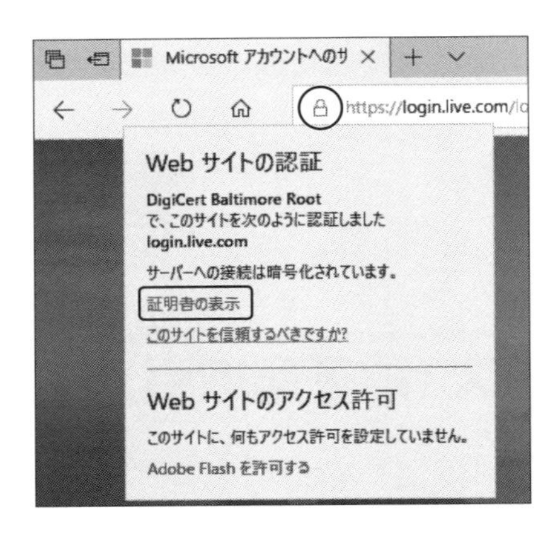

プライバシーポリシー(個人情報保護方針)

個人情報は2005年4月1日に全面施行された「個人情報の保護に関する法律」(略称「個人情報保護法」)によって取り扱いが明文化されており、個人情報をユーザーから取得する企業はこれを守る義務があります。収集した個人情報がどのように管理、保護、利用されるのかを確認するには、事業者のWeb サイトなどで「プライバシーポリシー」(またはプライバシー規約)を確認するようにしましょう。

7-3-6 ソフトウェア監視の意味

多くのネットワーク管理者は、ネットワーク監視システムを通じてネットワークを保護・管理しています。ネットワーク監視システムなどのプログラムは、ユーザーのログオン、サーバーのパフォーマンス、ネットワークのトラフィック(通信経路や通信量)といったネットワーク上における活動状況を追跡して、サーバーに「ログ」として記録を残していきます。

企業や学校など組織によっては、PC監視ソフトをインストールすることにより、ネットワークやコンピューターの監視を全面的に行うこともあります。このタイプのソフトウェアは、すべてのコンピューターの活動を記録し、利用者のキーストロークのキャプチャ、スクリーンショット、電子メール、インスタントメッセージの会話、Webサイトの閲覧なども監視することができます。

利用者の安全を確保するためだけでなく、職場や学校のコンピューターを私的に利用しないようにするためにもソフトウェア監視は重要です。ただし、監視の際には、利用者の個人情報の取り扱いやプライバシーに配慮する必要があります。

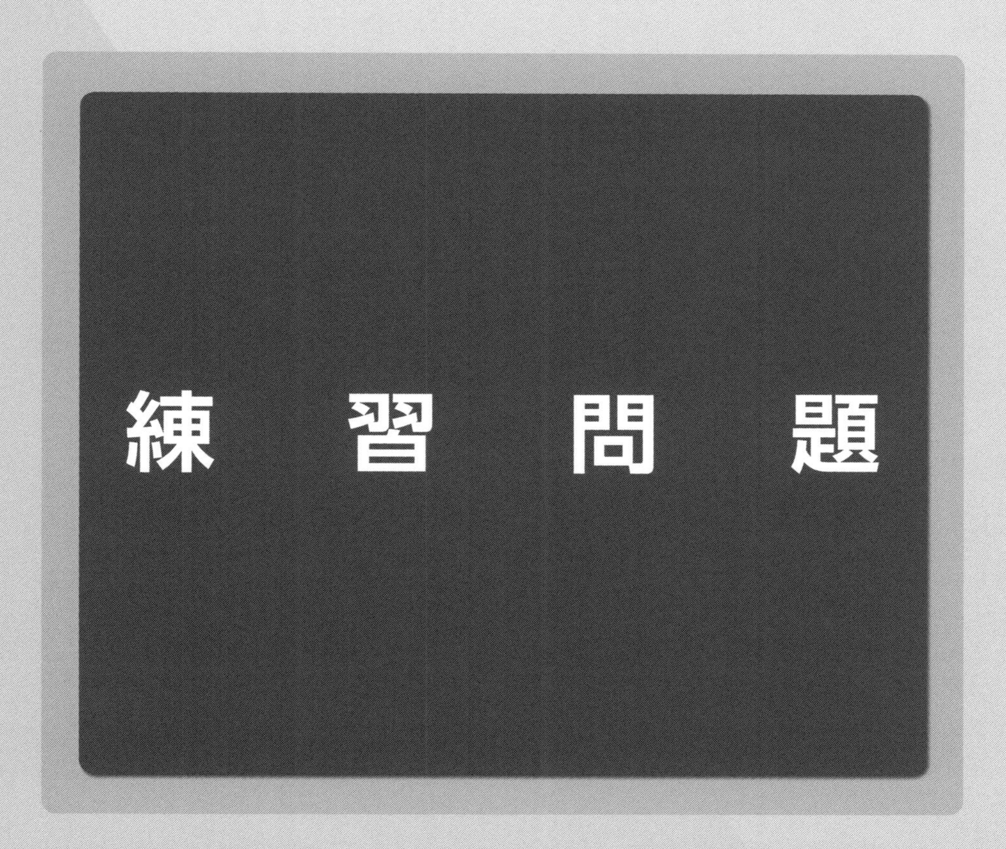

IC3 GS5 コンピューティング ファンダメンタルズの試験範囲に完全準拠した練習問題です。

練習問題

Chapter 1　ハードウェア（10問）

問題1-1

ノートパソコンを利用するメリットとして、もっとも適切なものを1つ選んでください。

A.　拡張性に優れており、容易に内蔵ハードディスクなどを増設できる
B.　ほかのコンピューターデバイスと比べると非常に丈夫で壊れにくい
C.　携帯性に優れており、バッテリーを搭載しているので外出先でも利用できる
D.　非常にコンパクトで軽いので、携帯して音楽を聴いたり動画を見たりするマルチメディアプレーヤーとして利用できる
E.　高い処理能力を持つため、ほかのコンピューターへさまざまなサービスを提供することができる

問題1-2

次の文章に該当するコンピューターデバイスとして、適切なものを1つ選んでください。

ネットワーク上にあり、さまざまなサービスを提供する側のコンピューターデバイスで、高い処理能力と安定性を必要とします。

A.　クライアント
B.　デスクトップ
C.　サーバー
D.　タブレット
E.　スマートフォン

問題1-3

次の文章の［（1）］と［（2）］にあてはまる語句の組み合わせが、もっとも適切なものを1つ選んでください。

コンピューターは、データを2進法で表します。1桁のデータ量を「ビット」といい、「0」と「1」の2種類の情報を表します。ビット数が増えるにつれ表現できる情報量が増え、4ビットのデータは［（1）］の情報を扱うことができます。また、［（2）］ビットのデータ量を1バイトといいます。

A.　(1) 1 × 4種類 = 4種類　　(2) 4
B.　(1) 2 × 4種類 = 8種類　　(2) 8
C.　(1) 2^4種類 = 16種類　　(2) 8
D.　(1) 2^4種類 = 16種類　　(2) 256

問題1-4

次の文章に該当するハードウェアとして、適切なものを1つ選んでください。

コンピューターにおけるすべての処理の中核をなしている処理装置で、ほかの装置の動作を制御する制御機能と、プログラムの命令を受けてデータを処理する演算機能を持っています。

A.　メモリ
B.　CPU
C.　ハードディスク
D.　プリンター
E.　モニター

問題1-5

次の文章の[(1)]と[(2)]にあてはまる語句の組み合わせが、もっとも適切なものを1つ選んでください。

コンピューターのメモリに利用されている[(1)]は高速にデータを読み書きすることができる[(2)]の記憶装置です。

A.　(1) RAM　　(2) 揮発性
B.　(1) ROM　　(2) 揮発性
C.　(1) RAM　　(2) 不揮発性
D.　(1) ROM　　(2) 不揮発性
E.　(1) SSD　　(2) 不揮発性

問題1-6

SSDの特徴として、もっとも適切なものを1つ選んでください。

A.　ハードディスクより高速だが、衝撃には弱い
B.　フラッシュメモリを利用しており、USBポートに接続して利用する
C.　PCの電源を切ると内容がクリアされるため、ファイルの保存はできない
D.　デジタルカメラの保存媒体として普及が進んでいる
E.　ハードディスクに比べて低発熱で消費電力が少ない

問題1-7

PC と周辺機器の接続インタフェースのうち、映像信号と音声信号を1本のケーブルで伝送するものはどれですか。

A. IrDA
B. HDMI
C. D-sub
D. PCMCIA
E. DVI

問題1-8

次の文章の（1）と（2）にあてはまる語句の組み合わせが、もっとも適切なものを1つ選んでください。

タブレットは板状のコンピューターデバイスで、ディスプレイの表面を指や（1）で触れることで文字入力やボタン操作を行います。たとえば、ディスプレイの表面をタッチしてすぐに離す操作を（2）と呼びます。

A. （1）マウス　（2）フリック
B. （1）スタイラスペン　（2）タップ
C. （1）スタイラスペン　（2）フリック
D. （1）ボールペン　（2）タップ
E. （1）マウス　（2）タップ

問題1-9

レーザー光線を利用し、トナーとよばれる色の粉を吸着させて印刷する方式をとる、主に業務用として利用されているプリンターはどれですか。

A. レーザープリンター
B. 熱転写プリンター
C. インクジェットプリンター
D. ドットインパクトプリンター

問題1-10

ドライバーの説明として、もっとも適切なものを1つ選んでください。

A. PCの電源投入時に最初に読み込まれるプログラムである
B. 多くのデバイスはWindowsですぐに動作するように設計されているためドライバーの導入は必ずしも必要ではない
C. Bluetoothなどの無線で接続するデバイスにはドライバーは不要である

D.　デバイスを正常かつ安全に利用するためにはインストールが必要である
E.　ハードウェア内部にあらかじめ用意されているプログラムでインストールは不要である

Chapter 02　ソフトウェア（10問）

問題2-1

アプリケーションソフトとオペレーティングシステム（OS）の説明として、適切なものを1つ選んでください。

A.　アプリケーションソフトはOSと互換性がないと利用できない
B.　アプリケーションソフトはOSがなくても単体で利用できる
C.　OS はコンピューター全体を管理するソフトウェアで応用ソフトとも呼ばれる
D.　OS はコンピューター全体を管理するソフトウェアで管理ソフトとも呼ばれる
E.　アプリケーションソフトのうち、ワープロソフトや表計算ソフトなどよく使うソフトウェアを基本ソフトと呼ぶ

問題2-2

次のうち携帯情報端末用のOSをすべて選んでください。

A.　iOS
B.　Mac OS
C.　MS － DOS
D.　UNIX
E.　Android

問題2-3

コンピューターを再起動してください。

※実際にコンピューターで操作して解答してください。

問題2-4

次のユーザーアカウントに関する操作のうち、標準アカウントでは変更できないものをすべて選んでください。

A.　アカウントの追加
B.　アカウントの削除
C.　アカウント名の変更
D.　アカウントの種類の変更
E.　アカウントの画像の変更

問題2-5

GUIの入力方式のうち、与えられた選択肢の中から複数選択が可能なものはどれですか。1つ選んでください。

A. ラジオボタン
B. リストボックス
C. チェックボックス
D. プルダウンメニュー

問題2-6

OSのアップデートに関する説明として、適切なものを1つ選んでください。

A. OSのアップデートには新しいOSの購入が必要である
B. 提供されたOSのアップデートはできるだけ早く行うことが好ましい
C. OSをアップデートしても、OSの機能は変わらない
D. OSのアップデートはセーフモードで起動して行う
E. OSのアップデートは強制的に実行される

問題2-7

ソフトウェアの更新の目的として、不適切なものを1つ選んでください。

A. コンピューターウイルスを除去する
B. ソフトウェアに新機能を追加する
C. 新しいハードウェアを利用できるようにする
D. プログラム上の不具合（バグ）を修正する
E. セキュリティ上の欠陥を修正する

問題2-8

次の条件に当てはまる電源の状態を1つ選んでください。

- モニターやハードディスクへの電力供給が断たれる
- メモリ内の作業状態を保持するための電力がわずかに消費される
- この状態を解除するとすぐに作業を再開できる

A. 休止状態
B. シャットダウン
C. 電源オフ
D. ロック
E. スリープ

問題2-9

Excelの既定のフォントを「MS ゴシック」に変更してください。

※実際にコンピューターで操作して解答してください。

問題2-10

エクスプローラーを開いて、フォルダーのクイックアクセスツールバーに「名前の変更」のアイコンを追加してください。

※実際にコンピューターで操作して解答してください。

Chapter 03 ファイルの管理（10問）

問題3-1

次の図のようにクイックアクセスが表示されているとき、「ダウンロード」フォルダーを開く方法として、正しいものをすべて選んでください。

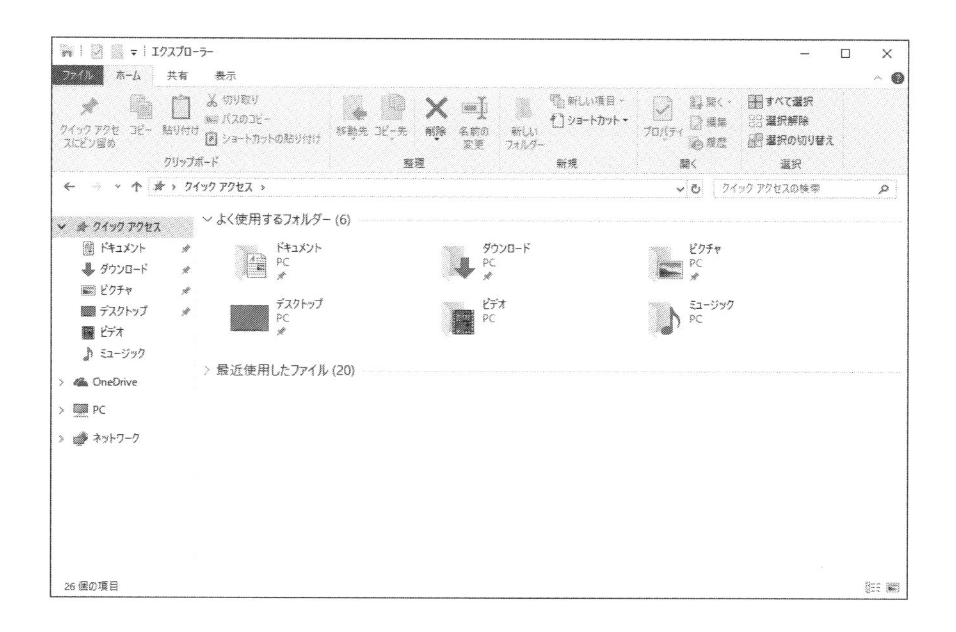

A. アドレスバーの「クイックアクセス」の右にある右向き三角をクリックして「ダウンロード」をクリック

B. ファイルリストにある「ダウンロード」をダブルクリック

C. ナビゲーションウィンドウの「ネットワーク」を展開して「ダウンロード」をクリック

D. ナビゲーションウィンドウの「PC」を展開して「ダウンロード」をクリック

E. ファイルリストにある「ダウンロード」を右クリックして［開く］をクリック

問題3-2

「IC3_CF」フォルダーをクイックアクセスにピン留めしてください。

※実際にコンピューターで操作して解答してください。

問題3-3

ファイルを操作するショートカットキーと機能の組み合わせとして、誤っているものはどれですか。1つ選んでください。

A. 元に戻す [Ctrl] + [Z] キー
B. すべて選択 [Ctrl] + [S] キー
C. 切り取り [Ctrl] + [X] キー
D. コピー [Ctrl] + [C] キー
E. 貼り付け [Ctrl] + [V] キー

問題3-4

拡張子に関する説明として、適切なものを1つ選んでください。

A. 拡張子は基本的に3文字で付けられるが4文字のものもある
B. ファイルを開くアプリケーションソフトがない場合、そのファイルの拡張子は表示されない
C. 「txt」は簡易な書式を含んだテキストファイルの拡張子である
D. ファイルを開くアプリケーションソフトが複数ある場合、そのファイルをダブルクリックするとアプリケーションの選択画面が表示される
E. 拡張子を書き変えることで別のファイル形式に変換できる

問題3-5

デスクトップに「問題練習」という名前のフォルダーを作成し、ユーザー「user02」がアクセスできないようにアクセス許可設定をしてください。

※ユーザー「user02」を作成していない、またはユーザーを作成できない場合は解答解説の手順を確認してください。

問題3-6

ディスククリーンアップの説明として、不適切なものをすべて選んでください。

A. ごみ箱の中にあるファイルを削除できる
B. 一時ファイルを削除できる
C. PCに搭載している複数のHDDに対してまとめて実行できる
D. Windowsで不要になったシステムファイルを削除できる
E. 断片化した保存領域のデータを再配置できる

問題3-7

電子書籍に利用されるメディアファイル形式をすべて選んでください。

A. ePUB
B. WMA
C. PNG
D. PDF
E. MIDI

問題3-8

スマートフォンで撮影した写真ファイルをPCに取り込む際の説明として、正しいものを１つ選んでください。

A. スマートフォンのケーブル接続は充電専用のため写真の転送はできない
B. スマートフォンアプリを用いればどのような環境であれファイルを転送できる
C. iCloud DriveはiPhoneの設定情報を保存するサービスのため写真は保存できない
D. OneDriveなどのクラウドサービスに写真を保存すれば、PC側からも簡単に写真を保存できる
E. すべてのスマートフォンはSDカードに対応しているため写真をSDカードに保存してPCに移動する方法が一般的である

問題3-9

クラウドストレージの説明として、正しいものをすべて選んでください。

A. クラウドストレージ上でアクセスできるユーザーを制限できる
B. 代表的なクラウドサービスに「OneDrive」「Google Drive」「Box」などがある
C. クラウドストレージの多くがクレジットカード決済による有料サービスである
D. クラウドサービスのユーザー以外にはファイルを共有できない
E. クラウドストレージ上に保存されたデータは、ブラウザーから管理画面にアクセスし利用しなければならない

問題3-10

ファイルの圧縮形式として、正しいものを１つ選んでください。

A. ZIP
B. PNG
C. PDF
D. GIF
E. WMV

Chapter 04 ネットワークとクラウド（10問）

問題4-1

次の文章の［（1）］と［（2）］にあてはまる語句の組み合わせとして、適切なものを1つ選んでください。

［（1）］は企業や学校や家庭など、限られた領域内のネットワークです。それに対して［（2）］は、離れた場所にある［（1）］同士を接続するための広域ネットワークです。

A.（1）LAN（2）WAN
B.（1）WAN（2）WEP
C.（1）WEP（2）LAN
D.（1）LAN（2）WEP
E.（1）WAN（2）LAN

問題4-2

WANやインターネットを専用線のように利用できるネットワークサービスを意味する語句として、適切なものを1つ選んでください。

A. WPA
B. VPN
C. ONU
D. VDSL
E. FTTH

問題4-3

公衆交換電話網を意味する語句として、適切なものを1つ選んでください。

A. Wi-Fi
B. LTE
C. SMTP
D. VDSL
E. PSTN

問題4-4

IPアドレスに関する説明として、不適切なものを2つ選んでください。

A. IPv4は理論上、2の32乗の数までコンピューターを識別可能である
B. IPv4では、IPアドレスは0～255の4つの数値を「,」（カンマ）で区切った形式で表記される

C.　IPアドレスの長さをIPv4の4倍にしたものがIPv6である
D.　IPv6は理論上、2の128乗の数ものコンピューターを識別可能である
E.　IPv6のIPアドレスは、0～32767の6つの数値を16進数として表し、「:」（コロン）で区切った形式で表記される

問題4-5

次の説明文に該当する有線回線はどれですか。もっとも適切なものを1つ選んでください。

アナログ電話回線でインターネットに接続し、通話に使われていない周波数帯を使って通信を行います。通信速度はアップロードよりもダウンロードの方が速くなります。

A.　アナログ電話回線
B.　ADSL
C.　CATV 回線
D.　光回線
E.　専用線

問題4-6

ネットワークを構成する機器のうち、スイッチングハブに関する記述として、適切なものを1つ選んでください。

A.　異なるネットワーク間でのデータ通信を中継する装置である
B.　ケーブルを挿すポートを設置する拡張カードのことである
C.　データの宛先制御をし、接続するほかの機器にデータを転送できる
D.　ドメインとIPアドレスの対応付けを管理するサーバーである
E.　ネットワークの出入り口に設置されるセキュリティ機能である

問題4-7

次の文章の［（1）］にあてはまる正しい語句はどれですか。1つ選んでください。

ネットワークの通信速度の単位である「bps」は日本語では「ビット毎秒」です。ビットとはデータ量の単位であり、［（1）］ビットが1バイトに相当します。

A.　8
B.　16
C.　32
D.　64
E.　128

問題4-8

無線LAN（Wi-Fi）でインターネットに接続するメリットとはいえないものを1つ選んでください。

A.　パソコンにケーブル配線がいらない
B.　公共施設のアクセスポイントが利用できる
C.　外出先でインターネットに接続できる
D.　セキュリティが強固である
E.　無料通信できるものがある

問題4-9

クラウドストレージの利用において、メリットとはいえないものを1つ選んでください。

A.　インターネットを利用できる環境であれば、外出先でも利用できる
B.　データはクラウド事業者が管理するため、大切なファイルのバックアップ先として利用できる
C.　基本的に無料で保存容量も無制限であり、ファイルサイズを気にせずさまざまなデータが保存できる
D.　ユーザー以外にも保存したファイルを共有することができる
E.　異なるユーザー同士で1つのファイルを共同編集することができる

問題4-10

Webメールに関する説明として、誤っているものを1つ選んでください。

A.　PCのブラウザー上からメールの操作ができる
B.　スマートフォンやタブレットではブラウザーと専用のアプリのどちらでも利用できる
C.　メールの送信履歴はPCやスマートフォン上に保存される
D.　受信したメールは開封後もメールサーバーに残るため、別の機器からでも確認できる
E.　PCのメーラーからも利用できる

Chapter 05　モバイルコミュニケーション（10問）

問題5-1

携帯電話キャリアの説明として、誤っているものを1つ選んでください。

A.　MVNOと比較してコストがかからないため利用料は安い
B.　基地局間は有線ケーブルによって接続される
C.　携帯電話キャリアが異なれば基地局も異なる
D.　携帯電話通信用の基地局を設置する
E.　契約者情報や電話番号などを記録したSIMカードを提供する

問題5-2

携帯電話の売却時に気を付けるべき内容として、誤っているものをすべて選んでください。

A. 電話帳や写真など記録を残したい情報はバックアップを取る
B. 携帯電話キャリアに事前に許可を取らなければ違法となる
C. 中古商品を販売する店舗でデータは削除されるため、自身で削除する必要はない
D. 携帯電話を売却すると電話番号は変わる
E. OSの更新やセキュリティ更新などを行っている場合は、初期化すると後の購入者が危険なため、初期化はしないようにする

問題5-3

タブレットの説明として、適切なものを1つ選んでください。

A. 通信にはWi-Fiのみが利用できる
B. 画面を直接タッチして操作するため、キーボードやマウスは利用できない
C. 携帯電話キャリアの通信網を利用するタブレットをセルラーモデルと呼ぶ
D. スマートフォン用のOSを搭載しており、PCと同じアプリは利用できない
E. 一度に1つのアプリしか画面上に表示できない

問題5-4

スマートフォンでできることをすべて選んでください。

A. 通話
B. Web サイトの閲覧
C. 文書の印刷
D. スケジュールの管理
E. 写真の加工

問題5-5

スマートフォンの説明として、適切なものをすべて選んでください。

A. セルラー回線とWi-Fi回線が利用できるが、Wi-Fi利用時は電話が利用できないので注意する
B. PCなど、ほかの機器のWi-Fiルーターとして利用する機能を「テザリング」と呼ぶ
C. アプリはOSに依存せずに利用できるため、iOSとAndroidで同じアプリが利用できる
D. セルラー回線の通信量制限にWi-Fi利用時の通信量は含まれない
E. Bluetoothを搭載したスマートフォンでは、イヤフォンやマウス、キーボードを無線接続できる

問題5-6

ビジネスで利用する固定電話の説明として、不適切なものをすべて選んでください。

A. 内線番号が設定でき、社内での通話に利用できる
B. 遠隔地にいる人との会議を実現する電話会議システムに利用できる
C. VoIPを利用する場合は、必ず「050」ではじまる電話番号を利用する
D. コールセンターシステムを利用すれば、1つの電話番号で複数のオペレーターが通話対応できる
E. 留守番電話サービスは利用できない

問題5-7

CTIの用途として、もっとも適切なものを1つ選んでください。

A. コールセンター業務において1つの電話番号への着信を複数のオペレーターに振り分ける
B. 電話とPCを連携させることで即座に電話番号などを基に顧客情報をオペレーターのPCに表示する
C. 一度システム上で応答し、問い合わせ内容を分岐するための案内をすることで、問い合わせ対応を効率化する
D. 固定電話回線を利用して、遠隔地にいる人との会議を実現する
E. インターネット回線を利用して、遠隔地にいる人との会議を実現する

問題5-8

ボイスメールの特徴として、適切なものを1つ選んでください。

A. 「ショートメールサービス」のことである
B. 送信者がメールアプリ上で音声を録音し、音声ファイルを相手に送信する
C. 録音する音声ファイルは直接メールに添付されて届く
D. 利用には発信者のメールアドレスが必要である
E. 録音ファイルは受信者の電話に自動的に保存される

問題5-9

モバイルコミュニケーションサービスに関する説明として、不適切なものを1つ選んでください。

A. SMSは固定電話番号を使用して短いメッセージを送受信するサービスである
B. インスタントメッセージやチャットの多くは専用のソフトウェアやアプリを使用する
C. チャットサービスでは画像ファイルを送信したり、メッセージにURLを追加したりできる
D. MMSは長文、画像、音声などを使用したメッセージの送受信が行える
E. IMやチャットでは、連絡先がオフライン状態でもメッセージを送信できる

問題5-10

PCやスマートフォンの通知機能に関する説明のうち、正しいものをすべて選んでください。

A. 通知内容はアプリごとに変更することができる
B. スマートフォンの場合、通知は画面上部の通知領域にのみ表示される
C. Windowsでは、Windowsアクションセンター、またはポップアップ画面を利用できる
D. 一部のカレンダーアプリでは、1日前、3時間前など設定したタイミングで通知することができる
E. SNSアプリでは、友人の投稿や更新情報などは表示できない

Chapter 06 トラブルシューティング（10問）

問題6-1

OSのアップデートによる不具合に関する説明として、適切なものを2つ選んでください。

A. アップデートによる不具合が出た場合、OSを再インストールするしか問題解決する方法はない
B. 不具合が出たとしても一度インストールした更新プログラムは削除できない
C. 何度もテストをしているためOSのアップデートによる不具合は発生しない
D. アップデートによる不具合が出た場合、それを修正するアップデートを待つとよい
E. OSによっては不具合の原因となる更新プログラムを削除できる

問題6-2

タスクマネージャーの目的として、適切なものを2つ選んでください。

A. 作業スケジュールの管理をする
B. 応答しないプログラムを終了する
C. よく使用するプログラムをすばやく起動する
D. コンピューターのパフォーマンスを監視する
E. 使用しないプログラムを削除する

問題6-3

「ヒント」アプリを使ってデスクトップの背景に画像を設定する方法を調べてください。

※実際にコンピューターで操作して解答してください。

問題6-4

OSをバージョンアップしたところ、今まで使っていたプリンターが使用できなくなりました。対処方法として、もっとも適切なものを1つ選んでください。

A. プリンターが対応していない可能性があるので、新しいOS に対応したプリンターに買い替える
B. プリンタードライバーが対応していない可能性があるので、新しいOS に対応したプリンタードライバーをインストールする
C. 以前のプリンターの設定などが残っている可能性があるので、新しいOS をクリーンインストールする
D. OSのバージョンアップに失敗した可能性があるので、新しいOS を再インストールする
E. OSのバージョンアップでプリンターが壊れた可能性があるので、プリンターを修理に出す

問題6-5

ファームウェアの説明として、適切なものを1つ選んでください。

A. ファームウェアはハードウェアをコンピューターに接続するときに自動的にインストールされる
B. ファームウェアはハードウェア内のROMやフラッシュメモリに最初から書き込まれている
C. CPUやメモリなど、コンピューターの内部にあるハードウェアを総称してファームウェアと呼ぶ
D. ハードウェアに付属しているドライバーやアプリケーションソフトを総称してファームウェアと呼ぶ
E. ファームウェアは更新できない

問題6-6

次の文章の［（1）］と［（2）］にあてはまる語句の組み合わせとして、もっとも適切なものを1つ選んでください。

マザーボードの［（1）］を更新することで、新しいハードウェアに対応したり不具合を改善したりすることができます。これは、［（2）］に更新するようにします。

A. （1）BIOS　（2）どうしても必要なとき
B. （1）ROM　（2）新しいバージョンが出たらすぐ
C. （1）RAM　（2）どうしても必要なとき
D. （1）BIOS　（2）新しいバージョンが出たらすぐ
E. （1）ROM　（2）どうしても必要なとき

問題6-7

ネットワークのトラブルが発生した際に、自分のPCのIPアドレスを確認するために利用するコマンドはどれですか。1つ選んでください。

A. ping
B. ipconfig
C. traceroute
D. tracert
E. netstat

問題6-8

増分バックアップの特徴として、適切なものを2つ選んでください。

A. 毎回変更のあったデータだけをバックアップするため、容量を最小限に抑えることができる
B. 毎回すべてのデータをバックアップするため、回を重ねるにつれ容量が増えていく
C. 1回の操作で全データを復元することができる
D. 2回の操作で全データを復元することができる
E. 全データを復元するにはバックアップした回数分の操作が必要になる

問題6-9

Windows10のバックアップ機能を使い、データファイルとシステムイメージをスケジュールして定期的にバックアップしたい。このときのバックアップ先として、もっとも適切な外部記憶装置はどれですか。1つ選んでください。

A. USBメモリ
B. CD
C. DVD
D. 内蔵ハードディスク
E. 外付けハードディスク

問題6-10

OSの再インストールの説明として適切なものを1つ選んでください。

A. OSの再インストールをすると、HDDやSSDが初期化されるため、データのバックアップをしておく必要がある
B. OSの再インストールは、作業途中でインターネット上で配布しているOSのイメージデータをダウンロードして利用する
C. OSの再インストールに利用するリカバリーディスクは必ず自分で作成しておく必要がある
D. OSを再インストールするためには新たにOSのライセンスを1つ追加しなければならない
E. スマートフォンはOSの再インストールはできない

Chapter 07 セキュリティ（10問）

問題7-1

クラッキングに関する説明として、適切なものを1つ選んでください。

A. ユーザーや管理者から、話術や盗み聞きなどの社会的な手段で、情報を入手する
B. 他人のWebサイト上の脆弱性につけこみ、悪意のあるプログラムを埋め込む
C. 金融機関のサイトを偽装し、利用者の個人情報やクレジットカード情報を不正入手する
D. 悪意のある人が、システムの脆弱性を突いてシステムに不正侵入し情報の引き出しや破壊を行う
E. 盗んだID やパスワードを使い、本人のふりをして不正にシステムを利用する

問題7-2

コンピューターに潜み、ユーザーが入力する情報などをインターネットにアップロードし、不正取得するマルウェアに該当するものを1つ選んでください。

A. コンピュータウイルス
B. ボット
C. スパイウェア
D. DoS 攻撃
E. ランサムウェア

問題7-3

ユーザーの不注意がきっかけとなる情報漏洩の例として、適切なものをすべて選んでください。

A. パスワードを自分の好きな映画の名前にした
B. スマートフォンを紛失した
C. パスワードが書かれたメモをシュレッダーにかけて廃棄した
D. メールを誤った相手に送信した
E. 自分の設定したパスワードを忘れた

問題7-4

パスワードの設定や管理に関する説明として、不適切なものを1つ選んでください。

A. パスワードは一定以上の文字数にする（一般的には6～8文字以上）
B. パスワードは大文字／小文字の英字と数字を混在させない
C. 氏名や生年月日など本人の情報と同じパスワードにしない
D. 事業者や管理者からパスワードを発行された場合、発行直後に自分で変更すると良い
E. パスワードは定期的に変更する

問題7-5

データの保護に関する説明として、不適切なものを1つ選んでください。

A. ハードディスクのデータを完全に消去するには、ハードディスクそのものをフォーマットすればよい
B. OSやアプリケーションにセキュリティホールが残っていると、重要なデータを盗まれたり改ざんされたりする可能性がある
C. Cookieは不正アクセスや信頼できないWebページによって悪用され、重要なデータの漏えいや改ざんにつながる可能性がある
D. 新しいコンピューターウイルスを検知できるよう、ウイルス対策ソフトのウイルス定義ファイルを常に最新の状態する
E. オートコンプリート機能によって、自分のID やパスワードが漏れてしまう可能性がある

問題7-6

マルウェア対策ソフトの機能として、適切なものをすべて選んでください。

A. スパイウェアがPCに存在しないかスキャンする
B. インターネットから不正なアクセスを試みられたら通信をブロックする
C. Webメールへの不正なログインを探知する
D. ソフトウェアのインストール時にマルウェアが含まれていないか検査する
E. PCに侵入したアドウェアを駆除する

問題7-7

通信の暗号化に関する説明として、正しいものをすべて選んでください。

A. 元の文を読めない状態に変換する作業を「暗号化」、暗号化されたデータを元の文に戻すことを「復号」と呼ぶ
B. 「共通鍵暗号方式」は、共通鍵と呼ばれる暗号化用のプログラムを公開し、暗号化されたデータは送信者の共通鍵を使って復号する
C. 「公開鍵暗号方式」は、公開鍵と呼ばれる暗号化用のプログラムを公開し、暗号化には送信者の秘密鍵を利用する
D. 「共通鍵暗号方式」は、共通鍵と呼ばれる暗号化用のプログラムを受信者と送信者で持ち合い、お互いに厳重に管理する
E. 「共通鍵暗号方式」の暗号鍵は送信者と受信者で同じものを利用するが、「公開鍵暗号方式」は対になる別の暗号鍵を用意し、その一方を公開し、もう一方は自分で厳重に管理する

問題7-8

複数人で1台のコンピューターを利用する環境におけるCookie（クッキー）の扱いについて、適切なものを1つ選んでください。

A. CookieはIDやパスワードといった個人情報をブラウザーに保存するため、毎回削除したほうが良い
B. Cookieはユーザーごとに別のファイルで保存されるので、そのままにしておいて問題ない
C. Cookieはログイン状態を維持するために利用されるので、利用終了時にWebサービスからログアウトすれば自動的に削除される
D. Cookieはサーバー側に保存されるので、PC上で削除する必要はない
E. CookieにはIDやパスワードといった個人情報が含まれるので、できるだけ利用しないほうが良い

問題7-9

安全なオンラインコミュニケーションと行動の説明として、不適切なものを1つ選んでください。

A. クレジットカード番号や個人情報を送信する際、SSLが使われていればデータが暗号化される
B. 通常のデジタル証明書が使われている場合は、アドレスバーに白色の鍵のマークが表示される
C. より強固なセキュリティを備えたデジタル証明書が使われている場合、アドレスバーに緑色の鍵のマークが表示される
D. 「admin」や「root」など他人から推測されやすいユーザーIDは、不正ログイン攻撃の対象となりやすい
E. SSLを使っているWebページは、URLのプロトコル名が「ssl」になる

問題7-10

ソフトウェア監視の例として、不適切なものを1つ選んでください。

A. 企業が社員のインターネット利用状況をサーバーのログの記録で監視する
B. 学校のコンピューター教室で、教師のコンピューターに学生の画面を表示する
C. 子どもが不適切なサイトを見ないように、特定のサイト以外は見せないように設定する
D. 企業の情報部門の管理者が従業員が利用するパスワードが不適切でないか確認する
E. Webサービス管理者が、利用者の操作記録をサーバーに保存して解析する

解答と解説

Chapter 01 ハードウェア（10問）

解説1-1　正解：C

十分な性能を持つコンピューターデバイスを簡単に持ち運べるのがノートパソコンのメリットですが、落下による破損や、盗難、紛失には十分な注意が必要です。参照▶1-1-1

解説1-2　正解：C

ファイルサーバー、Webサーバー、プリンターサーバー、メールサーバーなどいろいろな役割をもつサーバーがあり、ネットワークで利用できるさまざまなサービスを提供します。参照▶1-1-3

解説1-3　正解：C

1ビットのデータは「0」と「1」の2種類の情報を表現できます。4ビットのデータは2^4種類 ＝ 16種類の情報を、nビットのデータは2^n種類の情報を扱うことができます。
8ビットのデータは2^8種類 ＝ 256種類の情報を扱うことができ、8ビットのデータを1バイトという単位で表します。参照▶1-2-1

解説1-4　正解：B

CPUは「中央処理装置」とも呼ばれ、人間でいえば頭脳に相当する装置です。参照▶1-2-2

解説1-5　正解：A

揮発性の記憶装置は、電源を切ると記憶していたデータがすべて消えます。対して不揮発性の記憶装置は、電源を切っても記憶したデータが消えません。参照▶1-2-3

解説1-6　正解：E

SSDは、ハードディスクの置き換えとして普及が進んでいます。ハードディスクに比べて、高速に動作し、低発熱で消費電力が少なく、衝撃にも強いというメリットがあります。参照▶1-2-3

解説1-7　正解：B

HDMIは、映像と音声を1本のケーブルで送信できます。著作権管理機能もあり、PCでデジタル放送を視聴する際にHDMIを必須とする場合もあります。参照▶1-2-4

解説1-8　正解：B

タッチパネルではマウスの代わりに指やスタイラスペンでさまざまな操作ができます。タップはタッチパネルの基本的な操作で、マウス操作のクリックに当たります。フリックは、ディスプレイをタッチして上下左右のいずれかの方向にすばやくスライドさせる操作で、次の写真を表示したり画面をすばやくスクロールしたりできます。参照▶1-2-5

解説1-9　正解：A

レーザープリンターは、高速な印刷を実現し、ビジネスの現場でよく利用されるプリンターです。レーザー光でトナーと呼ばれる粉を紙に吹き付けて印刷することで、高速な印刷を実現します。
参照▶1-2-6

解説1-10　正解：D

ドライバーは、デバイスを利用するためにCD-ROMなどからインストールをする必要があります。一部のデバイスはWindowsなどに標準で搭載されている標準ドライバーでも対応できますが、ドライバーを利用していることに変わりなく、不要であるとはいえません。
なお、ハードウェア内にあらかじめ用意されているソフトウェアはファームウェアと呼ばれます。参照▶1-3-1

Chapter 02　ソフトウェア（10問）

解説2-1　正解：A

アプリケーションソフト（応用ソフト）が正常に動作するためには、それに対応したOS（基本ソフト）が必要です。参照▶2-1-1

解説2-2　正解：A、E

iOSはApple社、AndroidはGoogle社が中心となり設立した団体（OHA）が開発した携帯情報端末用のOSです。参照▶2-1-2

解説2-3

①［スタート］ボタンから⏻をクリックします。
②表示されたメニューから、［再起動］をクリックします。
なお、［Ctrl］＋［Alt］＋［Del］キーを押して、ルートメニュー画面を表示して右下に表示されるボタンから再起動することもできます。参照▶2-1-2

解説2-4　正解：A、B、C、D

標準アカウントでは個人用のパスワードやアカウント画像の変更など、個人のアカウントに関する設定のみできます。その他の設定は管理者アカウントでログインするか、管理者アカウントのパスワードがないと変更できません。 参照▶2-1-3

解説2-5　正解：C

チェックボックスは選択肢の脇に□が表示され、クリックした箇所にチェックマークを入れることで複数選択が可能になります。 参照▶2-1-4

解説2-6　正解：B

OSのアップデートは、インターネットからダウンロードする形で提供されます。OSによってはアップデートを実行するタイミングを自分で選ぶことができますが、セキュリティホールと呼ばれるセキュリティ上の弱点を修正するためにもできるだけ早いタイミングでのアップデートが望まれます。 参照▶2-2-1

解説2-7　正解：A

多くのソフトウェアではインターネットから更新プログラムを入手できます。ソフトウェアを更新することで選択肢B ～Eのようなさまざまなメリットがあります。 参照▶2-2-2

解説2-8　正解：E

スリープ状態ではメモリ内の作業状態を保持するため、わずかながら電力が消費されます。
OS のバージョンによって、「スタンバイ」と呼ばれることがあります。 参照▶2-3-1

解説2-9

①Microsoft Excelを起動します。
※[スタート] メニューの [よく使うアプリ] から「Excel 2016」をクリックします。
②[新規] の画面で、[空白のブック] をクリックします。
③[ファイル] タブをクリックして、左側のメニューから [オプション] をクリックします。
④[Excelのオプション] が表示されるので、[基本設定] の [新しいブックの作成時] にある [次を既定フォントとして使用] から、「MS ゴシック」を選択します。
⑤フォントを選択したら、[OK] をクリックします。

参照▶2-3-4

解説2-10

①エクスプローラーを開きます。
②フォルダー名の左の [クイックアクセスツールバーのカスタマイズ] をクリックします。

③表示された一覧から［名前の変更］をクリックします。
参照▶2-3-4

Chapter 03 ファイルの管理（10問）

解説3-1　正解：A、B、D、E

ほかにも、アドレスバーに「ダウンロード」と入力して［Enter］キーを押すことでも表示できます。参照▶3-1-1

解説3-2

①「IC3_CF」フォルダーを右クリックします。
②表示されたメニューから「クイックアクセスにピン留めする」を選択します。
エクスプローラーを表示すると、クイックアクセスにフォルダーが表示されていることが確認できます。参照▶3-1-1

解説3-3　正解：B

ファイルをすべて選択するショートカットキーは［Ctrl］＋［A］キーです。［Ctrl］＋［S］キーは保存するショートカットキーです。参照▶3-1-2

解説3-4　正解：A

拡張子とアプリケーションはOSにより関連付けられており、ファイルをダブルクリックすると関連付けられたアプリケーションが起動してそのファイルを表示します。アプリケーションソフトがない、または関連付けができていない場合、そのファイルを開くためのアプリケーションを検索する画面が表示されます。参照▶3-1-3

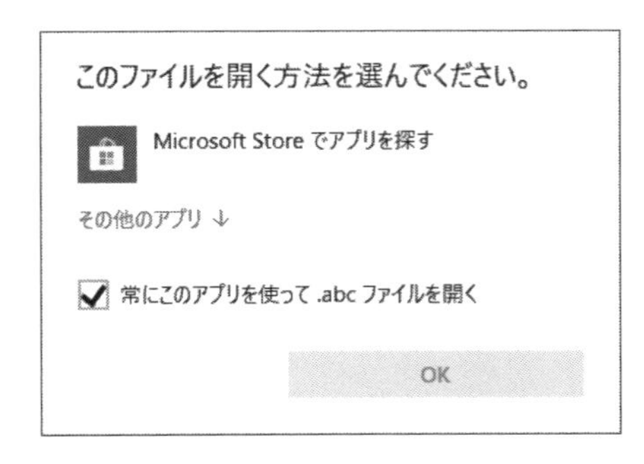

解説3-5

※ユーザーを作成できない場合は実習の手順を確認してください。

本書では「user02」を作成した状態で操作方法を解説します。
①デスクトップ上で右クリックをし、新規作成からフォルダーを作成します。
作成後のフォルダー名を「問題練習」に変更します。
②「問題練習」フォルダーを右クリックして［プロパティ］をクリックします。
③［セキュリティ］タブをクリックします。
④［編集］をクリックします。
⑤［追加］をクリックします。
⑥［選択するオブジェクト名を入力してください］ボックスに「user02」と入力します。
⑦［OK］をクリックします。
⑧［グループ名またはユーザー名］リストに「user02」が追加され、選択されていることを確認します。
⑨［user02のアクセス許可］リストの［フルコントロール］の［拒否］にチェックを入れます。
⑩［OK］をクリックします。
⑪警告のメッセージが表示されたら［はい］をクリックします。
⑫［問題練習のプロパティ］ダイアログボックスの［OK］をクリックして閉じます。
参照▶3-1-4

解説3-6　正解：C、E

HDD内の断片化した領域にファイルを再配置する機能はデフラグです。なお、ファイルの削除によりファイルの保存場所が断片化する状況をフラグメンテーションと呼びます。参照▶3-1-5

解説3-7　正解：A、D

WMAは音楽用ファイル形式、PNGは画像用のファイル形式、MIDIは電子楽器演奏用のファイル形式です。参照▶3-2-1

解説3-8　正解：D

すべてのスマートフォンがSDカードに対応しているわけではなく、SDカードを利用したデータの移動は対応機種が限られます。参照▶3-2-2

解説3-9　正解：A、B

クラウドストレージ上のファイルは、ブラウザーからの利用のほかに、特定のフォルダーへの自動同期によっても利用できます。自動同期機能は、クラウドサービス上のファイルと同じものになるようにPC上のファイルを常に最新の状態に更新します。参照▶3-3-1

解説3-10　正解：A

Windows10のようにZIP形式に標準対応しているOSでは、ファイル圧縮ソフトがなくても圧縮や解凍ができます。参照▶3-3-3

Chapter 04 ネットワークとクラウド(10問)

解説4-1 正解:A

LANはローカルエリアネットワークといい、企業や学校や家庭などの限られた領域内で利用されるネットワークです。WANは、ワイドエリアネットワークといい、企業の本社と支店などの離れた場所にあるLAN同士を接続するための広域ネットワークです。WEPは無線LANの暗号化の規格です。参照▶4-1-1

解説4-2 正解:B

WAN やインターネットを専用線のように利用できるネットワークサービスをVPN(バーチャルプライベートネットワーク)といいます。参照▶4-1-1

解説4-3 正解:E

公衆交換電話網はPSTN(Public Switched Telephone Network)で、固定電話に使われている回線です。参照▶4-1-1

解説4-4 正解:B、E

IPv4は「.」(ピリオド)で区切った形式でIPアドレスを表します。IPv6は0 ~ 32767の8つの数値を16 進数で表し、「:」(コロン)で区切った形式でIP アドレスを表します。参照▶4-1-2

解説4-5 正解:B

文章に該当する回線はADSL です。「非対称デジタル加入者回線」とも呼ばれます。参照▶4-1-3

解説4-6 正解:C

宛先の制御ができるハブをスイッチングハブ、接続するすべての機器にデータ転送するハブをリピータハブと呼びます。参照▶4-1-4

解説4-7 正解:A

1 バイトは8 ビットに相当します。参照▶4-1-5

解説4-8 正解:D

無線LAN は、通信を盗聴されて重要な情報を盗まれるなどの危険もあります。被害を受けないようにセキュリティ対策が必要です。参照▶4-1-7

解説4-9 正解:C

クラウドストレージは通常、無料契約では容量に上限があり、有償契約のプランに応じて保存容

量が大きくなります。参照▶4-2-4

解説4-10 正解：C

メールの送信履歴はメールサーバー上に保存されます。よって、ほかの機器からでも送信履歴を確認することができます。なお、PCのメーラーからWebメールを利用するには、IMAPと呼ばれる方法を利用します。参照▶4-3-3

Chapter 05 モバイルコミュニケーション（10問）

解説5-1 正解：A

MVNOは携帯電話キャリアから基地局などの通信設備を借りて通信サービスを提供する事業者です。設備設置費用やサービス・サポートをカットすることで低コスト化を図り、安価な契約を実現します。参照▶5-1-1

解説5-2 正解：B、C、D、E

携帯電話を売却する際は、購入時（工場出荷）状態に初期化したうえで売却するようにします。初期化すると電話帳や写真などのデータが失われるため、事前にバックアップしておく必要があります。参照▶5-1-1

解説5-3 正解：C

タブレットには、スマートフォン用のOSを搭載しているもの以外に、WindowsなどPC用のOSを搭載しているものもあります。また、最新のAndroidでは、マルチウィンドウと呼ばれる画面を分割して複数のアプリを同時に表示する機能が搭載されています。参照▶5-1-2

解説5-4 正解：A、B、C、D、E

小型化した簡易的なコンピューターに携帯電話の機能を組み合わせたものがスマートフォンです。通話機能に加え、アプリを追加することで用途が広がります。参照▶5-1-3

解説5-5 正解：B、D、E

スマートフォンでWi-Fiを利用していてもセルラー回線が切断されるわけではないので、電話の着信や通話は変わらずに行えます。参照▶5-1-3

解説5-6 正解：C、E

VoIPを利用する場合、電話番号は固定電話と同じ番号、または「050」から始まる番号のいずれかを使えます。また、ビジネスフォンでも留守番電話機能が利用できるものがあります。参照▶5-1-4

解説5-7　正解：B

CTIは、電話やFAXとコンピューターをつなぐシステムで、コールセンターシステムと組み合わせることで、効率的なコールセンター業務を実現します。なお、電話の振り分けなどはコールセンターシステムが担当します。参照▶5-1-4

解説5-8　正解：C

ボイスメールは留守番電話のサービスで、電話に応対できない時に留守番電話センターにメッセージが録音された際に、その旨をメールで受信者に通知します。
録音データは、その通知メールに添付される方式と、受信者が留守番電話一センターにアクセスして聞く方式があります。参照▶5-2-1

解説5-9　正解：A

SMS（ショートメッセージサービス）は、携帯電話やスマートフォンの間でメッセージを送受信するサービスです。相手の携帯電話番号を指定してメッセージを送信します。参照▶5-2-2

解説5-10　正解：A、C、D

通知は、PCでもスマートフォンでも通知領域のほかに画面上にポップアップと呼ばれる小窓を表示することができます。参照▶5-2-3

Chapter 06 トラブルシューティング（10問）

解説6-1　正解：D、E

Windows10では更新プログラムを削除することができます。不具合の原因が更新プログラムであることが明らかな場合は削除することで問題を解決できます。ただし、OSの重要なファイルに影響する更新プログラムに関しては削除することはできません。この場合、それを修正するアップデートを待つという選択肢があります。参照▶6-1-1

解説6-2　正解：B、D

タスクマネージャーでは、現在実行されているプログラムの一覧から、応答していないプログラムを強制的に終了させることができます。また、CPUやメモリの使用率からコンピューターのパフォーマンスを監視することができます。参照▶6-1-1

解説6-3

①［スタート］ボタンの右にある検索ボックスに「ヒント」と入力し、表示された［ヒントアプリ］をクリックします。
②ヒントアプリのカテゴリから［PCを個人用に設定する］をクリックします。

③[画像を背景に設定する] を表示します。
なお、実際に変更する場合は、[背景を変更する] をクリックします。参照▶6-1-1

解説6-4　正解：B

デバイスドライバーは、さまざまなアプリケーションがハードウェアを利用できるように制御するソフトウェアです。使用しているOS とハードウェアの組合せにより、デバイスドライバーが異なります。OSをバージョンアップしたときには、新しいOSに対応したデバイスドライバーをインストールすることでハードウェアが利用できるようになります。参照▶6-1-2

解説6-5　正解：B

ファームウェアはハードウェアを制御するためのソフトウェアです。アプリケーションソフトのような一般的なソフトウェアと違い、ハードウェアの制御に特化したソフトウェアで内部のROMやフラッシュメモリに組み込まれています。参照▶6-1-2

解説6-6　正解：A

BIOSの更新に失敗するとコンピューターが起動しなくなるので十分な注意が必要です。基本的には、更新によって問題が解決することが明らかな場合にのみBIOS を更新します。参照▶6-1-2

解説6-7　正解：B

「ping」はIPネットワーク接続の確認するときに使用するコマンドです。自分のPCのIPアドレスを確認する場合は「ipconfig」を使用します。なお、「traceroute（tracert）」はデータの転送ルートを確認、「netstat」はネットワーク関連の統計情報の表示を行います。参照▶6-1-3

解説6-8　正解：A、E

増分バックアップはデータの容量を最小限に抑えることができるメリットがありますが、復元する際にはバックアップした回数分の操作が必要になります。参照▶6-2-1

解説6-9　正解：E

USBメモリはシステムイメージの保存ができず、CDやDVDはスケジュールによるバックアップができません。システムイメージをスケジュールしてバックアップするためにはハードディスクを利用します。ハードディスクなら容量が大きいため大量のデータを効率的に保存できます。ただし、内蔵ハードディスクに保存するには2つ以上の内蔵ハードディスクが必要です。外付けハードディスクなら自由に増設することができ、また取り外して金庫などの安全な場所に保管することもできます。参照▶6-2-2

解説6-10　正解：A

OSの再インストールをすると、HDDなどは初期化されデータが失われます。

また、OSの再インストールにはリカバリーディスクが必要ですが、PC購入時に付属しているディスクがない場合は、HDD内にリカバリーイメージが保存されていることが多く、そのイメージを利用することができます。リカバリーイメージの利用方法はメーカーや機種によって異なるため、購入時にあらかじめ確認しておく必要があります。参照▶6-2-3

Chapter 07 セキュリティ(10問)

解説7-1 正解:D

クラッキングは、システムのセキュリティ上の脆弱性(ぜいじゃくせい)を利用して、不正なルートでシステムに侵入し、システムの改ざんや破壊行為などを行います。盗んだIDを利用して本人のふりをする行為は「なりすまし」に該当します。参照▶7-1-1

解説7-2 正解:C

コンピューターに潜み情報を不正取得するマルウェアはスパイウェアと呼ばれます。
コンピューターウイルスは、侵入先のコンピューターの破壊、ランサムウェアは、侵入したコンピューターのファイルにパスワードをかけて暗号化し、パスワードを教える代わりに金銭を要求する身代金目的のマルウェアです。参照▶7-1-1

解説7-3 正解:B、D

パスワードは他人に推測されないようにすべきですが、悪意のある第三者がパスワードを不正に取得しようとしない限りは情報漏洩につながりません。また、パスワードを忘れた場合は、再設定等は必要ですが、情報流出には直接つながりません。参照▶7-1-2

解説7-4 正解:B

大文字/小文字の英字と数字を混在させたパスワードを設定することで、悪意のある第三者に解析される確率を下げられます。参照▶7-2-1

解説7-5 正解:A

ハードディスクのデータはフォーマットしても完全に消去されず、専用のツールを使えば容易に復元できます。完全に消去するには、データを消去するための専用のツールを用います。
参照▶7-2-2

解説7-6 正解:A、B、D、E

Webメールを含むWebサービスへの不正アクセスは、コンピューター内のマルウェア対策ソフトでは探知できません。参照▶7-2-3

解説7-7　正解：A、D、E

公開鍵暗号方式で暗号化するときに、送信者の秘密鍵で暗号化を行うと、通信を傍受した第三者が送信者の公開鍵で復号できてしまいます。公開鍵暗号方式では通常、受信者の公開鍵で暗号化し、受信者の秘密鍵で復号します。参照▶7-3-1

解説7-8　正解：A

複数人で共用するPCでは、終了時にCookieはできるだけ削除するようにします。終了時にCookieを自動的に削除できるブラウザーもあるので、必要に応じて設定を変更します。参照▶7-3-3

解説7-9　正解：E

SSLを使っているWebページは、URLのプロトコル名が「https」になります。参照▶7-3-5

解説7-10　正解：D

たとえ従業員であっても、パスワードなどの秘匿性の高い情報を監視することは、プライバシー保護の観点から不適切といえます。

通常、業務システムであっても従業員が利用するパスワードはシステム管理者でも確認できないようにし、業務用のパスワードを従業員が忘れた際は、パスワードの再発行などで対応します。参照▶7-3-6

索引

数字

a-z

ア

カ

サ

タ

ナ

ハ

マ

ヤ

ラ

ワ

著者紹介

滝口 直樹（たきぐち なおき）

明治大学兼任講師、専門学校非常勤講師、IC3認定インストラクター、MOS検定・情報処理試験対策講師、Webコンサルタント、Webディレクターなど。
大学時代はITを活用した教育について研究し、当時黎明期であったeラーニングに関わる職を求め、2001年に大手資格スクールに入社。情報システム部・企画開発部にて、デジタルコンテンツ制作・eラーニングプロジェクトを担当。
2006年に独立。個人事業を開業。Webコンサルティング・Webマーケティング・Webサイト制作・IT顧問を中心に活動。現在はフリーランスとして、各種学校で非常勤講師の他、通信講座への出演、執筆など活動の場を教育分野に広げる。

・主な著書
「ゼロからはじめる基本情報技術者の教科書」（とりい書房）
「ゼロからはじめるITパスポートの教科書」（とりい書房）
「文系女子のためのITパスポート合格テキスト＆問題集」（インプレス）など

デジタルリテラシーの基礎①
コンピューターの基礎知識
IC3 GS5 コンピューティングファンダメンタルズ対応

2019年 4 月 3 日 初版第1刷発行
2021年11月30日 初版第3刷発行

著　　者　滝口 直樹
発行・編集　株式会社オデッセイ コミュニケーションズ
〒100-0005　東京都千代田区丸の内3-3-1　新東京ビル
E-Mail：publish@odyssey-com.co.jp
印刷・製本　中央精版印刷株式会社
カバーデザイン　折原カズヒロ
本文デザイン・DTP　株式会社シンクス

　ISBN978-4-908327-08-7